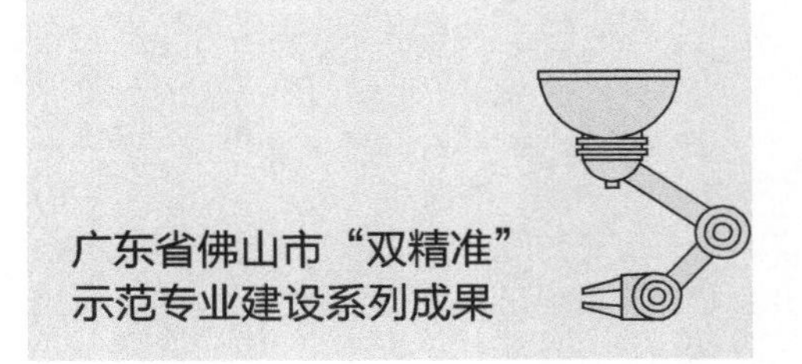

GONGYE JIQIREN
DIANXING YINGYONG

工业机器人
典型应用

双精准示范专业建设教材编写组　编

化学工业出版社
·北京·

内容简介

本书以工业机器人的典型应用为出发点，对工业机器人在冲床上下料、打磨、弧焊、激光焊、自动锁螺丝、雕刻和视觉分拣行业应用中的准备工作、程序编写及调试进行详细的讲解与分析，使读者了解与掌握工业机器人在这些典型应用场景中的具体设定与调试方法，从而使读者对工业机器人的应用从软、硬件方面都有一个全面的认识。

本书适合从事工业机器人应用开发、调试与现场维护的工程师，特别是使用FANUC工业机器人的工程技术人员使用，同时可用作高职院校、培训学校相关专业的教材及参考书。

图书在版编目（CIP）数据

工业机器人典型应用/双精准示范专业建设教材编写组编．—北京：化学工业出版社，2021.3（2023.1重印）

ISBN 978-7-122-38297-9

Ⅰ.①工…　Ⅱ.①双…　Ⅲ.①工业机器人-应用　Ⅳ.①TP242.2

中国版本图书馆CIP数据核字（2020）第264631号

责任编辑：要利娜　　文字编辑：林　丹　赵　越

责任校对：王鹏飞　　装帧设计：王晓宇

出版发行：化学工业出版社（北京市东城区青年湖南街13号　邮政编码100011）

印　　装：北京虎彩文化传播有限公司

710mm×1000mm　1/16　印张14½　字数282千字　2023年1月北京第1版第4次印刷

购书咨询：010-64518888　　售后服务：010-64518899

网　　址：http://www.cip.com.cn

凡购买本书，如有缺损质量问题，本社销售中心负责调换。

定　　价：59.00元

前言

在“中国制造 2025”规划中，工业机器人是重点发展方向之一，当前是工业机器人高速发展时期。在汽车装配及零部件制造、机械加工、电子电气、橡胶及塑料、食品、木材与家具制造等行业中，工业机器人已广泛取代一线工人完成相关作业。从物料搬运、码垛拆垛、弧焊、点焊、喷涂、自动装配、数控加工、去毛刺、打磨、抛光等单一应用，到复杂、复合工艺和恶劣工作环境下的工业机器人集成系统应用，工业机器人的应用范围不断扩大，核能、航空航天、医药、生化等高科技领域都在尝试采用工业机器人实现高端应用。随着工业机器人在量和质方面的提升，对工业机器人相关人才的需求和要求也越来越高。

工业机器人作为一种高科技集成装备，对专业人才有着多层次的需求，主要分为研发工程师、方案设计与应用工程师、调试工程师、操作及维护人员 4 个层次。对应于专业人才层次分布，工业机器人专业人才就业方向主要分为工业机器人本体研发和生产企业、工业机器人系统集成商以及工业机器人应用企业。作为工业机器人应用人才培养的主体，职业院校应面向更多工业机器人系统集成商和工业机器人应用企业，培养工业机器人调试工程师、操作及维护人员，使学生具有扎实的工业机器人理论知识基础、熟练的工业机器人操作技能和丰富的工业机器人调试与维护经验。

本书分为 8 章，每章都以一个真实的机器人应用工作站为对象，从机器人应用的认识、工作站的组成、关键参数的作用与设置到工作任务的具体实施，引领读者去学习机器人的安装、配置、编程与调试方法。本书包含了当前工业机器人应用中最常见的冲床上下料、弧焊、激光焊接、螺柱焊接、打磨、锁螺丝、视觉分拣，这些典型机器人应用工作站都来自企业项目，针对教学使用做了少部分的简化。机器人应用工作站都力求接近企业真实生产场景，例如机器人冲床上下料是以天花铝扣板冲压为例，机器人打磨是以电视机底座焊接件打磨为例；所用到的设备也是当前企业生产中应用最广泛的设备，例如麦格米特焊机、FANUC 视觉系统等。读者通过对机器人典型应用的学习，能够掌握相关知识并具备一定的实操能力。

本书面向工业机器人应用入门的读者，要求读者具备工业机器人基本操作与编程的能力。本书以项目教学为基本，结合“一体化”教学模式进行开发。课程根据中高职学生的特点，寓教于做，并配套了相应的教学资源，读者可以通过邮箱315816179@qq.com 获取教学资源。

本书由佛山市双精准示范专业建设教材编写组编写，参与编写的人员有杨绍忠、蔡康强、李勇文、范景能、柯炜、梁小焕、周玉萍等，本书在编写过程中得到了佛山市南海区信息技术学校、上海景格科技有限公司、广东泰格威机器人科技有限公司、佛山华数机器人有限公司等单位相关领导的支持和同行们的帮助，在此表示衷心的感谢。

由于编者水平有限，书中难免存在不足和疏漏之处，敬请读者批评指正。

编者

目录

第5章 机器人螺柱焊应用

05

第6章 机器人自动锁螺丝应用

06

第7章 机器人打磨应用

07

第8章 机器人视觉分拣应用

08

参考文献

第1章

机器人上下料应用

机器人上下料是工业机器人的典型应用案例之一，逐渐取代人工上下料，成为未来工业化发展的趋势。本章介绍了冲床的组成、工作过程、机器人上下料工作站的组成、冲床的安全注意事项以及模式运行测试；再通过对机器人自动上下料程序进行设计、对机器人运动轨迹规划和机器人动作进行优化，详细介绍了机器人冲床上下料编程等知识和操作。读者经过本章的学习及反复的机器人上下料练习，可以为今后进入机器人上下料行业打下一定的基础。

随着机器人运动控制和感知技术、机器人空间 3D 视觉、多样化的力控制形式、误差补偿等先进技术的发展，机器人冲床上下料变得越来越智能化、柔性化和高效化。机器人上下料的应用和发展层出不穷，但“千里之行，始于足下”，让我们一起通过本章的学习，开启机器人上下料应用的探究之路。

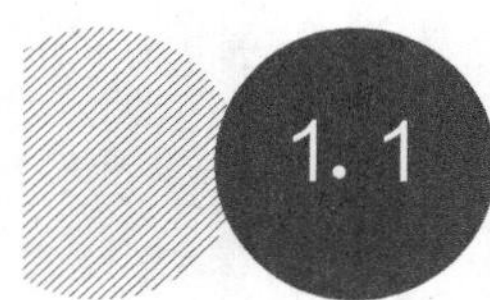

1.1 测试冲床手动/自动运行

1.1.1 冲床组成及工作过程

冲压工序即对冲床设备上的板材、管材和型材等原料施加作用力，使其塑性变形甚至分离而得到有特定造型、大小和功能的产品。在国民生产中，相对于传统机械加工，冲压工艺更加节约材料和能源、效率高、对操作者技术要求不高，并且通过各种模具应用可以做出机械加工所无法达到的产品，用途越来越广泛。

传统的冲压模式中，人工上下料的操作方式无法负荷冲压设备快节奏的生产以及工人施工过程中存在安全隐患［图 1-1(a)］，将现代控制技术和计算机技术运用到

(a) 人工上下料

(b) 机器人上下料

图 1-1　冲压作业模式

冲压设备上，通过引进机器人取代人工［图 1-1(b)］进而保证工作效率和安全性。为了提高生产效率，将过去单台冲床加工的生产方式转变成连续自动化生产，在每两台冲床设备之间搭配一台机器人使用，既能够减少人力资源方面的投入，又可以大幅提高生产效率，使智能化成型技术走在科技发展的前端。两种上下料作业模式的特点对照见表 1-1。

表 1-1　人工上下料与机器人上下料的特点

机器人上下料	人工上下料
①动作稳定，冲压均匀，保证产品的一致性和合格率 ②程序控制，产量恒定，利于计划生产 ③上下料机构速度快，可连续长时间工作，可多台机器人密集协同工作，生产效率高 ④避免人为误操作的可能性，提高工人的安全性 ⑤产品改型换代前，大量工作可在虚拟仿真软件中完成，缩短工作周期 ⑥前期设备投入较大，适合大批量、规模化的生产 ⑦对技术人员有一定要求，要能够处理一般故障	①能根据实际情况，灵活地进行冲压作业，以达到要求 ②能根据生产需要，灵活安排用工，短期投入较少 ③工人加工过程中，人工操作不稳定，次品率较高 ④对冲压工人的技术要求较高，人工成本增加，招工困难 ⑤人工操作危险性大，容易由于误操作或特殊原因造成工伤

随着自动化生产和绿色制造的发展，特别是工业机器人应用的普及，可以满足大规模、批量化的生产作业，因此越来越多的企业青睐于使用工业机器人来代替人工。目前国内外的汽车制造商，在汽车零配件的生产过程中基本实现机器人自动上下料，如图 1-2 所示为机器人上下料在冲压生产中的应用场景之一。

图 1-2　机器人上下料在冲压生产中的应用场景

冲床就是一台冲压式压力机，由机械部分和电控部分组成，如图 1-3 所示。冲

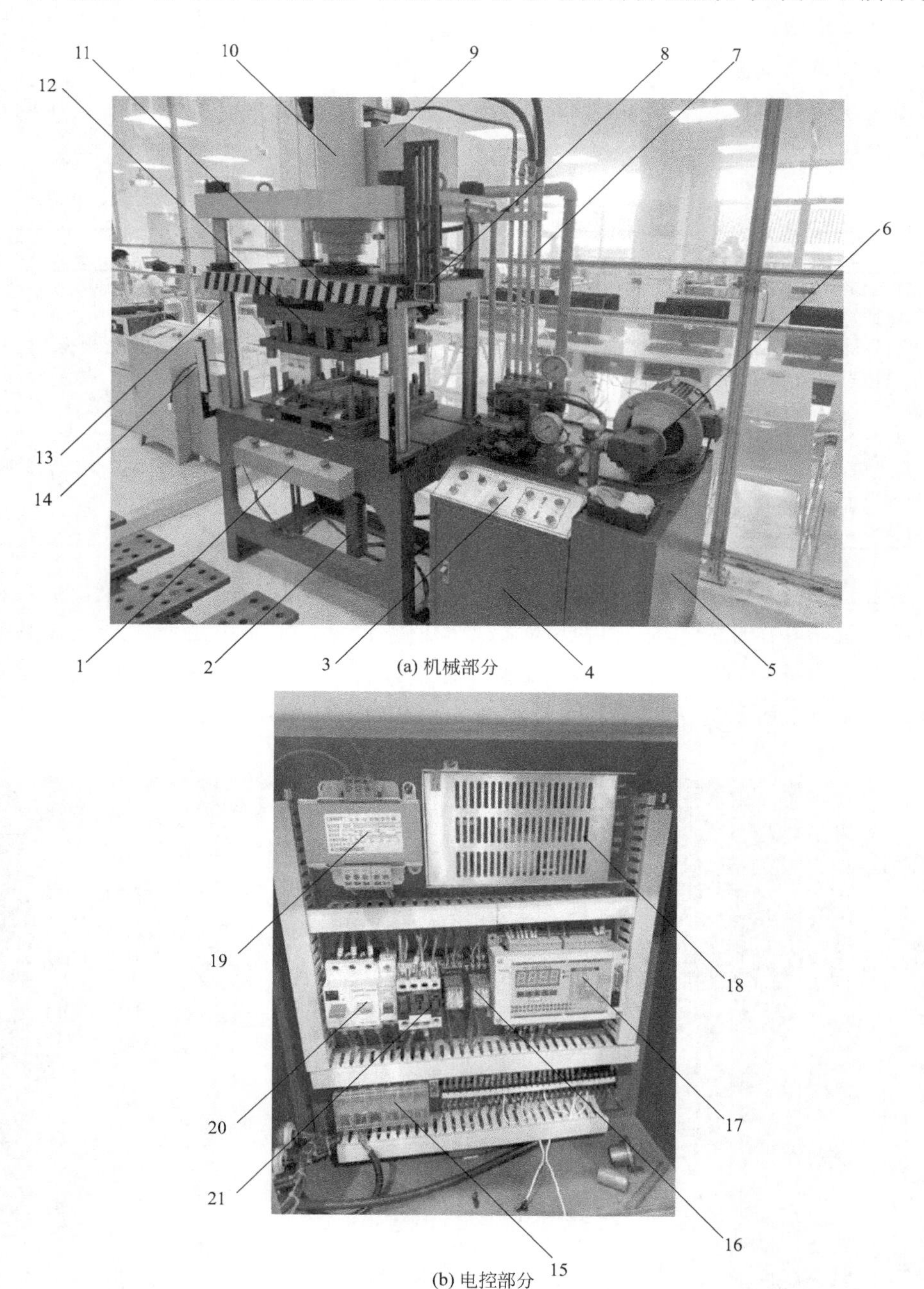

(a) 机械部分

(b) 电控部分

图 1-3　冲床的组成

1—手动操作台；2—下液压缸；3—控制柜操作面板；4—控制柜；5—油箱；6—油泵；7—油管；8—行程开关；9—副油箱；10—上液压缸（双缸结构）；11—滑块；12—模具；13—滑轨；14—安全光栅；15—接线端子；16—中间继电器；17—可编程逻辑控制器（PLC）；18—电源；19—变压器；20—开关；21—交流接触器

床对材料施以压力，使其发生塑性变形，而得到所要求的形状与精度，因此通常需配合一组模具（分为上模和下模）。冲床工作时将材料置于模具之间，由机器施加压力使其变形，得到所需生产的零部件。

冲床的工作过程是油泵把液压油输送到集成插装阀块，通过各个单向阀和溢流阀把液压油分配到油缸的上腔或者下腔，在高压油的作用下，使油缸进行运动，从而完成冲压作业。液体在密闭的容器中传递压力时遵循帕斯卡定律。冲床通常采用油泵作为动力机构，一般为容积式油泵。为了满足执行机构运动速度的要求，选用一个油泵或多个油泵。低压（油压小于 2.5MPa）用齿轮泵；中压（油压小于 6.3MPa）用叶片泵；高压（油压小于 32.0MPa）用柱塞泵。可用于各种可塑性材料的压力加工和成型，如不锈钢板的挤压、弯曲、拉深及金属零件的冷压成型，同时亦可用于粉末制品、砂轮、胶木、树脂热固性制品的压制。

1.1.2　机器人上下料工作站组成

依据功能构成划分，一个机器人上下料工作站大致可以分为机器人系统和冲床系统两套子系统，如图 1-4 所示。其中，机器人系统由机器人控制器（含示教盒）、操作机（机器人本体）和末端执行器（气动吸盘）构成，负责上下料动作的实施；冲床系统如前文所述。机器人上下料系统的各组件的作用和要求如表 1-2 所示。

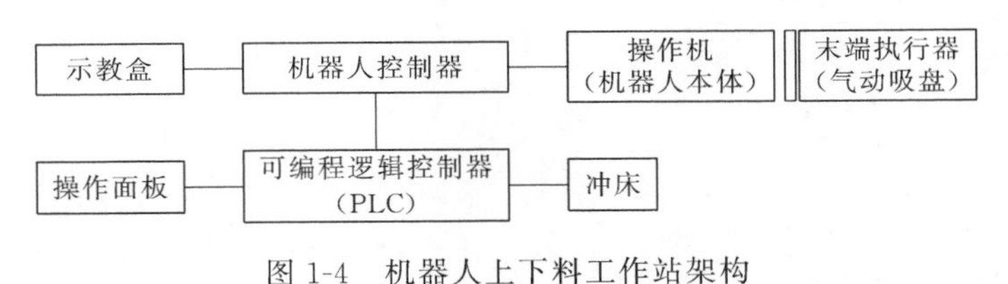

图 1-4　机器人上下料工作站架构

表 1-2　机器人上下料系统的各组件的作用和要求

组成部分	作用和要求	示例图片
操作机（机器人本体）	①一般选用 6 关节型工业机器人，即 6 自由度机器人，可以通过改变机器人姿态，使工件送达到指定位置 ②冲压对象多为轻薄的板材，机器人末端额定负载 0.5～100kg，工作半径 200～1600mm，位姿重复性 ±(0.02～0.50)mm ③选用具有一定刚性的工业机器人，以适应机器人夹持工件时产生的冲击力	

续表

组成部分	作用和要求	示例图片
机器人控制器	①机器人控制系统是连接整个工作站的主控部分，它由 PLC、继电器、输入/输出端子组成一个控制柜 ②控制器接受外部指令后进行判断，然后给机器人本体信号，从而完成信号的过渡、判断和输出，它属于整个机器人上下料工作站的主控单元	
气动吸盘	①利用大气压力将吸盘与工件压在一起，以实现物件的抓取，常见的有真空吸盘吸附、气流负压吸附和挤压排气负压吸附等形式 ②吸盘应具有一定的吸附力，否则在移动过程中容易导致工件掉落 ③主要应用于表面坚硬、光滑、平整的轻型工件，如汽车覆盖件、金属板材等	

机器人上下料工作站如图 1-5 所示。工作站包含操作机（机器人本体）、机器人控制器（含示教盒）、末端执行器（气动吸盘）、简易工作台及安全围栏等。工作站各部分作用和主要参数如表 1-3 所示。

图 1-5　机器人上下料工作站

1—板材；2—简易工作台；3—气动吸盘；4—冲床；5—机器人本体

表 1-3　工作站各部分作用和主要参数

项目	参数及作用
机器人	FANUC 机器人，型号 R-0iB，最大负重 3kg，可达半径 1437mm，末端装有气动吸盘，可实现板材的吸附/松开
控制柜	控制柜型号为 R-30iB Mate，系统已安装上下料软件，输入电压为 220V
变压器	输入电压三相 380V，输出电压 220V，为机器人控制器提供合适的电源
气动吸盘	采用四爪结构，吸盘选用聚氨酯进行制造，耐用可靠，气路采用集中供气，保障吸盘提供持续的吸力
冲床	自主研发液压机，独立的电气控制系统，具备电动/半自动工作模式，可实现铝扣板的冲压作业

在机器人上下料作业过程中，为实现由机器人控制器自动控制冲床进行冲压作业，需要将机器人控制器与冲床控制器之间的相关信号进行匹配连接，接线原理图见图 1-6。

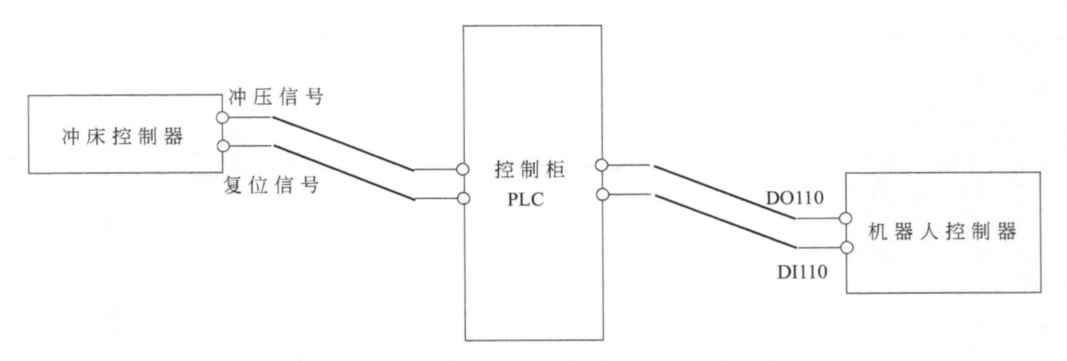

图 1-6　机器人控制器与冲床控制器之间的信号连接

1.1.3 认识冲床的安全注意事项

(1) 认识冲床的安全操作规程

由于冲床具有速度快、压力大的特点，因此采用冲床进行冲裁、成型必须遵守一定的安全规程，具体要求如下：

① 暴露于压机之外的传动部件必须安装防护罩，禁止在卸下防护罩的情况下开车或试车。

② 冲压前应检查主要紧固螺钉有无松动，模具有无裂纹，操纵机构、自动停止装置、离合器、制动器是否正常，润滑系统有无堵塞或缺油，必要时可开空车试验，开空车具体操作步骤如表 1-4 所示。

表 1-4 冲床开空车具体操作步骤

步骤	操作	示意图
1	启动冲床后，将模式旋钮调至点动模式	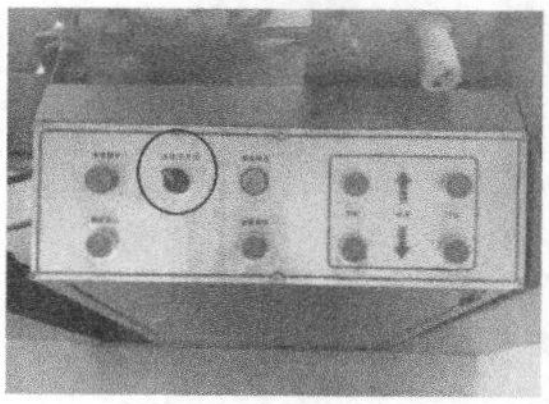
2	按压点动控制区内主缸下降按钮，检查冲床主缸是否正常下降，下降过程中有无异响、卡滞等现象，检查完后将冲床主缸复位，若检查过程中存在问题，则应对相应的部件进行检修	
3	按压点动控制区内下缸上升按钮，检查冲床下缸是否正常上升，上升过程中有无异响、卡滞等现象。检查完毕后，将冲床下缸复位。若检查过程中存在问题，则应对相应的部件进行检修	
4	冲床上下料操作区安装有安全光栅，冲床在进行冲压作业过程中，安全光栅间的信号一旦被遮挡，冲床立即停止工作，保护操作人员的人身安全	
5	为保护操作人员人身安全，必须按下冲床操作面板上的急停按键，才可以进行人工上下料作业，且只允许从冲床正面（安装安全光栅的一侧）进行作业，严禁从冲床的侧面或背面（没有安全光栅保护）进行作业	 

③ 安装模具必须将滑块开到下死点，闭合高度必须正确，尽量避免偏心载荷；模具必须紧固牢靠，并经过试压检查。

④工作中注意力要集中，严禁将手和工具等物件伸进危险区内。小件一定要用专用工具（镊子或送料机构）进行操作。模具卡住坯料时，只准用工具去解脱。

⑤ 当发现冲床运转异常或存在异常声响（如连击声、爆炸声）时，应停止送料并停车，检查原因（如转动部件松动、操纵装置失灵、模具松动或缺损）并及时进行维修。

⑥ 每完成一次冲压后，手或脚必须离开按钮或踏板，以防止误操作。

⑦ 两人及以上操作时，应定人开车，注意协调配合好。完成操作后应将模具落靠，断开电源，进行必要的清扫，保持设备及场地清洁。

(2) 认识机器人冲床上下料工作站的安全防护装置

开启机器人冲床冲压作业之前，需正确认识机器人冲床上下料工作站的安全防护装置的作用，如门链开关、安全光栅、外部急停按钮、示教器急停按钮、控制柜急停按钮，各防护装置示意图如表 1-5 所示。

表 1-5　机器人冲床上下料工作站的安全防护装置

安全防护装置	作用	示意图
门链开关	门链开关位于工位入口的围栏上，门链必须插在门链开关上，使门链保持打开的状态，使工作站区域内人员随时能撤离。如果拔下门链插销，机器人会被停止	
安全光栅	安全光栅位于工位入口的两侧，如果有人进出工位区域，触发光栅动作，机器人会被暂停	
外部急停按钮	外部急停按钮位于工位入口处围栏上的按钮盒，任何时候，按下急停按钮，机器人运动和程序都会立即停止	
示教器急停按钮	示教器急停按钮位于示教器的右上角，任何时候，按下急停按钮，机器人运动和程序都会立即停止	

续表

安全防护装置	作用	示意图
控制柜急停按钮	控制柜急停按钮位于控制柜操作面板上，任何时候，按下急停按钮，机器人运动和程序都会立即停止	

1.1.4 冲床手动模式运行测试

冲压作业的上下料模式分为人工上下料和机器人上下料两种运行模式，如图 1-7 所示。人工上下料需要操作人员人工完成上下料和控制冲床进行冲压作业，即冲床手动模式，具体操作步骤如表 1-6 所示；机器人上下料则由机器人替代人工完成上下料和控制冲床进行冲压作业。手动模式存在一定危险性，特别是在人工上下料的过程中，极容易由于误操作或者机械故障导致人身伤亡事故，而自动模式则可以完全规避这种危险。

(a) 手动模式

(b) 自动模式

图 1-7　冲床两种工作模式

表 1-6　冲床手动模式操作步骤

步骤	操作	示意图
1	为防止冲床发生机械故障造成伤人事故，需在进行冲压作业前按下急停按钮	

续表

步骤	操作	示意图
2	将急停旋钮旋回至初始位置，将待冲压板材放入冲压模具内	
3	从多个角度检查待冲压板材是否完全放入冲压模具内，待冲压板材是否与模具内定位销匹配完好	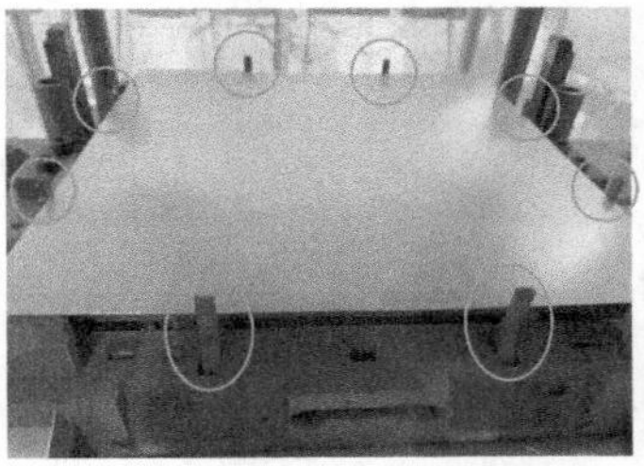
4	双手同时按下急停按钮两侧的冲压按钮即可开始进行冲压	
5	冲压作业完成后，需按下急停按钮，取出冲压模具内的工件，完成完整的冲压作业	

1.1.5 手动操作机器人示教器控制冲床冲压测试（I/O 测试）

采用机器人进行上下料，需在机器人与冲床之间建立联系，如图 1-6 所示。为了使机器人更好地完成上下料，操作者应在机器人的任务程序中创建相应的 I/O 指令，并插入相应的 I/O 指令，最后对已插入的 I/O 指令进行测试，确认无误后才可进行机器人上下料完成冲压作业。

（1）创建 I/O 指令

预想利用机器人冲床上下料完成实际冲压作业任务，如房屋铝扣板，还需在机器人上下料程序的不同阶段插入机器人 I/O 指令，以此来更好地完成冲压任务，具体操作步骤如表 1-7 所示。

（2）插入 I/O 指令

通过对机器人自动上下料逻辑的梳理，在夹持点、冲压点和放置点等所在语句行前（后）插入 I/O 指令，实现吸盘的吸附/松开、冲床的冲压以及冲压完成后吸盘进入模具等指令控制。

表 1-7　创建 I/O 指令操作步骤

步骤	操作	示意图
1	打开程序，移动光标至需要插入 I/O 指令的步骤处，点按示教盒上的 F1 键，显示屏切换至指令菜单，移动光标选择 I/O，点按示教盒上的 ENTER 键	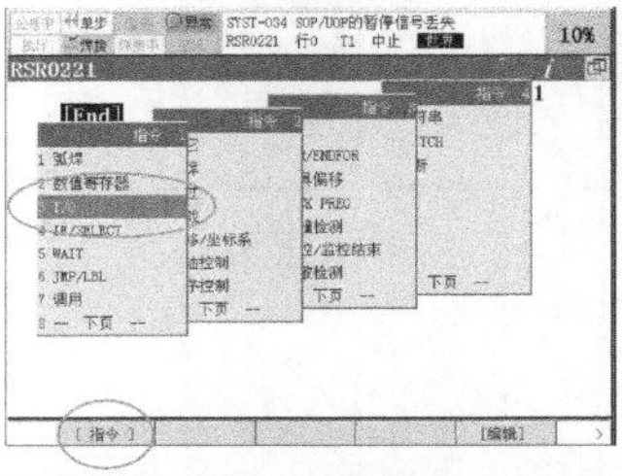
2	指令菜单切换至 I/O 指令菜单，移动光标选择 DO[ ]…或者 DI[ ]…，点按 ENTER 键	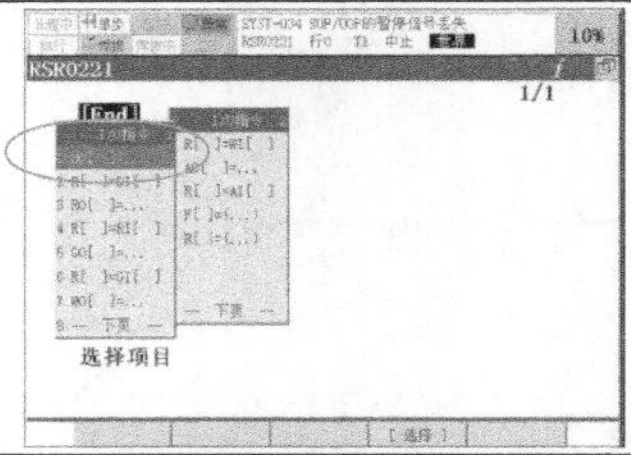
3	创建好 I/O 指令后，在[]内输入相对的端子编码	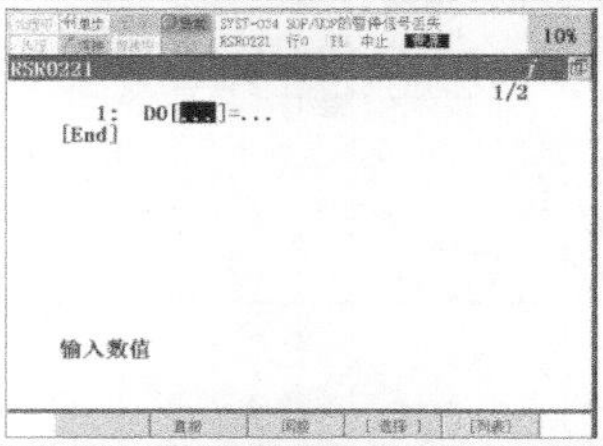
4	移动光标至选择 I/O 指令开关处，根据实际操作需要选择 ON 或者 OFF，点按 ENTER 键完成 I/O 指令的创建	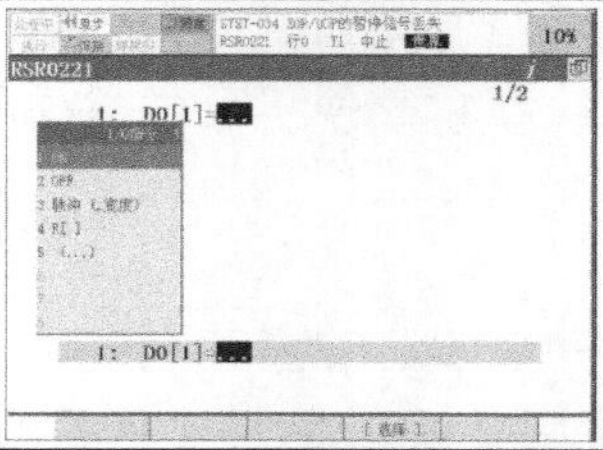

续表

步骤	操作	示意图
5	点按 ENTER 键完成 I/O 指令的创建	

(3) 测试 I/O 指令

指令插入完成后，需利用示教盒测试如下控制信号的通断：工件吸附/松开控制信号；冲压控制信号；冲床复位信号。

① 工件吸附/松开控制信号　点按示教盒上的数字输入/输出 [I/O，图 1-8(a)] 键，切换显示屏画面至“I/O 数字输出”，并通过点 ITEM 键快速定位至信号分配段 [如 DO[109]，图 1-8(b)]，待光标移至测试信号位，点按用户功能键 F4(ON) 和 F5(OFF)，切换末端执行器（吸盘）的气路通断，测试工件吸附/松开动作，如图 1-9 所示。

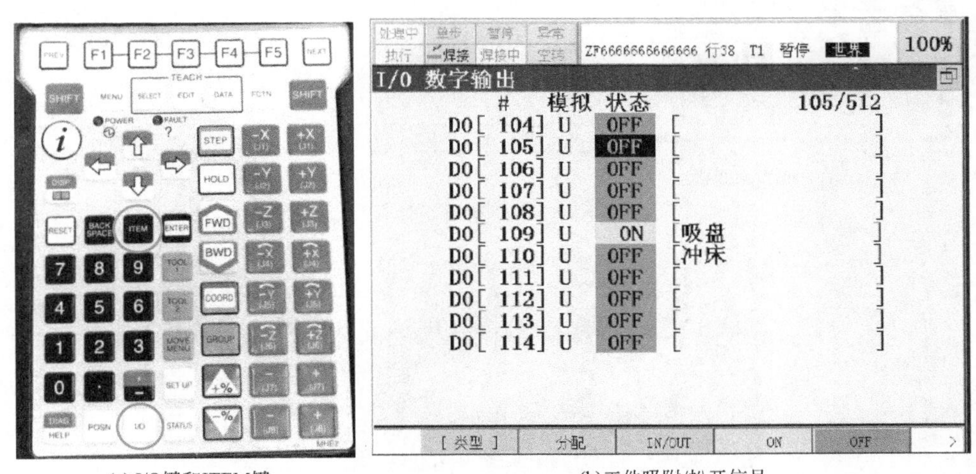

(a) I/O键和ITEM键　(b)工件吸附/松开信号

图 1-8　工件吸附/松开控制信号

② 冲压控制信号　在示教盒“I/O 数字输出”画面 [图 1-10(b)]，移动光标至 DO[110] 所在行，点按用户功能键 F4(ON) 和 F5(OFF)，控制冲床的冲压信号通断，以此实现冲床的冲压作业，如图 1-11 所示。

③ 冲床复位信号　在冲床控制操作面板上设置冲床复位信号，当冲床复位后，

(a) 吸附

(b) 松开

图 1-9 吸盘的吸附/松开动作

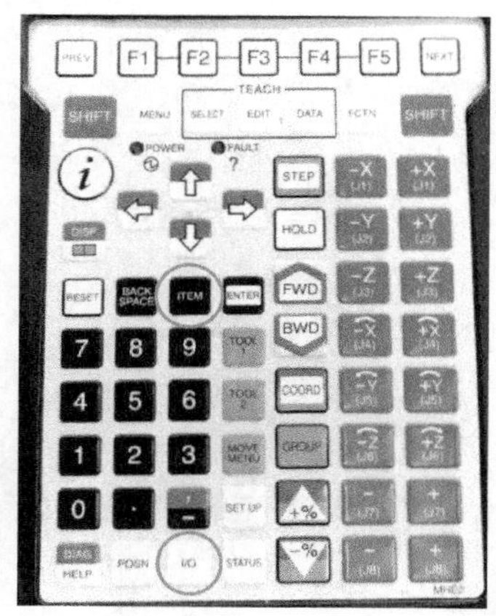

(a) I/O键和ITEM键

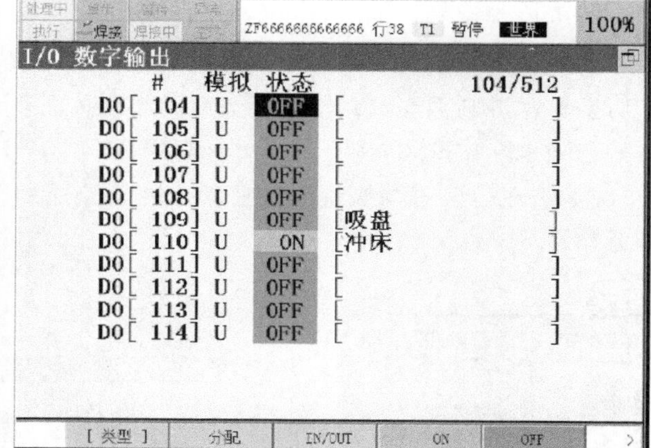

(b) 冲压控制信号

图 1-10 冲压控制信号

图 1-11 冲床的冲压作业

冲床向机器人输入控制信号。在示教盒“I/O 数字输入”画面［图 1-12(b)］，移动光标至 DI[110] 所在行，查阅冲床复位信号，如图 1-13 所示。

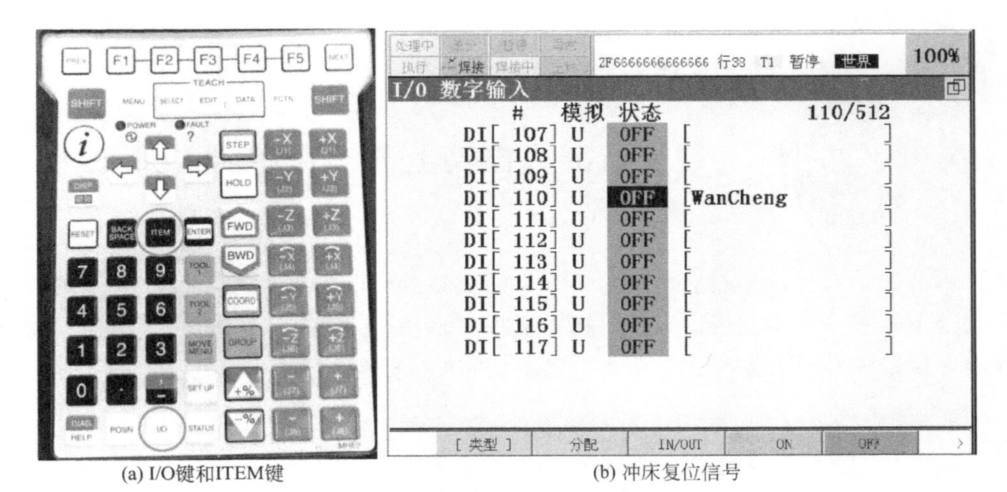

(a) I/O键和ITEM键　　(b) 冲床复位信号

图 1-12　冲床复位信号测试（1）

图 1-13　冲床复位信号测试（2）

任务测评：

（1）冲床的工作过程是____________把液压油输送到____________，通过各个____________和____________把液压油分配到油缸的上腔或者下腔，在高压油的作用下，使油缸进行运动，从而完成冲压作业。

（2）机器人冲床上下料工作站的安全防护装置包括__________、__________、____________、____________和____________五个部分。

（3）控制机器人完成自动上下料程序需在____________、____________和

__________等所在语句行前（后）插入 I/O 指令，实现__________、__________以及____________等指令控制。

(4) 请写出冲床手动模式操作过程。

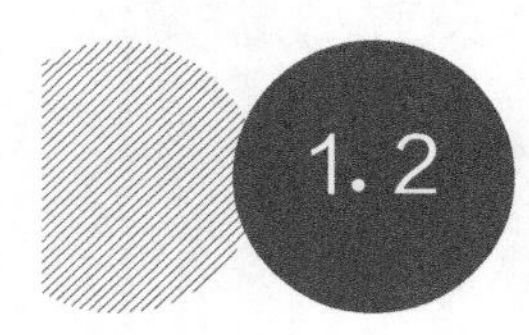

1.2 设计机器人自动上下料程序

本节中，选择铝扣板板材（图 1-14）的成型冲压为实践对象，设计工业机器人自动上下料程序，实现机器人吸附铝扣板板材自动上下料，并且完成冲床连续冲压作业，以加深对机器人冲床自动上下料工作站的应用认知。

图 1-14 铝扣板板材

1.2.1 创建任务程序

若想设计一个机器人自动上下料程序，需在示教盒内创建一个任务程序。启动机器人后，点按示教盒上的 SELECT 键 [图 1-15(a)]，切换示教盒显示屏画面进入程序菜单 [图 1-15(b)]，显示目前示教盒内所创建的所有程序。

随后点按示教盒上的 F2 键 [图 1-15(c)]，切换示教盒显示屏画面至新建任务程序 [图 1-15(d)]，为新创建的程序起一个文件名。通过移动光标可以选择单词、大写、小写、其他/键盘和示教盒面板上的阿拉伯数字命名。此外，通过移动光标可以对文件名的任意部分进行修改或者替换。

为新创建的程序设置好文件名后，点按 ENTER 键［图 1-15(e)］，光标移至显示屏上的结束［图 1-15(f)］，再次点按 ENTER 键即可完成新任务的创建。

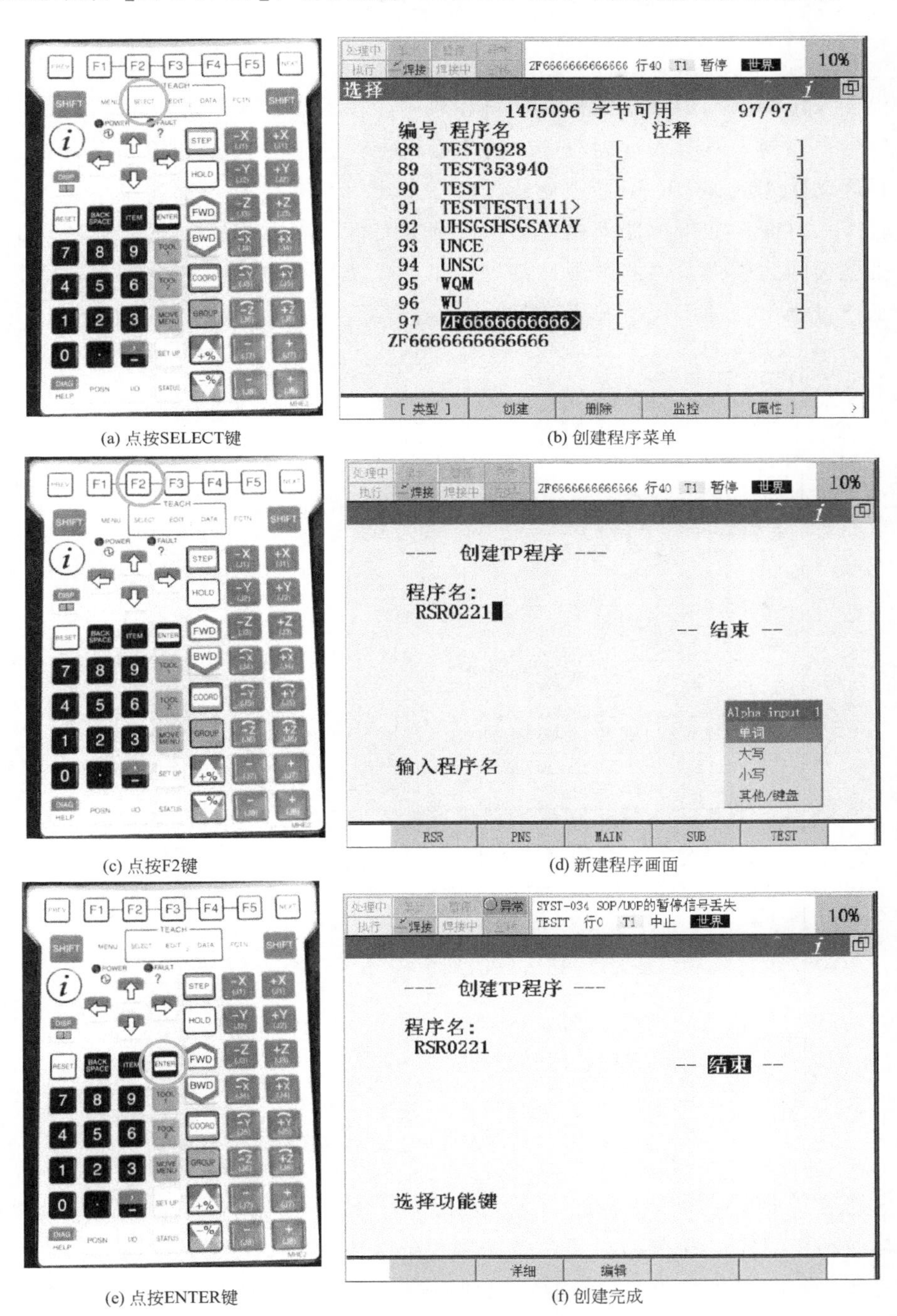

(a) 点按SELECT键　　(b) 创建程序菜单

(c) 点按F2键　　(d) 新建程序画面

(e) 点按ENTER键　　(f) 创建完成

图 1-15　创建任务程序

1.2.2 规划示教机器人运动轨迹

机器人按照输入的信号搬运原材料和成品，在工作过程中给冲床 PLC 和工控板输出信号，在规划机器人运动轨迹之前应梳理程序逻辑，如图 1-16 所示。机器人的上下料运动轨迹应连续平稳，避免各关节在角度、角速度和角加速度变化上出现尖点突变。一方面，如果机器人在运动中遇到突变，就需要极大的驱动力矩（力），而且电机也会因为硬件条件的限制，负荷不了如此大的能量。另一方面，不容许机器人在工作过程中与冲床设备发生碰撞。

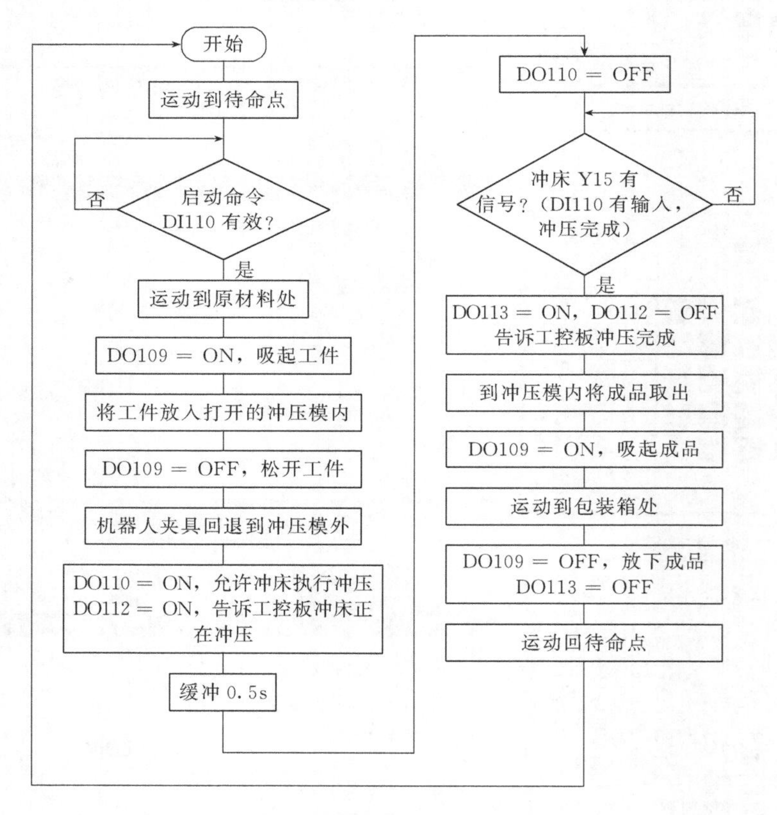

图 1-16 机器人自动上下料流程图

规划机器人末端执行机构的上下料轨迹时，不仅要依据自动化冲压中上下料机器人与冲床之间的位置布局，还要考虑到机器人在工作过程中应尽量避开障碍物，以及关节角速度和角加速度的影响。规划后的机器人末端执行机构的上下料轨迹如图 1-17 所示。该机器人末端一次完整的上下料运动过程为：HOME 点→夹持点→

等待点→冲压点→等待点→冲压点→等待点→放置点→HOME 点。

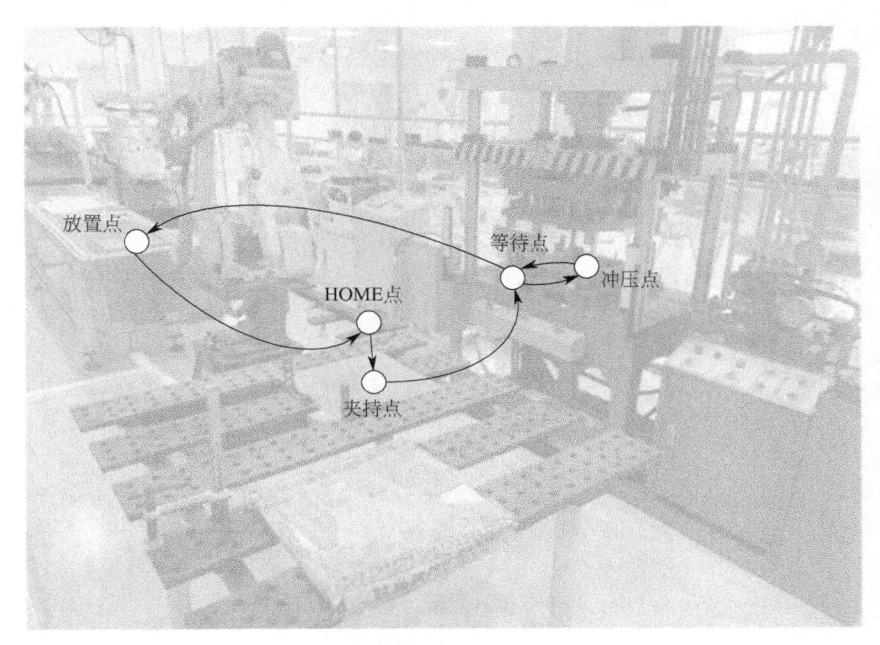

图 1-17　末端执行器机构的上下料运动轨迹

1.2.3 测试机器人运动轨迹

正式开始程序之前，先要对机器人的运动轨迹进行测试。机器人和冲床开机后，点按示教盒上的 STEP 键，将程序执行模式设置为“单步”（示教盒状态指示灯区的单步点亮）；同时，点按速度倍率键，设置速度倍率 25％～30％，单步测试机器人运动轨迹，观察夹持点、等待点、冲压点和放置点等位置的机器人姿态准确性和合理性，确认整个机器人运动过程中无碰撞和动作报警发生。

经单步测试程序无误后，可将程序执行模式切换为“连续模式”，提高速度倍率至 50％～100％，消除报警信息，并确保工作站安全防护装置已按要求置位情况下，连续运转任务程序。

1.2.4 测试机器人任务程序

机器人按照输入的信号搬运原材料和成品，在工作过程中给冲床 PLC 和工控板

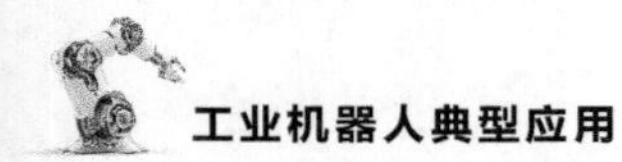

输出信号，通过前文对机器人上下料流程的梳理和机器人运动轨迹的规划进行编程，具体程序如图 1-18 所示。

```
1：UFRAME _ NUM=8
2：UTOOL _ NUM=5
3：J  PR [1]   100%  FINE ································ HOME 点
4：J @P [1]   100%  FINE ································ 夹持临近点
5：L  P [2]   500mm/sec  FINE ························ 夹持点
6：WAIT  .30 (sec)  ································ 吸附前等待 0.3s
7：DO [109] =ON  ································ 吸附工件
8：WAIT  .50 (sec)  ································ 吸附后等待 0.5s
9：L @P [1]   2000mm/sec  FINE ························ 退回夹持点
10：J  P [3]   100%  FINE ································ 过渡点 3
11：L  P [4]   2000mm/sec  FINE ························ 过渡点 4
12：L  P [7]   2000mm/sec  FINE ························ 等待点
13：L  P [6]   200mm/sec  FINE ························ 冲压点
14：WAIT  .50 (sec)  ································ 松开前等待 0.5s
15：DO [109] =OFF  ································ 放置工件
16：WAIT  .50 (sec)  ································ 松开后等待 0.5s
17：L  P [7]   2000mm/sec  FINE ························ 等待点
18：L  P [4]   2000mm/sec  FINE ························ 过渡点 4
19：DO [110] =PLISE，1.0sec ························ 冲压
20：WAIT DI [110] =ON  ································ 冲压完成
21：L  P [7]   2000mm/sec  FINE ························ 等待点
22：L  P [6]   200mm/sec  FINE ························ 冲压点
23：WAIT  .50 (sec)  ································ 吸附前等待 0.3s
24：DO [109] =ON  ································ 吸附工件
25：WAIT  .30 (sec)  ································ 吸附后等待 0.3s
26：L  P [7]   2000mm/sec  FINE ························ 等待点
27：L  P [4]   2000mm/sec  FINE ························ 过渡点 4
28：L  P [8]   1000mm/sec  FINE ························ 过渡点 8
29：L  P [5]   1000mm/sec  FINE ························ 过渡点 5
30：J  P [10]   100%  FINE ································ 过渡点 10
31：L  P [9]   500mm/sec  FINE ························ 放置点
32：WAIT  .30 (sec)  ································ 松开前等待 0.3s
33：DO [109] =OFF  ································ 放置工件
34：WAIT  .30 (sec)  ································ 松开后等待 0.3s
35：L  P [10]   2000mm/sec  FINE ························ 过渡点 10
36：J  P [5]   100%  FINE ································ 过渡点 5
37：L  P [8]   2000mm/sec  FINE ························ 过渡点 8
38：J@P [1]   100%  FINE ································ HOME 点
END
```

图 1-18 机器人冲床上下料程序

待任务程序编制完成后，进行点位示教。需要注意的是：在示教点位过程中观察夹持点、等待点、冲压点和放置点等位置的机器人姿态准确性和合理性，确认整个机器人运动过程中无碰撞和动作报警发生，具体点位示教操作步骤如表 1-8 所示。

表 1-8　点位示教操作步骤

步骤	操作	示意图
1	控制机器人末端执行器(吸盘)压在待冲压板材的中心位置	
2	打开吸盘的气泵开关,吸附待冲压板材并提起	
3	控制机器人手臂运动轨迹,将待冲压板材准确放入冲床模具内,并与模具内定位销匹配完好,关闭气泵	
4	机器人手臂退至冲床安全光栅外侧,等待冲床完成冲压作业	
5	在机器人手臂等待过程中,冲床开启冲压作业,将待冲压板材冲成所需工件,并停止任何动作	

续表

步骤	操作	示意图
6	机器人手臂进至冲床模具内部，将吸盘压在冲压成品件上，开启气泵，将冲压成品件吸附，由冲压模具内取出	
7	控制机器人运动轨迹，将冲压成品件放置规定区域内，关闭气泵，吸盘与冲压成品件脱离，机械手臂退回至初始位置	

经单步测试程序（具体操作方式如 1.2.3 节所述）测试无误后，可将程序执行模式切换为“连续模式”，提高速度倍率至 50%～100%，消除报警信息，并确保工作站安全防护装置已按要求置位情况下，连续运转任务程序。机器人冲床冲压铝扣板的效果如图 1-19 所示。

(a) 原料　　(b) 成品

图 1-19　机器人冲床冲压铝扣板的效果

1.2.5 成品件检测

在实际生产中，冲压成品件的评定是多方面的，需要有具体的产品标准和专业的测试仪器。本次任务不具备这样的条件，只能从常见的外观缺陷及其调整方法进行介绍，如表 1-9 所示。

表 1-9　成品件常见缺陷

冲压废品	示例图	
	外观特征	成品件不合格
	产生原因	①原材料质量低劣 ②冲模的安装调整、使用不当 ③操作者没有把条料正确地沿着定位送料或者没有保证条料按一定的间隙送料 ④冲模由于长期使用，发生间隙变化或本身工作零件及导向零件磨损 ⑤冲模由于受冲击振动时间过长，紧固零件松动，使冲模各安装位置发生相对变化 ⑥操作者的疏忽，没有按操作规程进行操作
	调整方法	①原材料必须与规定的技术条件相符合（严格检查原材料的规格与牌号，在有条件的情况下对尺寸精度和表面质量要求高的工件进行化验检查） ②对于工艺规程中所规定的各个环节应全面严格地遵守 ③所使用的压力机和冲模等工装设备，应保证在正常的工作状态下工作 ④工件和坯件的传送一定要用合适的工位器具，否则会压伤和擦伤工件表面影响到工件的表面质量 ⑤在冲压过程中要保证模具腔内的清洁，工作场所要整理得有条理，加工后的工件要摆放整齐
冲压件翘曲变形	示例图	
	外观特征	成品件边角缝隙过大

续表

冲压件翘曲变形	产生原因	①间隙作用力和反作用力不在一条线上产生力矩 ②凸凹模间隙过大及凹模刃口带有反锥度 ③顶出器与工件接触面积太小时产生翘曲变形
	调整方法	①冲裁间隙要选择合理 ②在模具结构上应增加压料板（或托料板），板材与压料板平面接触并有一定的压力 ③检查凹模刃口，如发现有反锥度，则必须将冲模刃口修整合适 ④板材在冲裁前应进行校平，如仍无法消除翘曲变形时可将冲裁后工件通过校平模再次校平 ⑤定时清除模具腔内的脏物，薄板料表面进行润滑，并在模具结构上设通油气孔
冲压件尺寸和形状不合格	示例图	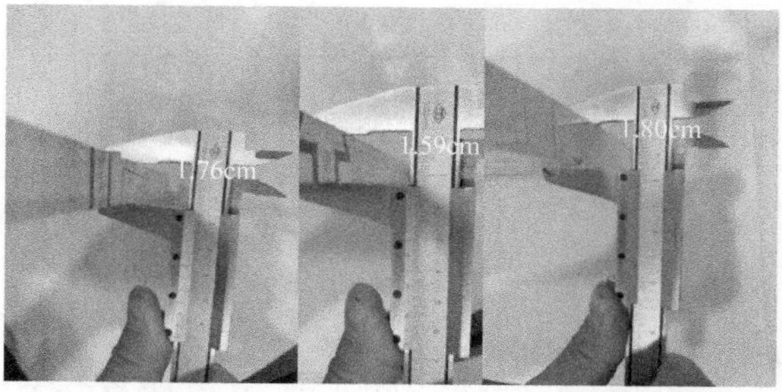
	外观特征	成品件四个边缘厚度不均匀
	产生原因	①材料的回弹造成产品不合格 ②定位器发生磨损变形，使材料定位不准，必须更换新的定位器 ③在无导向的弯曲模中，在压力机上调整时，压力机滑块下死点位置调整不当，也会造成弯曲件形状及尺寸不合格 ④模具的压料装置失灵或根本不起压料作用，必须重新调整压料力或更换压力弹簧使其工作正常
	调整方法	①选用弹性模数大、屈服点小的力学性能较稳定的冲压材料 ②增加校正工序，采用校正弯曲代替自由弯曲 ③弯曲前材料要进行退火，使冷作硬化材料预先软化后再弯曲成形 ④若在冲压过程中发生形状变形而难以消除，则应更换或修整凸模与凹模的斜度，并且使凸凹模间隙等于最小料厚 ⑤增大凹模与工件的接触面积，减小凸模与工件的接触面积 ⑥采用“矫枉过正”的办法减小回弹的影响

任务测评：

（1）在实际生产中，通常冲压成品件的缺陷可以分为三类，分别是__________、__________和__________。

（2）实操任务：利用示教盒创建一个任务程序。

(3) 实操任务：利用示教盒完成一次机器人上下料冲压作业。

1.3 优化机器人动作及速度

1.3.1 机器人运行时间的测算

机器人上下料程序需与冲床之间存在配合，当冲床完成冲压作业后，应给机器人一个输入信号，控制机器人进入冲床内将成品件取出，因此在之前编辑程序的第 20 行写入 WAIT DI[110]=ON。但机器人编程、单片机编程以及 C 语言等高级语言编程与 PLC 的程序执行方式是不同的。PLC 采用循环扫描工作，这些高级语言如果没有中断输入，会在当前行程序一直执行或等待，直到该行程序执行结束。因此 WAIT DI[110]=ON 是在等待 DI[110] 有输入时才执行下一行程序，DI[110] 没有输入时只能在该行等待。我们需要在程序中插入一个机器人计时器指令实现程序的计时，观察程序执行是否处于死循环，具体使用方法如图 1-20 所示。

点按示教盒 MENU 键，选择状态菜单，移动光标至程序计时器子菜单，弹出程序计时器一览画面，如图 1-21 所示。本节中使用的 1 号计时器时间为 38.30s，即机器人执行完整的冲床上下料程序运行时间。

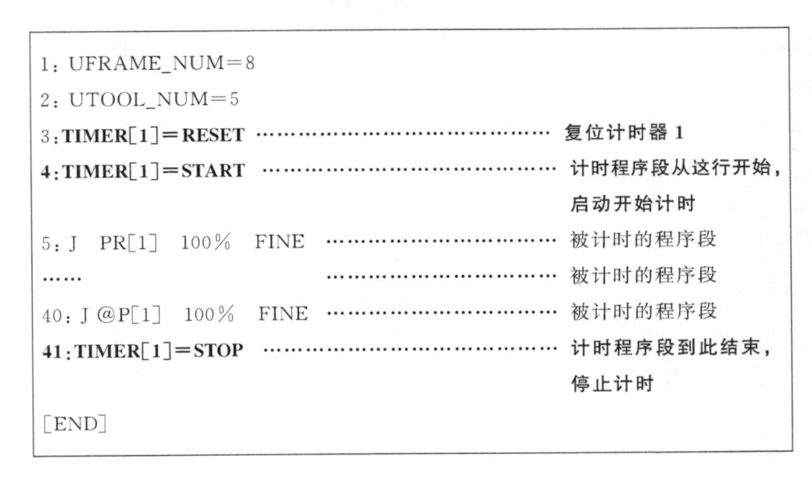

```
1: UFRAME_NUM=8
2: UTOOL_NUM=5
3:TIMER[1]=RESET ································ 复位计时器 1
4:TIMER[1]=START ································ 计时程序段从这行开始，
                                                  启动开始计时
5: J  PR[1]  100%  FINE ························· 被计时的程序段
......                   ························ 被计时的程序段
40: J @P[1]  100%  FINE ························· 被计时的程序段
41:TIMER[1]=STOP ································ 计时程序段到此结束，
                                                  停止计时
[END]
```

图 1-20　计时指令插入

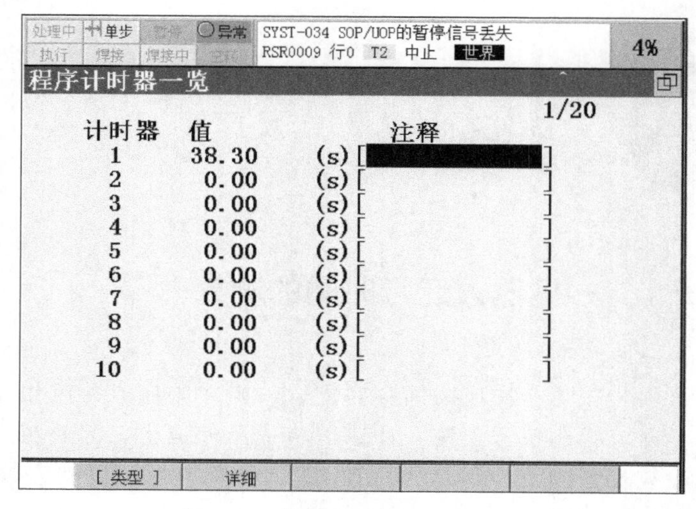

图 1-21 优化前的标准循环时间

1.3.2 优化机器人上下料节拍

优化机器人上下料节拍可以通过多个方面进行，例如机器人的运动路径规划、机器人动作指令的定位类型、机器人的运行速度等。

(1) 运动路径规划

通常根据机器人所需完成的作业来规划机器人的运动路径，以便使机器人顺利地完成作业，不与其他物体发生碰撞，如 1.2.2 节规划的运动轨迹。而不同的运动路径将决定机器人完成作业的时间，即在本工作站中对机器人上下料节拍产生影响，因此操作者可以通过优化机器人的运动路径来优化机器人的上下料节拍。

(2) 定位类型

CNT 是带圆弧的过渡，FINE 是带尖角的过渡，CNT0 与 FINE 等效。在生产实际应用中发现，追求机器人快速运动时使用 CNT 较好，FINE 的过渡让每一个点产生停顿。为了更好地优化机器人上下料节拍，需将部分程序的终止类型由 FINE 改为 CNT，实现机器人更迅速完成上下料作业，具体程序编写方法如图 1-22 所示。同理，通过示教盒查阅程序计时器，可以得到优化后的机器人执行完整的冲床上下料程序运行时间约为 18.3s，如图 1-23 所示，较优化前相比，节省大约 20s，生产节拍提升一倍。

```
1: UFRAME_NUM=8
2: UTOOL_NUM=5
……
9: L @P[1]   2000mm/sec   FINE
10:J   P[3]   100%   CNT100 ……………………………… 运动结束方式优化
11:L   P[4]   2000mm/sec   FINE
……
27:L   P[4]   2000mm/sec   FINE
28:L   P[8]   1000mm/sec   CNT100 ……………………… 运动结束方式优化
29:L   P[5]   1000mm/sec   CNT100 ……………………… 运动结束方式优化
30:J   P[10]   100%   FINE
……
36:L   P[10]   2000mm/sec   FINE
37:J   P[5]   100%   CNT100 ……………………………… 运动结束方式优化
38:L   P[8]   2000mm/sec   CNT100 ……………………… 运动结束方式优化
39:J   @P[1]   100%   FINE
41:TIMER[1]=STOP
END
```

图 1-22　定位类型优化程序

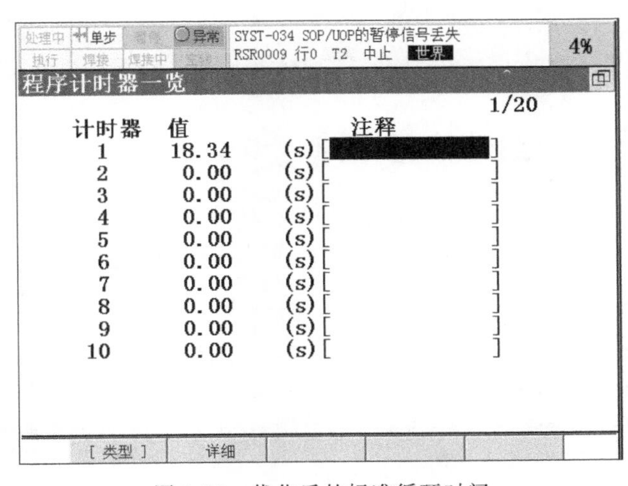

图 1-23　优化后的标准循环时间

(3) 运行速度

机器人的运行速度决定机器人在两个点位之间运动的快慢，影响机器人完成作业的时间，影响机器人上下料节拍，因此操作者可以通过优化机器人的运行速度来优化机器人上下料节拍。具体程序如图 1-24 所示，将程序中机器人的运行速度调整为原来的二倍，通过示教盒查阅程序计时器，可以得到优化后的机器人，执行完整的冲床上下料程序运行时间为 20.4s，较优化前相比，生产节拍约提高一倍。

```
1:UFRAME_NUM=8
2:UTOOL_NUM=5
……
9:L@P[1]  4000mm/sec  FINE  ………………………………… 运动速度优化
10:J  P[3]  100%  FINE
11:L  P[4]  4000mm/sec  FINE  ………………………………… 运动速度优化
……
27:L  P[4]  4000mm/sec  FINE  ………………………………… 运动速度优化
28:L  P[8]  2000mm/sec  FINE  ………………………………… 运动速度优化
29:L  P[5]  2000mm/sec  FINE  ………………………………… 运动速度优化
30:J  P[10]  100%  FINE
……
36:L  P[10]  4000mm/sec  FINE  ……………………………… 运动速度优化
37:J  P[5]  100%  FINE
38:L  P[8]  4000mm/sec  FINE  ………………………………… 运动速度优化
39:J@P[1]  100%  FINE
41:TIMER[1]=STOP
END
```

图 1-24　运动速度优化程序

1.3.3 自动执行程序

根据上述优化方案重新编辑机器人上下料程序，具体如图 1-25 所示。

```
1: UFRAME_NUM=8
2: UTOOL_NUM=5
3: TIMER[1]=RESET  …………………复位计时器 1
4: TIMER[1]=START  …………………计时程序段从这行开始，启动开始计时
5: J  PR[1]  100%  FINE
6: J  @P[1]  100%  FINE
7: L  P[2]  500mm/sec  FINE
8: WAIT  .30(sec)
9: DO[109]=ON
10:WAIT  .50(sec)
11:L@P[1]  2000mm/sec  FINE
12:J  P[3]  100%  CNT100 ……………………………… 运动结束方式优化
```

```
13:L  P[4]  2000mm/sec  FINE
14:L  P[7]  2000mm/sec  FINE
15:L  P[6]  200mm/sec  FINE
16:WAIT  .50(sec)
17:DO[109]=OFF
18:WAIT  .50(sec)
19:L  P[7]  2000mm/sec  FINE
20:L  P[4]  2000mm/sec  FINE
21:DO[110]=PLISE,1.0sec
22:WAIT DI[110]=ON
23:L  P[7]  2000mm/sec  FINE
24:L  P[6]  200mm/sec  FINE
25:WAIT  .50(sec)
26:DO[109]=ON
27:WAIT  .30(sec)
28:L  P[7]  2000mm/sec  FINE
29:L  P[4]  2000mm/sec  FINE
30:L  P[8]  1000mm/sec  CNT100  ……………………  运动结束方式优化
31:L  P[5]  1000mm/sec  CNT100  ……………………  运动结束方式优化
32:J  P[10]  100%  FINE
33:L  P[9]  500mm/sec  FINE
34:WAIT  .30(sec)
35:DO[109]=OFF
36:WAIT  .30(sec)
37:L  P[10]  2000mm/sec  FINE
38:J  P[5]  100%  FINE
39:L  P[8]  2000mm/sec  CNT100  ……………………  运动结束方式优化
40:J@P[1]  100%  CNT100  ……………………………  运动结束方式优化
41:TIMER[1]=STOP  ………………………………………  计时程序段到此结束，
                                                  停止计时
END
```

图 1-25　优化后机器人上下料程序

设置自动执行程序，需创建一个 RSR 程序，具体操作方法见 1.2.1 节。程序创建完成后，输入机器人自动上下料程序，并检查确认无误后，按表 1-10 中所示步骤进行设置。设置完成后，操作人员应撤离至机器人工作站外围。首次自动执行程序应将机器人运行速度减慢，倍率调至 50%；确认机器人自动执行程序过程中无明显报错、无碰撞后，将倍率调至 100%，再次自动执行程序。

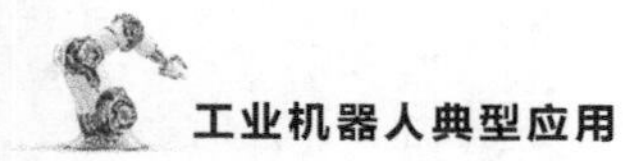

表 1-10　自动执行程序操作步骤

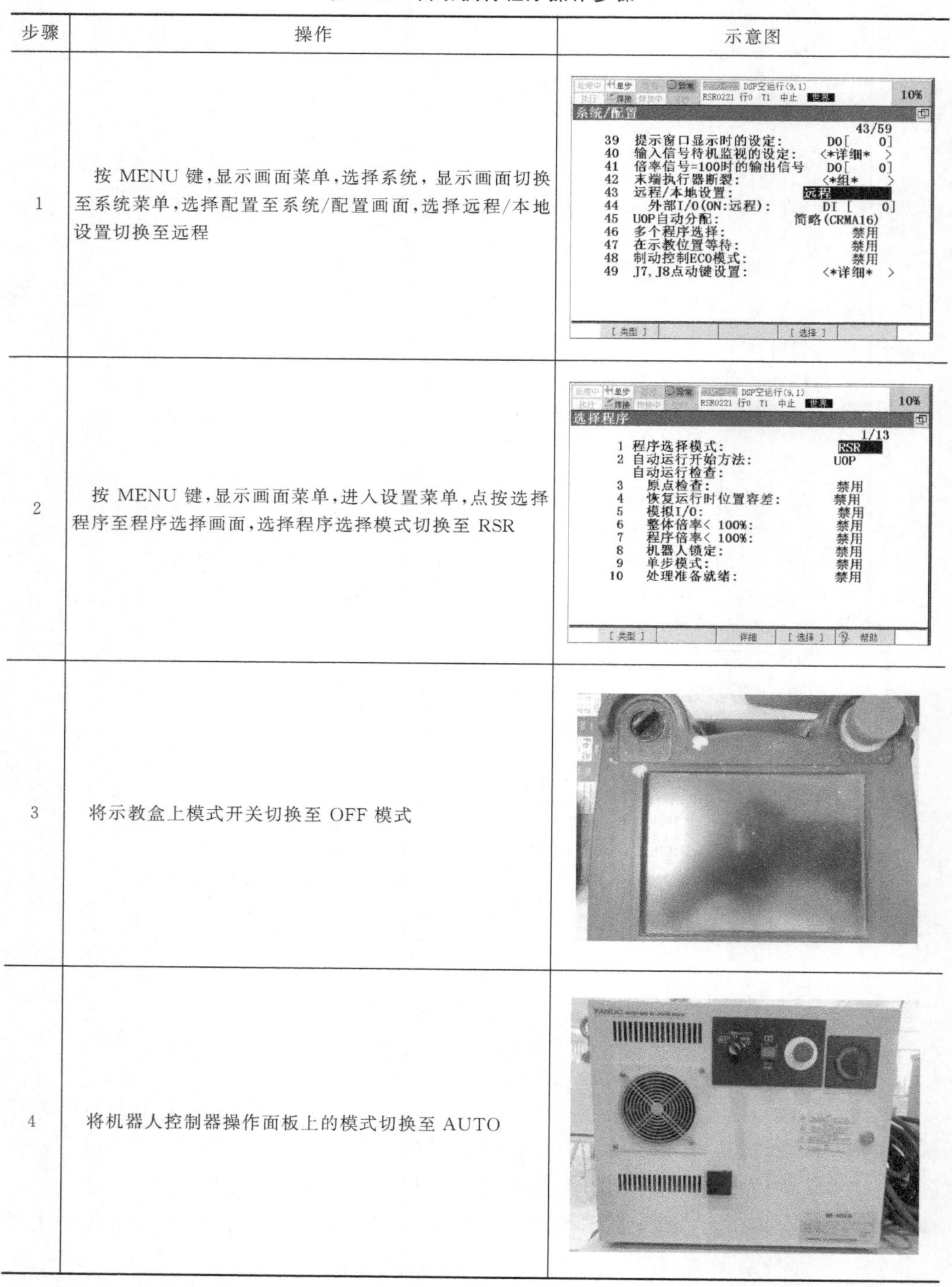

步骤	操作	示意图
1	按 MENU 键，显示画面菜单，选择系统，显示画面切换至系统菜单，选择配置至系统/配置画面，选择远程/本地设置切换至远程	
2	按 MENU 键，显示画面菜单，进入设置菜单，点按选择程序至程序选择画面，选择程序选择模式切换至 RSR	
3	将示教盒上模式开关切换至 OFF 模式	
4	将机器人控制器操作面板上的模式切换至 AUTO	

续表

步骤	操作	示意图
5	点按外部操作盒上的 REST 键，消除系统报警	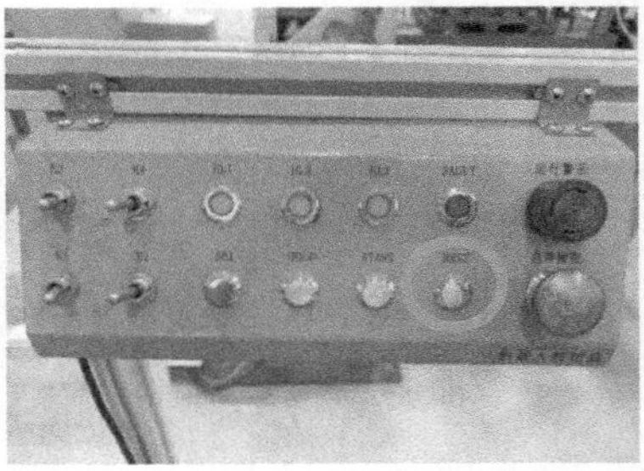
6	点按外部操作盒上的 START 键，启动机器人自动上下料程序 RSR0001	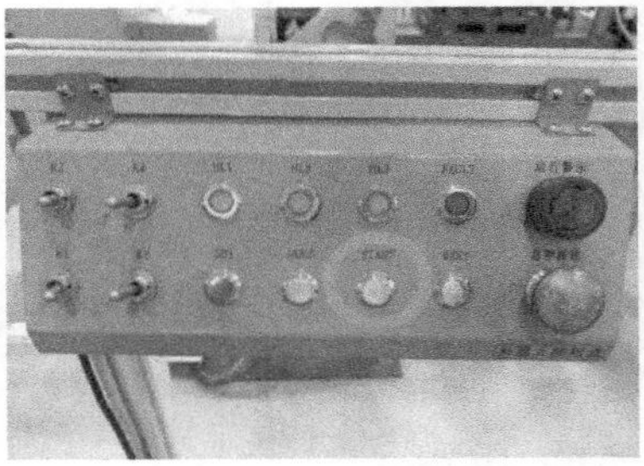

任务测评：

（1）CNT 是________过渡，FINE 是________过渡，CNT0 与 FINE 等效。在生产实际应用中发现，追求机器人________使用 CNT 较好，FINE 的过渡让每一个点________。

（2）实操任务：利用示教盒优化机器人自动上下料节拍。

（3）实操任务：自动执行一次机器人自动上下料程序。

第2章 机器人弧焊应用

机器人弧焊是机器人最典型的应用之一，本章介绍了焊接原理、机器人弧焊工作站的组成；再以两块钢板的搭接焊为例，详细介绍了焊接参数、焊机设置、机器人编程等知识和操作。读者通过本章的学习及反复的焊接练习，可以为今后进入机器人焊接行业打下一定的基础。

随着机器人技术、焊接电源技术、外部轴设备、焊缝追踪技术和计算机技术的发展，机器人焊接变得越来越简单化、智能化、柔性化和高效率。机器人焊接的应用和发展层出不穷，但“千里之行，始于足下”，让我们一起通过本章的学习，开启机器人焊接应用的探究之路。

2.1 ／ 认识机器人弧焊应用

2.1.1 ／ 焊接类型及原理

生活中，我们经过门窗店、工厂、工地施工现场，有时会看到工人在进行焊接作业，工人一个手持焊枪、一个手持防护面罩，现场发出刺眼的白光、冒着白烟。人工焊接要求焊接工人有熟练的操作技能、丰富的实践经验和稳定的焊接水平，同时又要能忍受恶劣的作业条件，如长时间连续作业、长时间弯曲身体、光污染严重、热辐射大、烟尘多。人工焊接作业场景如图 2-1 所示。

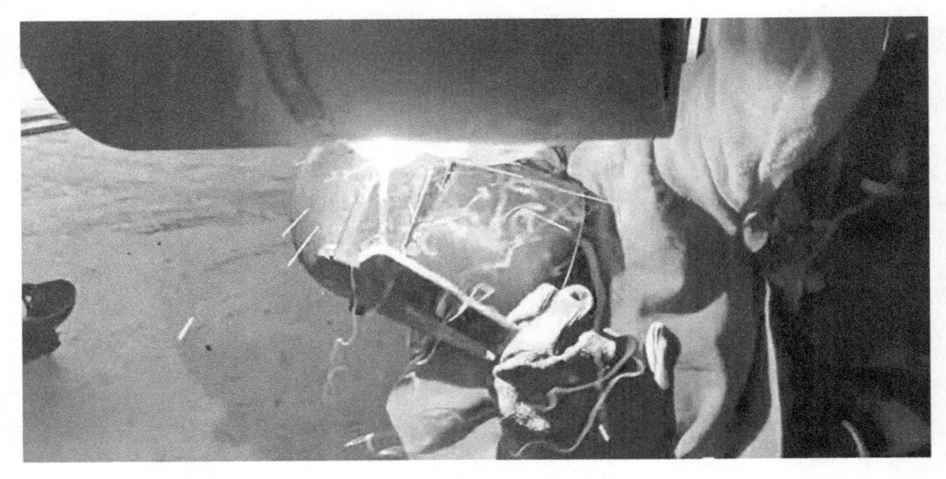

图 2-1　人工焊接作业场景

随着自动化生产的发展，特别是工业机器人应用的普及，大规模、批量化的工件焊接作业，越来越多地使用工业机器人来代替人工焊接。目前国内外的汽车主机厂，基本实现焊接全自动化，弧焊、点焊、激光焊全部由机器人完成。如图 2-2 所示为焊接机器人在汽车生产中的应用场景之一。

图 2-2 焊接机器人在汽车生产中的应用场景

工业机器人焊接相比人工焊接，更能保证焊接的质量、产品的一致性，机器人可以快速到达作业空间上位置进行焊接、可以 24 小时连续作业，效率也大大提高。机器人焊接和人工焊接特点对比如表 2-1 所示。

表 2-1 机器人焊接与人工焊接的特点

机器人焊接	人工焊接
①动作稳定，焊缝均匀，保证产品的一致性 ②可在高温、有毒有害等恶劣环境下工作 ③可实现半自动化、自动化，对操作工人的技术要求不高 ④可连续长时间工作，可多台机器人密集协同工作，生产效率高 ⑤产品改型换代前，大量工作可在虚拟仿真软件中完成，缩短工作周期 ⑥前期设备投入较大，适合大批量、规模化的生产 ⑦对技术人员有一定要求，要能够处理一般故障	①能根据实际情况，灵活地进行焊接，以达到要求 ②能根据生产需要，灵活安排用工，短期投入较少 ③对焊工的技术要求较高，难以保证产品的一致性 ④焊接现场环境比较恶劣，工人难以长时间工作，生产效率较低

焊接是一种以加热、高温或者高压的方式接合金属，或其他热塑性材料的制造工艺及技术。焊接方法主要分为熔焊、压焊和钎焊三大类。其中熔焊在工业生产中

占的比例最大，约占 60%，压焊约占 30%，钎焊约占 10%。这三种焊接类型的原理和常见焊接方法如表 2-2 所示。

表 2-2　焊接类型及其常见方法

焊接类型	焊接原理	常见焊接方法
熔焊	通过加热，将母材和填充材料熔化，冷却后液态金属转为固态（也称为结晶），实现将母材连在一起。填充材料为焊丝或焊条，也可以没有填充材料	弧焊 气焊 激光焊
压焊	通过施加机械压力，使相邻的两块金属的接触面发生塑性变形，使表面的金属晶粒相互结合，形成再结晶，实现将两块金属连在一起。压焊分为冷压焊和热压焊，不需要加热的压焊称为冷压焊，需要加热的压焊称为热压焊	点焊 螺柱焊 摩擦焊 超声波焊
钎焊	通过熔化钎料（比母材熔点低的金属材料），用液态钎料填充母材之间的间隙，使钎料和母材之间的原子相互扩散及键连接，实现将母材连接在一起	火焰钎焊 电烙铁钎焊 感应钎焊

三种焊接类型中，最常见的焊接方法分别是弧焊、点焊、火焰钎焊，如图 2-3 所示。在本章中，我们要学习的机器人弧焊类型就属于熔焊。

(a) 熔焊—机器人弧焊

(b) 钎焊—火焰钎焊

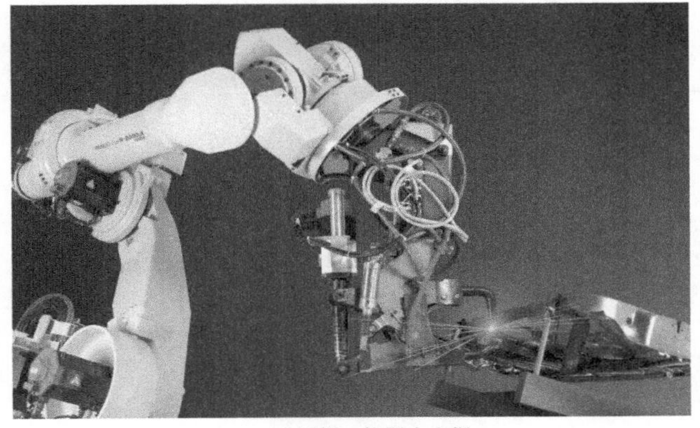

(c) 压焊—机器人点焊

图 2-3　三种焊接类型的常见焊接方法

2.1.2 机器人弧焊工作站的组成

一个机器人焊接系统包括机器人、焊接软件、焊机、送丝机、焊枪、保护气体、周边设备。周边设备根据实际需要配备，常见的有专用夹具、变位机、翻转台、焊烟净化器、焊缝跟踪系统、清枪站等。一个基本的工业机器人弧焊系统如图 2-4 所示。焊接系统各部分的作用和要求如表 2-3 所示。

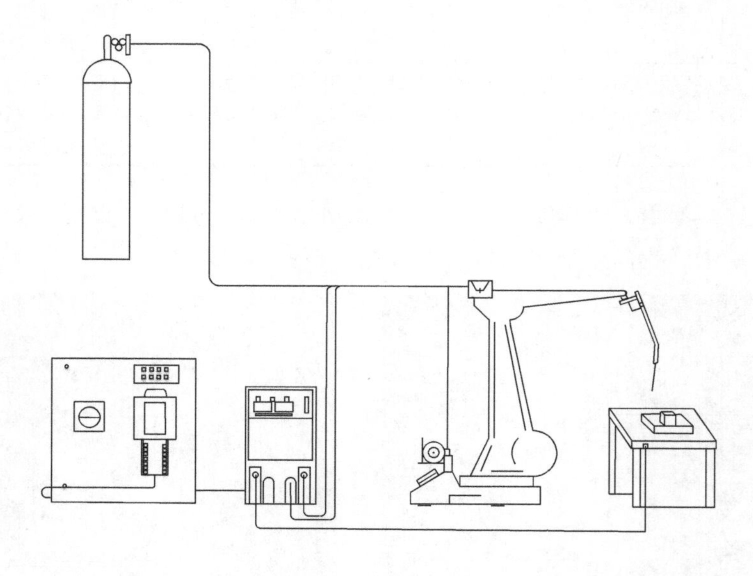

图 2-4　工业机器人弧焊系统

表 2-3　焊接系统组成部分的作用和要求

组成部分	作用和要求	示例图片
机器人 (包含弧焊软件)	①一般选用 6 自由度工业机器人，机器人重复定位精度要求达到±0.5 以上 ②机器人要能与焊机进行通信，如焊机采用 Devicenet 通信，就要求机器人要支持 Devicenet 通信 ③机器人要安装有弧焊软件，能设置焊接参数，有起弧、收弧、断弧检测等功能，有摆焊、坡口填充、焊接异常检测等功能	

续表

组成部分	作用和要求	示例图片
焊机	①焊机能够为焊接提供电流、电压和合适的输出特性 ②一般选用全数字智能焊机，控制精确、响应速度快、通信简便 ③常见的焊机种类有氩弧焊机、二氧化碳保护焊机、直流焊机、点焊机、激光焊机 ④与机器人配套使用的焊机品牌，常见的有麦格米特焊机、福尼斯焊机、肯比焊机、林肯焊机、米格焊机、依萨焊机	
送丝机	①送丝机受焊机控制，能连续稳定地送出焊丝 ②本章所指的送丝机是机器人焊机用送丝机，体积更小，安装在机器人 J3 轴顶部 ③一般使用与焊机品牌相同的送丝机，接口和控制才能对应上	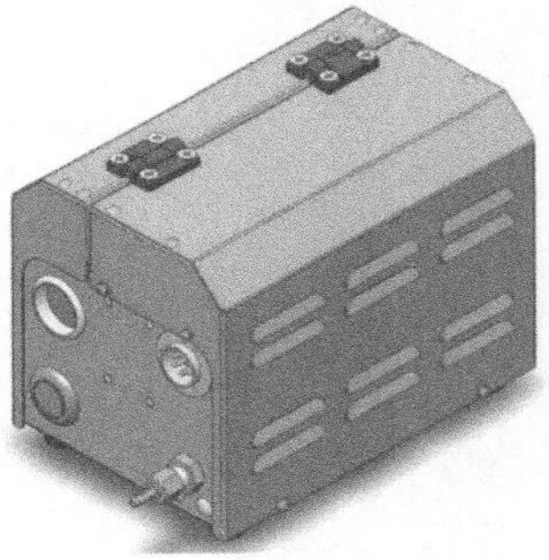
焊枪	①焊丝和保护气体从焊枪出来，焊枪有导电、导丝、导气的作用 ②焊枪分为手持焊枪、机器人专用焊枪，本章所指的是机器人专用焊枪 ③常见的焊枪品牌有宾采尔、松下、东金、泰百亿、OTC 等 ④焊枪的冷却方式分为气冷和水冷，当焊接电流达到 300A 以上，就要采用水冷焊枪	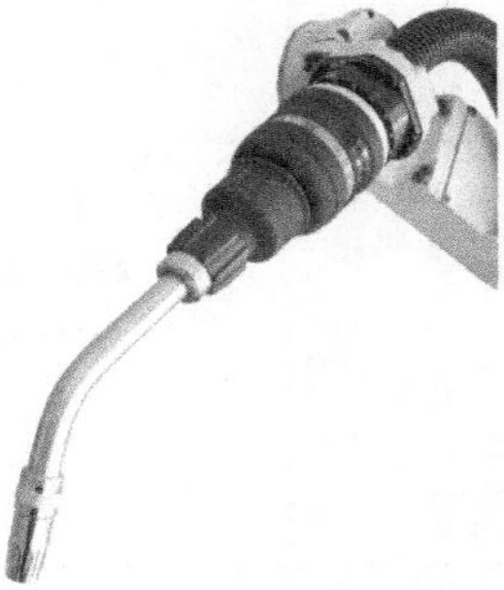
保护气体	①保护气体用于驱赶空气，减少熔池被氧化的程度，提高焊缝的质量 ②常见的保护气体有氩气、二氧化碳，还有氩气氧气、氩气二氧化碳的混合气体，根据不同的焊接类型来选择	

续表

组成部分	作用和要求	示例图片
专用夹具	①夹具用于焊接工件的定位和固定,是保证焊接精度的重要一环,合理的夹具能大大提高生产效率 ②夹具的控制方式可分为人工松紧和自动松紧	
变位机	①常见的变位机有旋转式、倾翻式,变位机用于调整工件位置,使机器人更便于焊接,提高焊接质量和焊接效率 ②变位机可以作为机器人的外部轴,由机器人控制,也可以由外部 PLC 控制 ③常见的变位机采用伺服电机驱动,由 PLC 控制,可与焊接机器人配合,实现异步变位	
焊烟净化器	①焊接烟尘净化设备,将焊接过程中产生的烟尘,吸入净化器内部 ②大颗粒的飘尘被过滤布过滤沉积 ③微小的烟雾和废气,在废气装置内部被过滤和分解	

机器人弧焊工作站如图 2-5 所示。工作站包含弧焊机器人、焊机、焊丝、焊枪、保护气体、翻转台、专用夹具、工件台、快速夹具。工作站各部分作用和主要参数如表 2-4 所示。

表 2-4　机器人弧焊工作站组成

设备种类	参数及作用
机器人	发那科机器人,型号 R-0iB,最大负重 3kg,可达半径 1437mm
控制柜	控制柜型号为 R-30iB Mate,系统已安装弧焊软件。输入电压为三相 220V(日本的电压,新的 Mate 柜输入电压为单相 220V)

续表

设备种类	参数及作用
变压器	输入电压三相 380V，输出电压三相 220V。为机器人提供合适的电源
焊机	麦格米特全数字焊机，型号 Artsen CM350，输入电压三相 380V±25%，输出电压 12～38V，输出电流 30～400A，额定暂载率 350A@100%。焊机与机器人的通信方式为 Devicenet
送丝机	麦格米特数字送丝机，型号 SFP-SN100iA，输入电压 DC 36V，输入电流 3.5A，焊丝直径 ϕ0.8mm、ϕ1.0mm、ϕ1.2mm，送丝速度 1～24m/min
焊枪	工业机器人焊接专用外置焊枪，适用于实心和药芯焊丝，可用焊丝直径包括 ϕ0.8mm、ϕ1.0mm、ϕ1.2mm
保护气体	使用二氧化碳气体，浓度≥99.5%
翻转台	翻转台由 PLC 控制，可以 180°翻转。翻转台上的专用夹具，用于焊接汽车座椅靠背骨架，正面焊接完成后，自动翻转到反面
工件台	在工件台上使用快速夹具固定工件，以进行焊接

图 2-5　机器人弧焊工作站

（1）焊机

焊机是机器人弧焊工作站的核心部件，焊机输入电压为三相交流 380V，输出直流电进行焊接。焊机输出电源的正极接到送丝机的正极端（与焊丝接通），输出电源的负极端接到工件台上。焊接起弧时，带正极电的焊丝和带负极电的工件短路，短路产生的热量使焊丝和工件熔化。焊接过程中，焊机和机器人能够进行通信，焊机为送丝机提供电源，同时控制送丝机。焊机输出的接口如图 2-6 所示。

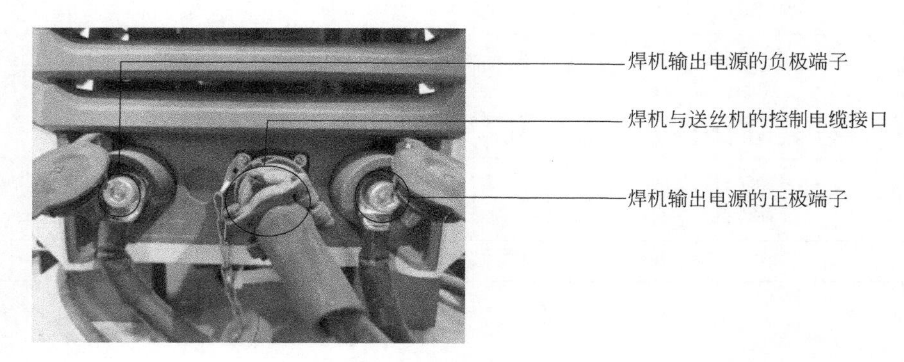

图 2-6 焊机输出的接口

（2）送丝机

送丝机是机器人弧焊过程中的关键部件，焊丝和保护气体都经过送丝机输送，才能到达焊枪。焊机输出电源的正极，接到送丝机，与焊丝接通。保护气体也是接到送丝机的气体接口上。送丝机有一条控制线与焊机连接，送丝机的电源由焊机提供，焊丝的输送由焊机控制，保护气体的开关也是由焊机控制。送丝机上的接口如图 2-7 所示。

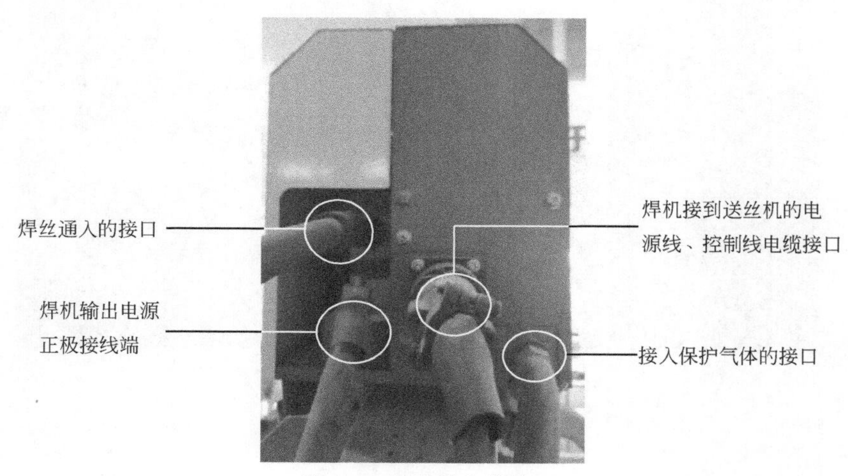

图 2-7 送丝机上的接口

焊机、焊丝、送丝机、机器人、工件台和保护气体，它们之间的连接如图 2-8

所示，它们相互连接起来，组成了机器人弧焊工作站。

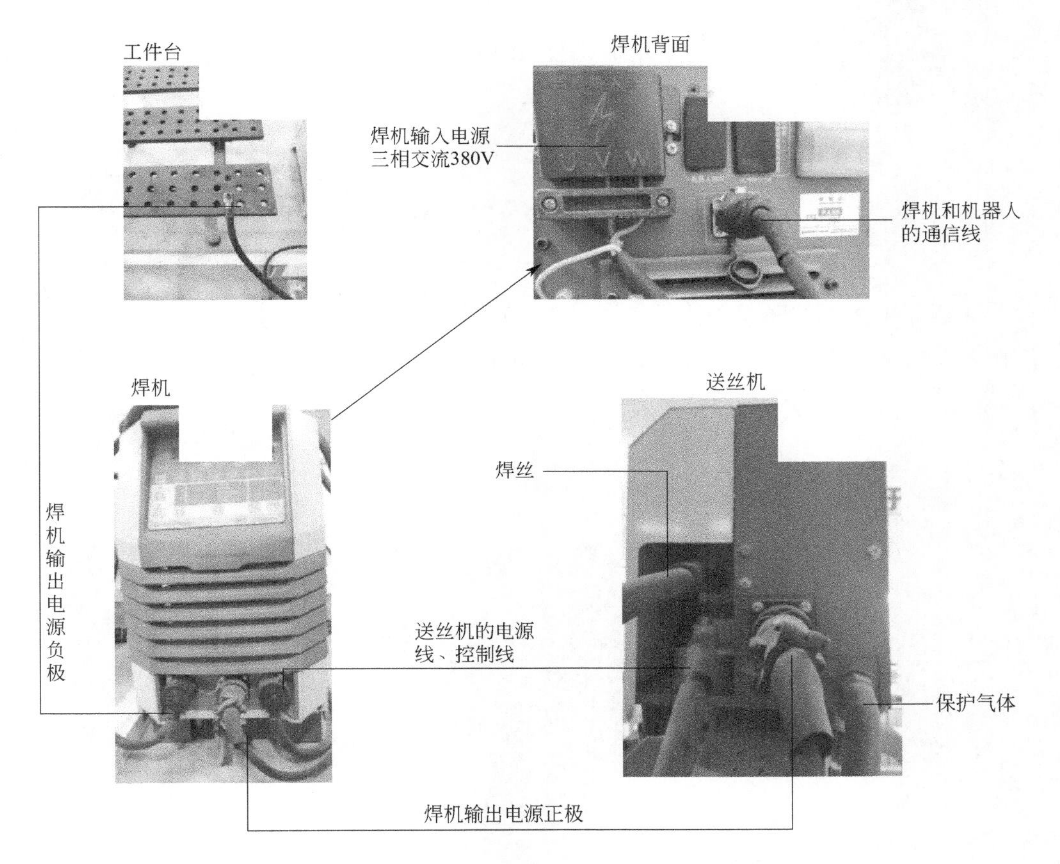

图 2-8　机器人弧焊工作站各组成部分的连接

任务测评：

(1) 焊接方法分为熔焊、压焊和钎焊三大类，机器人弧焊是属于__________。

(2) 焊机输出电源的正极接到______上，焊机输出电源的负极接到________上。

(3) 焊接机器人区别于其他机器人的关键之处，是焊接机器人的系统中安装了____________软件。

(4) 焊接机器人的精度要求达到____________。

(5) 请简要画出你使用的机器人弧焊工作站的连接框图。

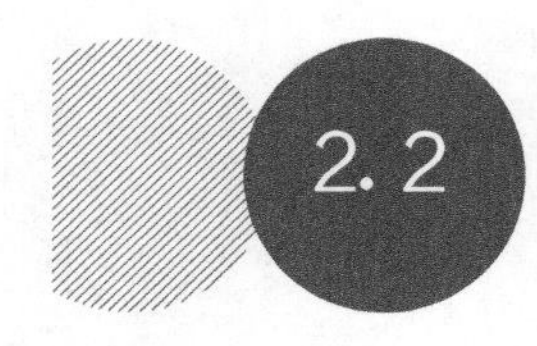

2.2 焊接前准备工作

2.2.1 正确穿戴焊接劳保用品

无论是手工焊接还是机器人焊接，现场环境都比较恶劣。如图 2-9 所示，焊接工作开始之前，首要任务就是穿戴好劳保用品，具体要求如下。

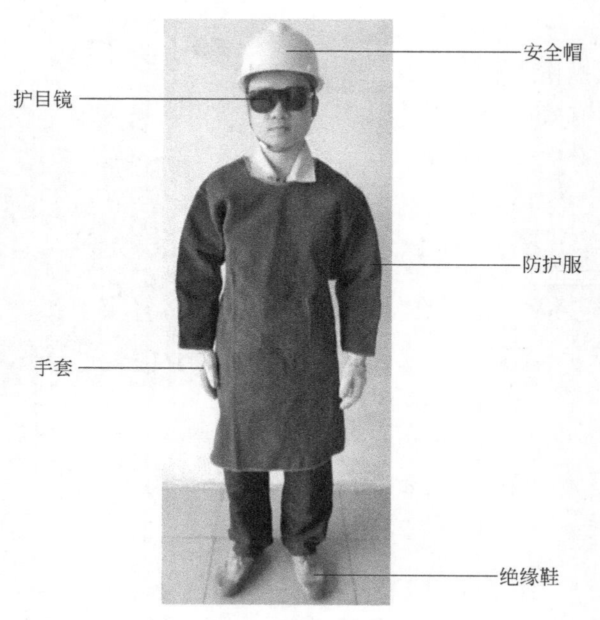

图 2-9　焊接劳保用品穿戴示意图

① 正确佩戴安全帽，进入工位区域前，必须先戴好安全帽。

② 穿好焊接防护服，焊接防护服具有阻燃功能，焊接防护服可以保护操作人员不被烫伤、烧伤。

③ 穿好电工绝缘鞋，焊机的输入电压一般为 220V/380V。

④ 准备好手套、护目镜，装配工件时要戴手套，注意某些工件边角锋利；焊接开始前要戴上护目镜。

2.2.2 认识机器人弧焊的安全注意事项

① 认识机器人弧焊工作站的安全防护装置。进入工位区域前，应戴好安全帽。开始焊接工作之前，要认识机器人弧焊工作站的安全防护装置，如门链开关、示教器急停按钮、控制柜面板急停按钮、外部急停按钮。

② 焊接设备的有效/无效设置。可以通过示教器将焊接设备设置为有效或无效，为了保证安全，除了真正进行焊接前，要将焊接设备设置为有效，其余时候要设置为无效。焊接设备无效时，即使执行弧焊开始指令，焊机也不会进行焊接。

设置方法：按一下示教器的"WLED ENBL"键，弹出焊接设备试运行窗口，按 F5 键，可以切换为有效或无效，如图 2-10 所示，即为焊接设备无效。

在其余界面操作时，可以通过示教器屏幕左上角状态指示栏中"焊接"指示，看出焊接设备是有效还是无效，当"焊接"指示为黄色时焊接无效，当"焊接"指示为绿色时焊接有效。

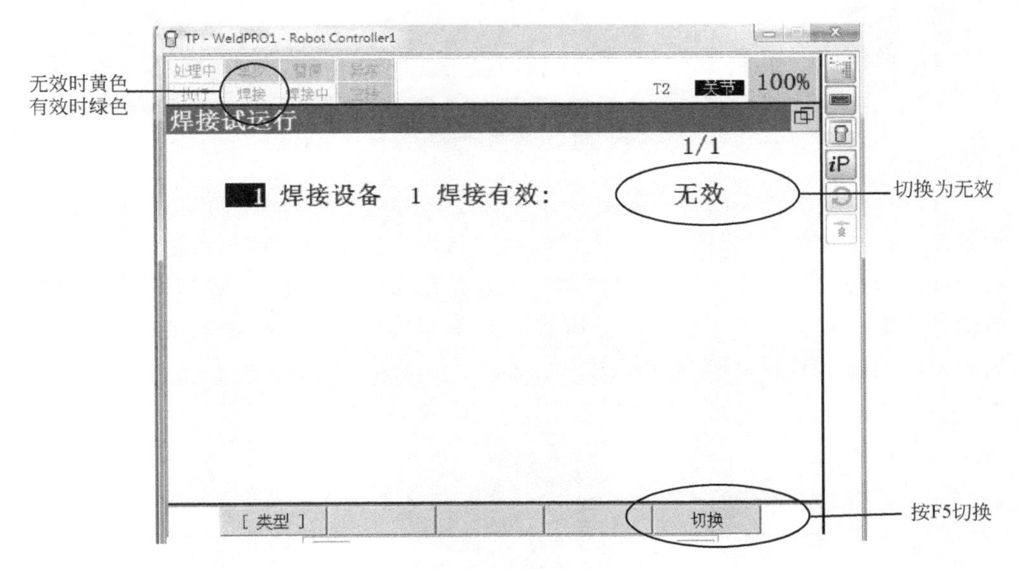

图 2-10　焊接设备的有效/无效设置

③ 焊接过程中要与工件保持距离，以免飞溅烫伤。本工作站没有配备焊烟净化设备，尽可能打开窗户，保持通风，操作人员可以戴上口罩。焊接后的工件温度很高，严禁用手触碰。

④ 焊接使用的保护气体的气瓶，是危险源之一，气瓶不能受阳光直接暴晒、明火以及其他热源的辐射加热，否则气瓶中气体受热膨胀会引起爆炸。气瓶较高较重，

如果被撞击瓶身或拉拽气管，可能会导致气瓶倾倒，砸伤人或损坏设备。本工作站的气瓶靠墙摆放，使用铁链围栏，使用前要检查铁链是否扣好。

2.2.3 焊丝的安装和送丝测试

焊丝送丝顺畅稳定，才能保证焊接质量。焊接时，送丝机将焊丝从焊丝盘中拉出，送到焊枪。焊丝的送丝路径如图 2-11 所示。

图 2-11　焊丝的送丝路径

焊接前，先要测试送丝、退丝是否正常。机器人和焊机都开机后，按下机器人示教器上的送丝键“WIRE+”，能看到焊丝从焊枪稳定匀速伸出；按下机器人示教器上的退丝键“WIRE−”，能看到焊丝稳定匀速缩回焊枪，注意退丝操作只能用作微调，不能大量退丝，否则焊丝会堵塞，卡在焊丝盘和送丝机之间的软管中。送丝键和退丝键在示教器上的位置如图 2-12 所示。

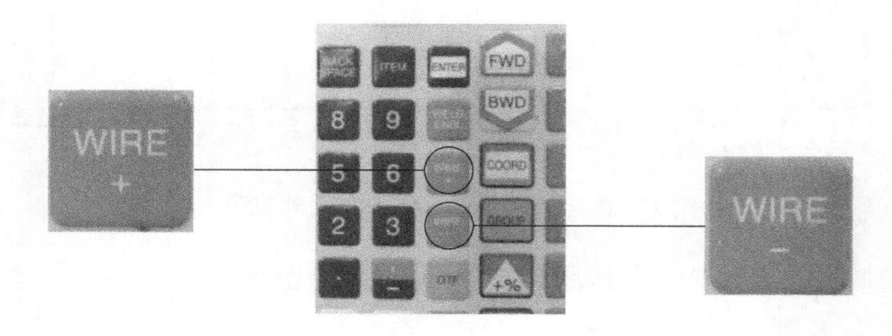

图 2-12　示教器上的送丝键和退丝键

如果按下送丝键，焊丝不能伸出，或者伸出有卡顿，首先要检查送丝机。如图 2-13 所示，焊丝穿过送丝机主动轮的凹槽里，由从动轮压紧。如果压紧旋钮拧得过松或过紧，焊丝受到的摩擦力会过小或过大，都会导致无法送丝或送丝卡顿。

打开送丝机的盖子，按下示教器上的送丝键，如果能看到主动轮转动，则检查压紧旋钮是否调节正确、检查主动轮凹槽大小是否合适、检查焊丝盘能不能正常转动；如果按下送丝键，主动轮不动，说明机器人和焊机通信有问题，需要检查通信设置。

图 2-13　送丝机结构

焊丝弯折卡死在软管中，无法送丝时，需要手动抽出焊丝，剪掉弯折部分，重新安装焊丝。焊丝安装步骤如表 2-5 所示。

表 2-5　焊丝安装步骤

步骤	操作	示意图
1	将焊丝从焊丝盘抽出，穿出软管的快速接头。注意焊丝从焊丝盘抽出时，焊丝盘旋转的方向为逆时针方向。焊丝抽出时，如果焊丝有弯折或焊丝头有尖刺，都可能会导致焊丝难以穿过软管，这时要剪掉，重新抽出	
2	将焊丝穿进第一段软管，第一段软管为焊丝盘和送丝机之间的软管。手动拉动焊丝，向上推送，直到焊丝穿过一段软管。焊丝到达送丝机后，停止推送焊丝，把软管插进焊丝盘上的快速接头	

续表

步骤	操作	示意图
3	焊丝进入送丝机后，将焊丝穿过送丝机中间的一小段固定的铁管，然后将焊丝送入第二段软管的接头（送入 5cm 以上即可）。第二段软管是送丝机和焊枪之间的软管 注意检查焊丝是否卡在主动轮的凹槽中，凹槽的大小是否和焊丝直径一致（这时看到的定位轮上的数字就是对应焊丝的直径，如 1.2）	
4	将两个从动轮按下压住焊丝，两个压紧旋钮往上推，卡住从动轮，然后将压紧旋钮拧到合适位置，使从动轮压紧焊丝 这时，不需要手动推送焊丝，按下示教器上的送丝键“WIRE＋”，将焊丝抽送至焊枪即可	
5	看到焊丝从导电嘴中穿出，就可以停止送丝。有时焊丝难以穿过导电嘴的小孔，这时可以先把导电嘴拧下来，焊丝穿出来后，再把导电嘴装回即可 关闭焊丝盘盖子，关闭送丝机盖子，再测试送丝和退丝都正常，焊丝安装完毕	

2.2.4 在焊机上正确设置参数

本工作站使用的焊机是麦格米特 Artsen CM350。因为这款焊机是深圳麦格米特公司和上海发那科机器人公司合作推广，所以焊机上的品牌 LOGO 是“SHANGHAI - FANUC”（上海发那科），型号上写的是“SFP - C350iA”。在本章中，我们都按麦格米特 Artsen CM350 焊机来介绍。

麦格米特焊机是国产高端焊机，Artsen CM350 焊机是一款全数字工业重载 CO_2/MAG 直流智能焊机，它具有以下特点。

① 高度可靠性：能够适应潮湿、低温、雷电等恶劣环境，在 285～475V 电压波动时稳定工作。抗干扰能力强，与其他设备互不影响，使用寿命长。

② 高度一致性：高达 64kHz 高频逆变设计与精湛的全数字控制，大幅度减少

对硬件参数精度的依赖性，同时采用低温漂、高精度元器件，确保在温度差异条件下，焊接输出参数波形保持一致。

③ 高度稳定性：能自我修正每个熔滴过渡的状态，抑制飞溅的同时，让焊接时刻保持稳定。独特的微观弧压补偿技术与弧长恒定控制技术，保证电弧和熔池稳定的同时，拥有良好的熔深一致。

④ 高度智能化：具有一元化调节功能，内存焊接专家数据，开启傻瓜式焊接参数调节模式，并配备数字接口，与机器人无缝对接，实时反馈弧焊参数。

Artsen CM350 焊机的操作面板如图 2-14 所示，通过按键选择功能，对应的指示灯亮，两个数码管显示参数具体值。操作面板的各个按键和数码管的作用如表 2-6 所示。

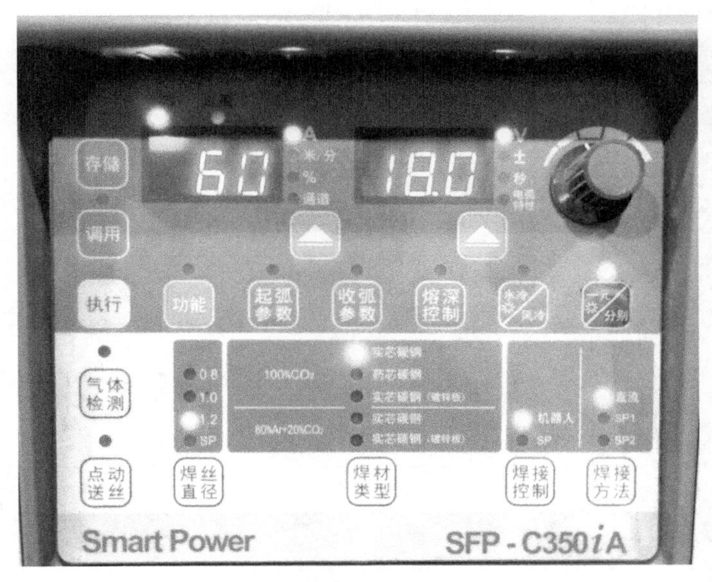

图 2-14　Artsen CM350 焊机操作面板

表 2-6　焊机上各个按键/数码管的作用

序号	图标	按键名称	功能
1	气体检测	气体检测键	用于测试保护气体是否正常流出。按一下气体检测键，送丝机中控制气体开关电磁阀打开，焊枪口会有保护气体流出；再按一下，电磁阀关闭
2	点动送丝	点动送丝键	用于手动送丝。按住点动送丝键，焊丝伸出；松开按键，焊丝停止伸出。焊机上没有退丝键

续表

序号	图标	按键名称	功能
3	焊丝直径	焊丝直径切换键	用于设置当前使用的焊丝的直径。可以在0.8、1.0、1.2之间切换,对应的指示灯会亮
4	焊材类型	焊材类型切换按键	用于设置当前使用的焊材类型。共有5个选项,上面3个选项对应的是CO_2保护气体,下面2个选项对应的是80%Ar+20% CO_2保护气体
5	焊接控制	焊接控制选择键	用于选择焊接控制的方式。可以选择机器人控制方式和SP控制方式(其他控制方式)
6	焊接方法	焊接方法选择键	用于选择焊接方法。可以选择直流焊接、SP1、SP2,SP表示其他方法
7	执行	执行键	用于确认存储焊接参数,用于确认调用参数。长按执行键5s,进入存储/调用焊接参数模式,选择存储/调用后,长按5s确认,再长按5s退出存储/调用模式
8		循环切换键	左右两个LED屏幕下,各有一个循环切换键,用于切换LED屏幕显示的参数种类
9	60	左数码管	用于显示当前弧焊使用电流(A)、送丝速度(m/min),显示起弧参数设置中起弧电流百分比(%),显示当前存储或调用的通道号
10	18.0	右数码管	用于显示当前弧焊使用的电压(V)、电压微调百分比(±)、电弧特性,显示起弧参数设置中起弧时间(s)
11		调节旋钮	设置各个参数时,用调节旋钮改变参数大小
12	存储	存储键	用于存储设定好的焊接参数,可以存储99个通道。长按执行键5s,存储灯亮起,表示进入焊接参数存储模式;长按存储键,左边的数码管闪后,用调节旋钮选择存储的通道,左边的数码管用于显示所设置的参数,长按执行键5s确定
13	调用	调用键	用于调用已经存储的焊接参数。长按执行键5s,调用灯亮起,表示进入焊接参数调用模式;长按调用键,左边的数码管闪后,用调节旋钮选择调用的通道,长按执行键5s确定

续表

序号	图标	按键名称	功能
14	功能	功能键	对焊机内部菜单参数进行设定。长按功能键，左边数码显示参数编号，用旋钮切换参数编号；右边数码管显示当前参数的状态，按一下执行键，右边数码管闪，用旋钮改变当前参数；再按一下执行键，保存当前参数的设置
15	起弧参数	起弧参数键	用于查看起弧电流、电压和起弧送丝速度，可以调节起弧百分比、起弧电压、修正值、起弧时间及电弧特性
16	收弧参数	收弧参数键	用于查看收弧电流、电压和收弧送丝速度，可以调节收弧百分比、起收弧电压、修正值、收弧时间及电弧特性
17	熔深控制	熔深控制键	按下熔深控制键，灯亮，表示开启熔深控制；再按一下，灯灭，表示关闭熔深控制。开启熔深控制后，当杆伸长度发生变化时，熔深能保持一致
18	水冷 风冷	水冷/风冷选择键	按下按键，灯亮时，表示选择焊枪水冷模式；再按一下按键，灯灭时，表示选择焊枪风冷模式
19	一元 分别	一元/分别选择键	按下按键，灯亮时，表示选择一元模式，一元模式下，只需设置焊接电流，根据电流自动匹配电压；再按一下按键，灯灭时，表示选择分别模式，分别模式下，电流、电压分开各自调节

焊接前，需要在焊机上设置焊丝直径、焊材类型、焊接控制、焊接方法、焊枪冷却方式、一元/分别选择。本章使用默认的起弧和收弧参数，不需要设置。焊接前，在焊机上要设置的参数及其示意图如表2-7所示。

表2-7 焊接前在焊机上的设置

序号	设置	焊机面板的显示
1	本章中，实际使用的焊丝直径是1.2mm。按"焊丝直径"键，"1.2"的灯亮时，即把焊丝直径设置为1.2mm	0.8 1.0 1.2 SP

续表

序号	设置	焊机面板的显示
2	本章中，实际使用的焊材类型是实芯碳钢，使用的保护气体是纯二氧化碳。按“焊材类型”键，第一个“实芯碳钢”的灯亮时，即设置好保护气体的种类和焊材类型	
3	本章中，焊接控制方式是机器人控制。按“焊接控制”键，“机器人”选项的灯亮时，即把焊接控制方式设置为机器人控制	
4	本章中，我们使用的焊接方法是直流。按“焊接方法”键，“直流”选项的灯亮时，即把焊接方法设置为直流	
5	本章中，我们要开启熔深控制，以获得一致性更好的熔深。按“熔深控制”键，按键上的指示灯亮时，即开始熔深控制	
6	本章中，使用的焊枪是风冷的焊枪。按下“水冷/风冷”键，按键上的指示灯灭时，即设置为风冷模式	
7	本章中，使用一元模式。按下“一元/分别”按键，按键上的指示灯亮时，即选择一元模式	

2.2.5 / 干伸长度设置

干伸长度就是焊丝从导电嘴伸出部分的长度，也是焊接时焊丝参与导电的一段，这一段将熔入到电弧当中，是被焊丝本身的电阻先预热的，这样使焊丝熔化速度加快。干伸长度如图 2-15 所示。

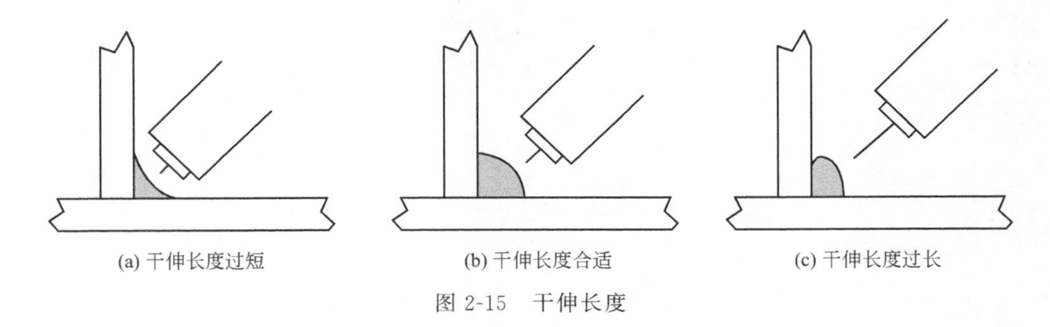

图 2-15　干伸长度

干伸长度过长，焊丝电阻热剧增，过热而熔化过快并熔断，会导致电弧不稳定且严重飞溅，电流就比设定值低，结果熔透能力下降，焊缝瞄准能力也不稳定，易产生焊缝成形不良；同时喷嘴过高，还会使得气体保护作用减弱而形成气孔。

干伸长度过短，电流就比设定值高，喷嘴太低，飞溅附着在喷嘴上，气体保护作用也减弱。

干伸长度，一般取焊丝直径的 10 倍，且不超过 15mm。本章使用的焊丝直径是 1.2mm，所以干伸长度我们设为 12mm。

2.2.6 / 保护气体的流量调节及测试

保护气体是影响焊缝质量的重要因素之一。焊接时，保护气体喷出的示意图如图 2-16 所示。焊接时，保护气体从焊枪嘴中喷出，驱赶电弧区的空气，在电弧区形成连续封闭的气层，使电极和金属熔池与空气隔绝，使金属熔池不被氧化。焊接时，保护气体还有冷却的作用，减小焊接工件的热影响区。保护气体的种类、气体流量大小都会影响焊缝质量。

(1) 保护气体种类

保护气体有单元气体、二元混合气体、三元混合气体。单元气体有二氧化碳、氩气；二元混合气体有氩气加二氧化碳混合、氩气加氧气混合、氩气加氦气混合、氩气加氢气混合；三元混合气体有二氧化碳、氩气和氦气混合。常见的有氩弧焊、二氧化碳保护焊，氩弧焊使用的就是 80%氩气＋20%二氧化碳的混合气体，用于奥氏体不锈钢、铝、镁、钛、铜及其合金的焊接；二氧化碳保护焊使用的是纯度大于 99.5%的二氧化碳气体，常用于碳钢、低合金钢、高强度钢、不锈钢及耐热钢的焊接。本章的机器人弧焊，就属于二氧化碳保护焊。

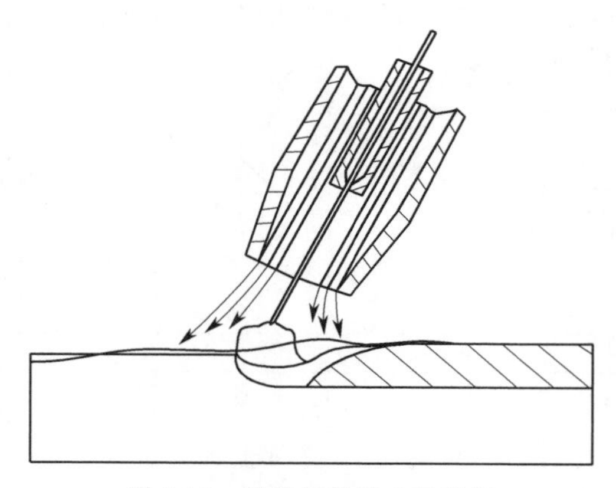
图 2-16　保护气体喷出示意图

（2）保护气体流量

保护气体的流量越大，驱赶空气的能力越强，保护层抵抗流动空气影响的能力越强；但流量过大时，会使空气形成紊流，使空气卷入保护层，反而降低了保护效果，所以气体流量要适中。在 1～3mm 的板材焊接中，气体流量一般调节到 10～15L/min。本章焊接的板材厚度 1.2mm，使用焊丝 1.2mm，气体流量初步调节至 13L/min。

本章使用的二氧化碳气体如图 2-17 所示，本章中加热器不需要使用，在寒冷地区使用时，需将加热器接上电源，给流出的二氧化碳气体加热，因为液态的气体汽化时吸热，温度过低时会将瓶口冻住，导致气体流不出。

图 2-17　二氧化碳气体

(3) 保护气体的流量调节及测试

机器人开机，焊机开机。打开气体阀门后，使用示教器的气体键控制送丝机中的电磁阀打开，调节气瓶上节流阀的流量调节旋钮，使流量指示浮球稳定在 13L/min 的刻度位置，然后在示教器上关闭气体，关闭阀门。操作步骤如表 2-8 所示。

表 2-8　保护气体的流量调节及操作步骤

序号	操作步骤	示意图
1	逆时针转动阀门开关，打开气瓶阀门	
2	按下示教器的气体键“SHIFT＋GAS STATUS”，能听到送丝机中电磁阀打开的声音，听到焊枪嘴中气体喷出的声音	SHIFT ＋ GAS STATUS
3	调节气瓶节流阀的流量调节旋钮，使流量指示浮球稳定在 13L/min 刻度位置	
4	按下示教器的气体键“SHIFT＋GAS STATUS”，能听到送丝机中电磁阀关开的声音，焊枪嘴中气体喷出的声音消失，看到流量指示浮球落下。保护气体的流量调节完成，气体打开关闭正常，操作完毕	SHIFT ＋ GAS STATUS

任务测评：

(1) 假设当前使用的焊丝直径是 1.0mm，干伸长度可以设置为__________ mm。

(2) 保护气体的流量一般可以调节到__________ L/min。

(3) 为了防止误操作焊接，除了正式进行焊接，其余时间都要把焊接使能“WLED Enable”切换到__________状态。

(4) 实操任务：将焊丝从焊丝盘出口处剪断，将软管及焊枪中的焊丝取出，重新进行一次焊丝的安装和送丝测试操作。

(5) 实操任务：打开保护气体瓶子的阀门，按下示教器中的保护气体测试键，使保护气体的电磁阀打开，调节保护气体流量至14L/min。

(6) 实操任务：按照实际使用的机器人弧焊工作站中，焊材种类和大小、保护气体种类、机器人工作方式，在焊机上正确设置，并在下表中记录。

序号	项目	设置值(选项)
1	焊材种类	
2	焊丝直径	
3	保护气体种类	
4	焊接控制方式	
5	焊接方法	
6	水冷/风冷	
7	一元/分别	

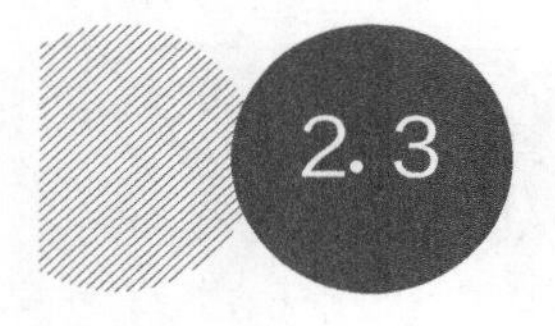

2.3 两块1.2mm钢板的机器人搭接焊

在本节中，我们通过两块钢板的搭接焊完成一次机器人焊接，就是将一块钢板叠在另一块钢板上进行单面焊接。因为搭接焊是单面焊，且焊接后的两个工件不在一个平面上，所以搭接焊的强度较低，只能用在非受力部位。搭接焊对工件的装配要求不高，在本任务中，焊缝为一条直线，焊接过程较简单。

2.3.1 使用快速夹具固定工件

焊接前需要将焊接接头的表面铁锈、油污等清理干净，否则影响焊接质量或焊接时起弧失败。我们要焊接的是两块1.2mm的长方形钢板，先将一块钢板放在工件台面上，再将另一块钢板叠在它中间位置，然后使用快速夹具将它们固定在工件台上，如图2-18所示。

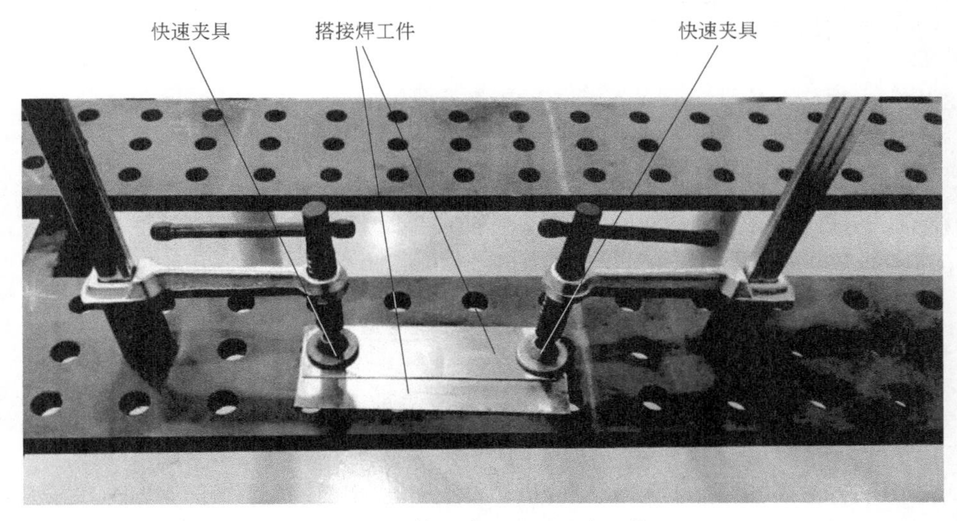

图 2-18　使用快速夹具固定工件

2.3.2　在示教器上设置弧焊参数

(1) 焊接电流

焊接电流影响着焊接电弧的稳定性、焊缝熔化深度和焊丝的熔化速度，焊接电流必须在焊丝所允许的范围内。焊接电流过大，将引起熔池的翻腾和焊缝的恶化、工件穿透、热应变过度等；焊接电流过小，起弧困难，飞溅变大，熔池过浅，焊缝成形较差。

(2) 焊接电压

焊接电压影响着电弧的稳定性、熔滴过渡形式、焊缝形状及飞溅量大小。如图 2-19 所示，电压偏低，熔宽就偏窄；电压偏高，余高就偏高。

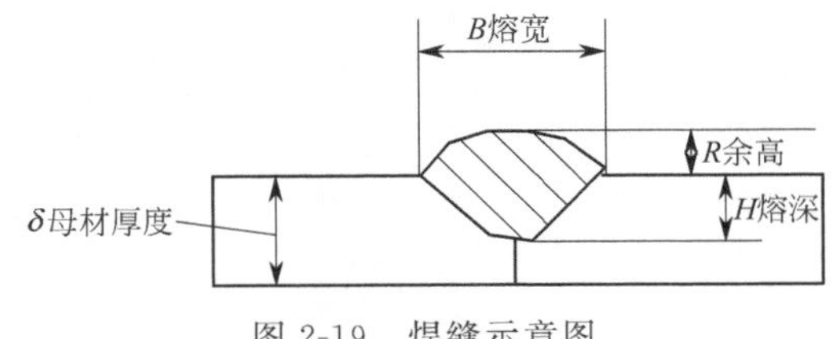

图 2-19　焊缝示意图

(3) 送丝速度

送丝速度要与焊接电流相匹配，电流越大，焊丝熔化越快，送丝速度就要越大。

本工作站使用的麦格米特 Artsen CM350 焊机，只需要设置送丝速度，焊接电流、电压自动匹配，不需要再单独设置焊接电流、电压，电压可进行微调（±30%）。送丝速度是本次任务中要设置的最重要的参数。

(4) 焊接速度

当其他焊接速度不变时，焊接速度（焊接时机器人的运动速度）越快，焊缝的熔深越浅、熔宽和熔高都变小，影响焊缝的成型。机器人焊接速度对焊缝影响如图 2-20 所示。

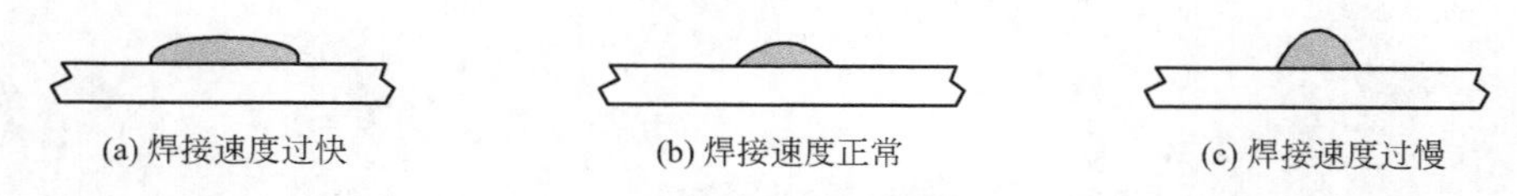

(a) 焊接速度过快　　(b) 焊接速度正常　　(c) 焊接速度过慢

图 2-20　机器人焊接速度对焊缝影响示意图

如图 2-20(a) 所示，焊接速度过快，焊缝的余高会偏低，甚至焊缝出现断断续续的现象。焊接速度快，熔深就浅，容易出现咬边，因为过快的焊速使填充金属来不及填满边缘被熔化的地方。

如图 2-20(c) 所示，焊接速度过慢，焊缝的余高会偏高。焊接速度越慢，熔深就越深，熔池中的液态金属就会溢出，流到电弧移动的前面，当电弧走到此处，电弧便在液态金属上燃烧，容易出现焊瘤等熔合不良，形成未焊透等现象。焊接速度过慢还会导致工件部分热量积聚过量，使得工件热应变严重，即工件可能会变形。

弧焊参数设置的操作步骤如表 2-9 所示。

表 2-9　弧焊参数设置的操作步骤

步骤	操作	示意图
1	按下示教器上数据键“DATA”	
2	①按 F1“类型”键 ②在弹出的数据类型菜单中，选择“焊接程序”	

续表

步骤	操作	示意图
3	点击焊接程序 1 中的“设定”前的“＋”号	数据 焊接程序 1 3/3 + 焊接程序 1 [ ] + 模式 [协同] + 设定
4	焊接程序 1 可以设定 3 个不同的参数，本节使用参数 1	+ 焊接程序 1 [ ] + 模式 [协同] - 设定 设定 cm/min % 速度 时间 设定 1 56.0 10.0 60.0 0.10 设定 2 20.0 0.0 0.0 0.00 设定 3 20.0 0.0 0.0 0.00 焊接微调整 0.1 5.0 1.0

弧焊参数设置界面如图 2-21 所示。弧焊参数设定包括送丝速度、电压调整百分比、焊接速度、焊接时间。各个参数的意义如下。

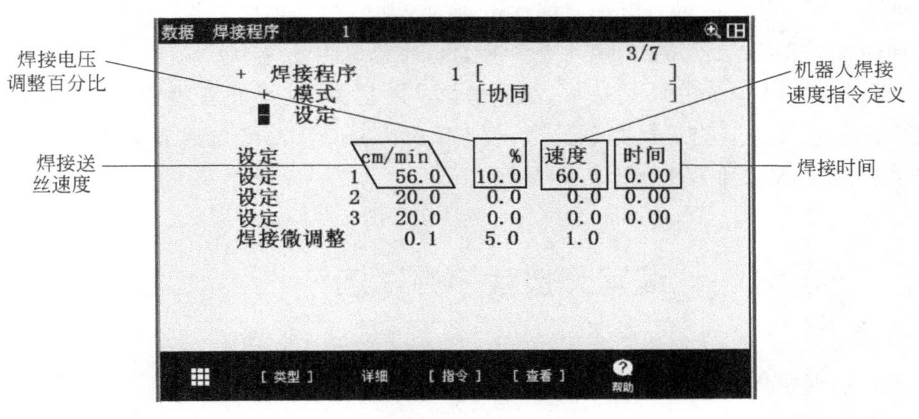

图 2-21　弧焊参数设置界面

① 送丝速度：设定焊接使用的送丝速度，焊机会根据送丝速度，自动匹配焊接电流和电压。如图 2-21 所示，设定焊接程序 1 里的参数 1，送丝速度设定为 56cm/min。送丝速度单位为 cm/min，是配置焊机时选择的。

② 电压调整百分比：焊接电压可以在±30%的区间调整，如图 2-21 所示，将焊接参数 1 的电压上调了 10%。注意：设定的是电压调整的百分比，而不是设定电压大小。

③ 焊接速度：这里设定的焊接速度是编写焊接程序时，使用的“WELD_SPEED”指令的值。如图 2-21 所示，设定焊接速度指令“WELD_SPEED”的值为 60cm/min。例如，图 2-22 中第 1 行程序，使用的是弧焊参数里指定的焊接速度；第 2 行程序，使用直接指定的速度 80cm/min。

```
                                   焊接速度指令,使用焊接参数
                                   中设定的速度
1. L  P[1]  WELD_SPEED / FINE

2. L  P[2]  80cm/min  FINE
              |
          直接指定速度
```

图 2-22　焊接速度程序

焊接速度可以不设置。焊接速度为 0 时，焊接程序中的运动指令使用了“WELD _ SPEED”作为运动速度，那么“WELD _ SPEED”的值为弧焊软件设置时指定的速度（默认为 100cm/min）。焊接程序中的运动指令也可以不使用“WELD _ SPEED”作为运动速度，而是直接指定运动速度。使用焊接速度“WELD _ SPEED”是为了更好地统一规范所有焊接轨迹的速度，都按照参数设定的焊接速度进行焊接。

④ 焊接时间：焊接处理时间，是指焊接开始/结束时焊接电流、焊接电压、焊接速度上升/下降的时间，当开启焊接开始/结束处理选项时，要分别指定各个选项的处理时间，图 2-21 上的“时间”并无实际意义，要设置为 0。

开启焊接开始/结束处理选项，是为了焊接起弧/收弧处获得更好的焊缝质量。本次任务中，没有开启焊接处理选项，就不展开讲解，读者可以查看发那科公司的弧焊手册（文档编号 B-832848CM-3/04）。

2.3.3 编写焊接程序并试运行

（1）规划机器人焊接程序运动路径

本次焊接任务中，焊缝为一条直线，在规划运动路径时，我们要合理设置焊接开始的接近点、焊接结束的接近点、初始点位，保证焊枪不会和夹具发生碰撞。机器人焊接程序运动路径如图 2-23 所示。

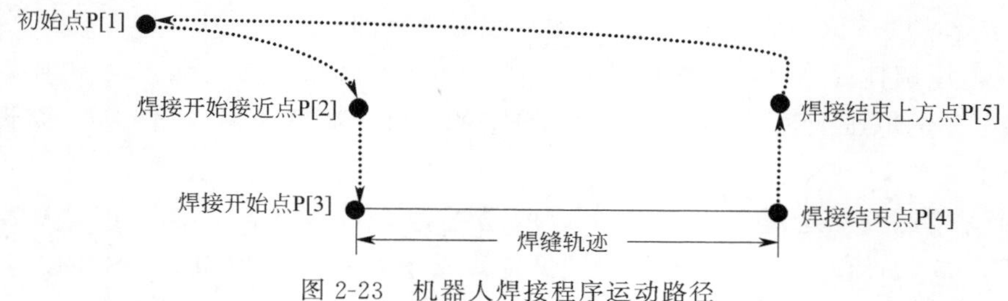

图 2-23　机器人焊接程序运动路径

(2) 编写机器人焊接程序

本节中，要用到的新指令有弧焊开始、弧焊结束，弧焊开始/结束指令都有两种不同的写法，形式 1 是单独占一行；形式 2 是附加在运动指令后，两种写法并无实际的区别，用哪种方法都可以。弧焊开始/结束指令的形式及其意义如表 2-10 所示。焊接指令插入的操作步骤如表 2-11 所示。

表 2-10　弧焊开始/结束指令形式及意义

指令	指令形式	指令意义
弧焊开始（写法 1）	WELD_START[1,1]	弧焊开始[弧焊程序 1,弧焊参数 1]
弧焊开始（写法 2）	L　P[1]　60cm/min　FINE　WELD_START[1,1]	运动到 P[1]点后,弧焊开始[弧焊程序 1,弧焊参数 1]
弧焊结束（写法 1）	WELD_END[1,1]	弧焊结束[弧焊程序 1,弧焊参数 1]
弧焊结束（写法 2）	L　P[1]　60cm/min　FINE　WELD_END[1,1]	运动到 P[1]点后,弧焊结束[弧焊程序 1,弧焊参数 1]

表 2-11　焊接指令插入的操作步骤

步骤	操作	示意图
1	①在程序编辑界面,点击“指令”菜单 ②选择“弧焊”	
2	选择“焊接开始[]”	
3	在插入的弧焊开始指令中,填写弧焊程序编号、弧焊参数编号	

弧焊结束指令的插入操作和弧焊开始一样，就不再列举。弧焊开始/结束指令、弧焊速度指令，可以点击程序编辑界面的 F2～F4 按键进行插入，如图 2-24 所示。

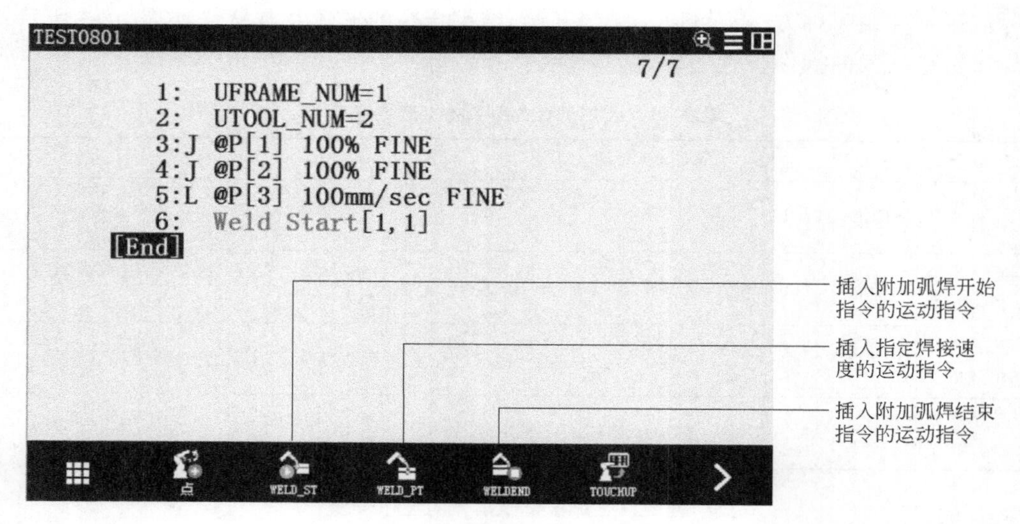

图 2-24　通过功能键插入弧焊指令

本节，机器人使用用户坐标 1（默认值，未标定）、工具坐标 2（已标定到焊丝末端）。程序中机器人点位使用图 2-23 中的点位。机器人弧焊程序如图 2-25 所示。

```
1. UFRAME_NUM=1
2. UTOOL_NUM=2
3. J   P[1]   100%   FINE   ……………………………初始点
4. J   P[2]   100%   FINE   ……………………………焊接开始接近点
5. L   P[3]   100mm/sec   FINE   ……………………焊接开始点
6. WELD   START[1,1]   ……………………………………焊接开启
7. L   P[4]   WELD_SPEED   FINE   ………………焊接结束点(速度为 60cm/min)
8. WELD   END[1,1]   ………………………………………焊接关闭[焊接程序 1,参数 1]
9. L   P[5]   100mm/sec   FINE   ……………………焊接结束上方点
10. J   P[1]   100%   FINE   ……………………………初始点
11. [END]
```

图 2-25　机器人弧焊程序

本次弧焊的焊缝为一条直线，所以程序中弧焊开始和弧焊之间只有一条运动指令，如图 2-26 中的第 7 行程序。弧焊开始指令前的运动指令，结束方式必须为“FINE”，弧焊结束指令之前的运动指令结束方式，也必须为 FINE。如果焊缝轨迹为多条直线，那么中间的运动指令结束方式使用 CNT。程序举例如图 2-26

所示。

```
5.L   P[3]   100mm/sec   FINE   ……………………焊接开始指令前使用FINE
6.WELD   START[1,1]   ……………………………焊接开启
7.L   P[4]   WELD_SPEED   CNT100   ……………焊接中间指令使用CNT
8.L   P[5]   WELD_SPEED   CNT100   ……………焊接中间指令使用CNT
7.L   P[6]   WELD_SPEED   FINE   ………………焊接结束指令前使用FINE
8.WELD   END[1,1]   …………………………………焊接关闭
```

图2-26　弧焊程序中运动指令结束方式

(3) 示教点位

程序输入完成之后进行点位示教，本节的程序需要示教5个点位。需要注意的是，焊接开始点和焊接结束点的姿态要保持一致，焊枪的角度也是影响焊缝质量的因素之一。焊枪与工件的夹角应根据工件的厚度来确定，可以参考图2-26。注意：焊枪不能与工件或夹具发生碰撞。

本次焊接的工件厚度是1.2mm，为了保证焊枪不与工件发生碰撞，确定的焊枪角度约30°。点位示教步骤如表2-12所示。

表2-12　机器人点位示教步骤

步骤	操作	示意图
1	移动机器人到焊接开始点上方，初步调整焊枪姿态，使焊枪与焊缝在同一条线上，焊枪与工件夹角约30°	
2	将焊丝对到焊接开始点，焊丝与工件距离约1mm，注意要降低速度倍率，耐心调整好焊枪的姿态、焊丝和工件的距离。调整好之后，记录为焊接开始点P[3]	

续表

步骤	操作	示意图
3	将焊枪抬起到夹具上方,使焊枪高于夹具,记录当前位置为焊接开始接近点 P[2]	
4	单步执行程序,使机器人移动到焊接开始点 P[3]。降低速度倍率,将焊枪移动到焊接结束点位置,注意焊枪的姿态和焊丝的高度都要保持一致。将当前位置记录为焊接结束点 P[4]	
5	将焊枪抬起到夹具上方,使焊枪高于夹具,记录当前位置为焊接结束上方点 P[5]	
6	将机器人移到自定义的初始位置,记录为初始点 P[1]。点位示教完成	

(4) 试运行程序

在正式焊接之前，要先进行试运行程序，通过试运行观察整个运动过程是否有碰撞焊丝的运动轨迹，观察焊接轨迹是否正确。试运行程序前，先要将焊接使能设置为“无效”，确保安全。先单步执行程序，再连续执行程序，如表 2-13 所示。

表 2-13　机器人点位示教

步骤	操作	示意图
1	按“WLED ENBL”键，弹出焊接试运行界面，按“F5”将焊接设备 1 设置为“无效”	1 焊接设备　1 焊接有效:　无效
2	按“STEP”键，将程序执行模式设置为单步，以 50％的速度倍率，单步执行程序。观察焊丝轨迹是否正确	处理中　单步　暂停　异常　执行　I/O　运转　试运行　世界　50%
3	按“STEP”键，将程序执行模式设置为连续，以 100％的速度倍率，连续运行程序 程序试运行完毕	处理中　单步　暂停　异常　执行　焊接　焊接中　空转　关节　100%

(5) 实施焊接

试运行无误后，就可以将焊接设备设置为“有效”，运行程序，实际进行焊接。要注意的是，程序运行方式必须是连续运行且速度倍率是 100％，才能执行弧焊开始指令，否则会报错。因为单步执行程序，有可能机器人停在某一步，一直焊接，会把工件焊穿；如果速度倍率不是 100％，那么焊接速度就会降低，也是不符合要求。进行焊接的步骤如表 2-14 所示。

表 2-14　焊接实施步骤

步骤	操作	示意图
1	①按“STEP”键，将程序执行方式设置为连续 ②按速度倍率加“＋％”键，速度倍率设置为 100％	处理中　单步　暂停　异常　执行　焊接　焊接中　空转　100 %
2	按“WLED ENBL”键，弹出焊接试运行界面，按“F5”将焊接设备 1 设置为“有效”	1 焊接设备　1 焊接有效:　有效
3	戴上护目镜，远离工件，小心飞溅。运行弧焊程序	

续表

步骤	操作	示意图
4	①焊接完成后，将焊接设备1设置为"无效" ②注意不能用手触碰工件，以免烫伤	

2.3.4 根据焊缝质量调整焊接参数

在实际生产中，焊缝质量的评定是多方面的，例如一个水箱的焊缝质量的评定要做力学性能测试，测试是否能够达到强度要求；要做密封性能测试，测试一定大小水压下是否密封完好；要做化学性能测试，测试是否耐腐蚀、有害成分是否超标；还要做外观测试，测试尺寸是否合格，焊缝是否美观，是否要做打磨等处理。

焊缝内在质量的分析，需要有具体的产品标准和专业的测试仪器，本节不具备这样的条件，只介绍常见的外观缺陷及其调整方法，如表2-15所示。

表 2-15 常见外观缺陷及其调整方法

焊缝成形差	示例图	
	外观特征	焊缝高低不平，宽窄不匀，甚至焊缝断续
	产生原因	①导电嘴过度氧化，导致电弧不稳定 ②焊丝伸出过长，导致电弧不稳定 ③焊接速度过慢，导致熔池翻滚流动 ④焊丝干伸弯曲，导致焊缝位置变化
	调整方法	①更换新的导电嘴 ②调整至合适的干伸长度 ③加快焊机速度 ④校直焊丝

续表

焊瘤	示例图	
	外观特征	母材表面或者背面，形成小块的瘤状金属块
	产生原因	送丝速度过快，熔化的金属溢出，流到母材其他位置
	调整方法	降低送丝速度
咬边	示例图	
	外观特征	母材的边缘产生沟槽或缺块，像被撕咬状
	产生原因	①焊接速度过快，熔化的母材得不到熔敷金属的填充 ②焊接电流太大，热量太大，母材边缘坍塌
	调整方法	①降低焊接速度 ②降低送丝速度和焊接速度
烧穿	示例图	
	外观特征	母材被烧穿，形成穿孔
	产生原因	①焊接电流太大，热量过高，熔深超过母材厚度 ②焊接速度太慢，热量在小区域聚集，烧穿母材
	调整方法	①降低送丝速度，使焊接电流降低，同时焊接速度也要降低 ②加快焊接速度
气孔	示例图	
	外观特征	焊缝表面有密集或分散的小孔，大小和分布不等
	产生原因	①保护气体覆盖不足，空气与熔池表面反应，产生气孔 ②母材表面被污染，受热产生的气体排出，使焊缝形成气孔
	调整方法	①调整保护气体流量，调整干伸长度、焊枪高度，使保护气体覆盖到位 ②焊接前清理干净母材表面的油污、铁锈

2.3.5 摆焊功能

当工件坡口较宽，熔宽无法达到工艺要求时，可以通过横向的摆动焊接来增加熔宽，这种焊接方式就叫做摆焊。如图 2-27(a) 所示，焊缝熔宽较小，强度达不到要求；如图 2-27(b) 所示，焊接时焊枪做圆形的摆动，焊缝熔宽就增大了。

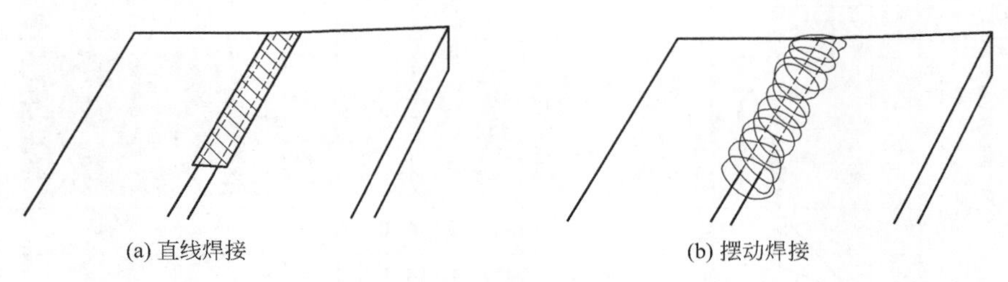

(a) 直线焊接　　(b) 摆动焊接

图 2-27　直线焊接与摆动焊接焊缝熔宽对比

发那科（FANUC）机器人弧焊软件有摆焊功能，可以选择 4 种形状的摆焊，可以设置 10 组摆焊参数，编程时使用相应的摆焊指令，就能实现摆动焊接。

(1) 摆焊类型

在发那科（FANUC）机器人中，可以使用的摆焊类型有正弦形摆焊、圆形摆焊、8 字形摆焊、L 形摆焊，它们的指令、焊丝摆动轨迹示意图如表 2-16 所示。示意图中的 X 正方向为焊接方向，X-Y 平面为焊缝所在平面，Z 轴正方向是焊缝高度的方向。

表 2-16　摆动焊接轨迹示意图

名称	摆动轨迹示意图	常用焊接类型
正弦形摆焊	Y X 移动速度	弧焊中标准的摆焊模式，可用于平面的对接焊、搭接焊
圆形摆焊	Y X 移动速度	一边画圆一边前进的焊接方式。主要用于搭接接头和具有较大的盖帽的焊接中

续表

名称	摆动轨迹示意图	常用焊接类型
8 字形摆焊	Y X 移动速度	一边画 8 字一边前进的焊接。主要在厚板的焊接、提高强度目的的焊接中使用
L 形摆焊	Z 移动速度 Y X	主要用在角焊接和 V 形坡口的焊接。为了和立面的工件对应，要设置坐标系仰角

(2) 摆焊参数设置

按下示教器上“DATA”键，再按“F1”，在数据类型中选择“摆焊设置”，进入到如图 2-28 所示的摆焊设置界面，总共有 10 组摆焊参数可供我们使用。在这个界面中，可以直接设置“频率”“振幅”“右停留”“左停留” 4 个基本参数。这 4 个参数的说明如表 2-17 所示。

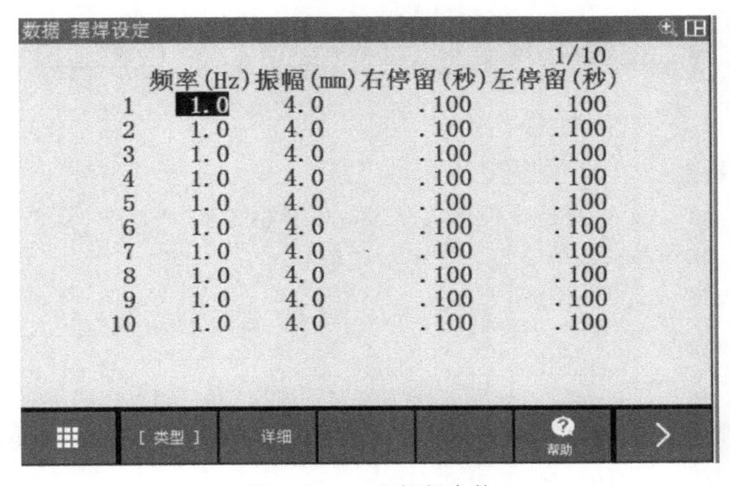

图 2-28　10 组摆焊参数

表 2-17 摆焊参数说明

参数	说明
频率	每秒摆动的次数,频率越高,摆动越快。单位是 Hz
振幅	振幅的值是指摆动顶点与焊缝中心线的垂直距离,振幅越大,摆动的幅度越大。单位是 mm
右停留	在摆动右端点停留的时间,在该点,机器人停止摆动,但仍保持移动。单位是 s。在 8 字形、圆形摆焊时,本设置无效
左停留	在摆动左端点停留的时间,在该点,机器人停止摆动,但仍保持移动。单位是 s。在 8 字形、圆形摆焊时,本设置无效

需要设置仰角、方位角等其他参数，要按下“F2”进入详细设置界面，如图 2-29 所示，可以设置第 1 组摆焊参数的 10 个全部参数。在本章中，限于篇幅，就不详细介绍 5～10 这些参数的作用，读者可以查看发那科公司的弧焊手册（文档编号 B-832848CM-3/04）。

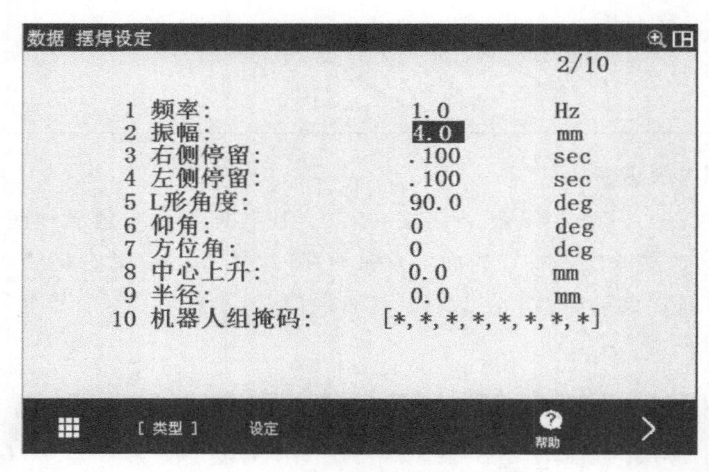

图 2-29 详细摆焊参数设置界面

(3) 摆焊指令

如图 2-30 所示，摆焊指令包含摆焊开始和摆焊结束指令，两个指令必须成对使用。摆焊开始指令包含摆焊类型、摆焊参数编号。

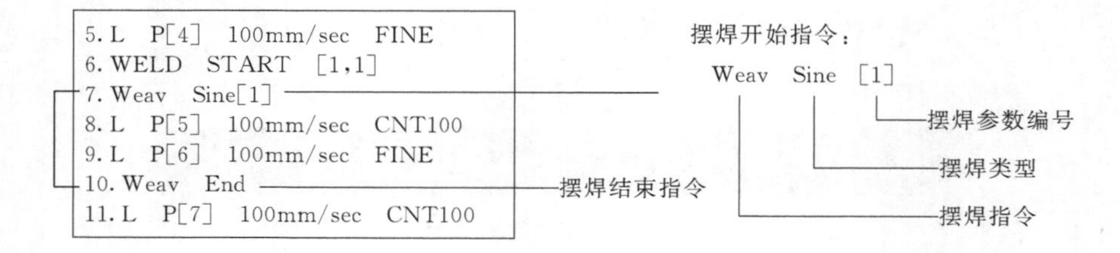

图 2-30 摆焊程序示例

四种类型的摆焊指令如表 2-18 所示。

表 2-18　摆焊指令

摆焊名称	摆焊指令
正弦形摆焊	Weave Sine[i]
圆形摆焊	Weave Circle[i]
8 字形摆焊	Weave Figure8[i]
L 形摆焊	Weave L[i]

(4) 使用正弦形摆焊进行两块钢板搭接焊

在前面的学习中，进行了两块钢板的搭接焊的直线焊接，现在改为正弦形摆焊，操作步骤如表 2-19 所示。

表 2-19　正弦形摆焊操作步骤

步骤	操作	示意图
1	使用快速夹具固定好要进行焊接的两块钢板	
2	设置摆焊参数，使用摆焊参数组 1，摆焊频率 2Hz，摆焊幅度 3mm，左右停留时间 0.1s	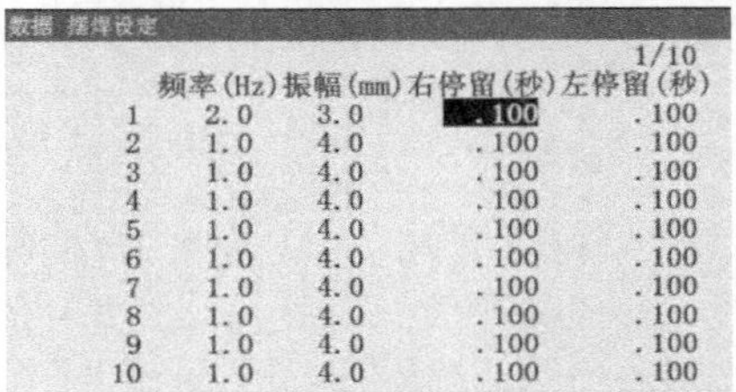
3	编写焊接程序，摆焊指令的插入在“指令”菜单中。摆焊程序如图 2-31 所示	

续表

步骤	操作	示意图
4	示教程序用到的点位、操作和前面直线焊接的相同，详细操作请查看表 2-12	
5	在“焊接无效”的状态下，试运行程序，观察焊丝摆动轨迹及有无刮擦	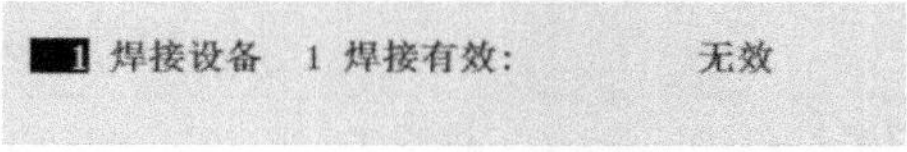 1 焊接设备 1 焊接有效: 无效
6	试运行正确后，将焊接设置切换到“焊接有效”，进行焊接。观察焊缝的成形	 1 焊接设备 1 焊接有效: 有效

```
1. UFRAME_NUM=1
2. UTOOL_NUM=2
3. J  P[1]  100%  FINE  ………………………初始点
4. J  P[2]  100%  FINE  ………………………焊接开始接近点
5. L  P[3]  100mm/sec  FINE  ………………焊接开始点
6. WELD  START[1,1]  …………………………焊接开启
7. Weav  Sine  [1]  ……………………………正弦摆动开启
8. L  P[4]  WELD_SPEED  FINE  …………焊接结束点(速度为 60cm/min)
9. Weav  End  ……………………………………摆动结束
10. WELD  END[1,1]  …………………………焊接关闭[焊接程序 1,参数 1]
11. L  P[5]  100mm/sec  FINE  ……………焊接结束上方点
12. J  P[1]  100%  FINE  ……………………初始点
13. [END]
```

图 2-31　正弦形摆焊程序

任务测评：

(1) 在一元模式中，设置的送丝速度越快，自动匹配焊接电流和电压越__________，电压可调的范围是±__________%。

(2) 假设使用焊接程序 1、焊接参数 5，那么编程时焊接开始指令是__________，焊接结束指令是__________。

(3) 焊接轨迹中，除了起始点和结束点，其余点位的运动指令结束方式要使用

__________（选 FINE 或 CNT）。

（4）真正开始焊接前，要把焊接使能“WELD ENBL”切换到__________状态，要把“单步/连续”切换到__________模式，要把速度倍率调到__________。

（5）实操任务：完成两块 1.2mm 的钢板的搭接焊，送丝速度 80cm/min，焊接速度 70cm/min。

（6）实操任务：完成两块 1.2mm 的钢板的搭接焊，使用正弦摆动方式焊接，送丝速度 80cm/min，焊接速度 70cm/min。

第3章

机器人弧焊（铝焊）应用

机器人铝焊是弧焊机器人典型的应用之一，本章介绍了铝焊的工作原理、机器人铝焊工作站的组成；再以两块钢板的搭接焊为例，详细介绍了焊接参数、焊机设置、机器人编程等知识和操作。读者经过本章的学习及反复的焊接练习，可以为今后进入机器人焊接行业打下一定的基础。

随着我国劳动力成本的逐渐提升，以廉价劳动力为支撑的“中国制造”经济模式难以为继。焊接作为工业“裁缝”是工业生产中非常重要的加工手段，焊接质量的好坏对产品质量起着决定性的影响，同时由于焊接烟尘、弧光、金属飞溅的存在，焊接的工作环境又非常恶劣。随着先进制造技术的发展，实现焊接产品制造的自动化、柔性化与智能化已经成为必然趋势，采用机器人焊接已经成为焊接技术自动化的主要标志。机器人焊接的应用和发展层出不穷，但“千里之行，始于足下”，让我们一起通过本章的学习，开启机器人铝焊应用的探究之路。

3.1 认识机器人弧焊（铝焊）系统

3.1.1 铝焊的工作原理

铝及铝合金具有优异的物理特性、化学特性、力学特性及工艺特性，能适应现代科技及高新工程发展的需要。因此，铝合金是工业中应用最广泛的一类有色金属结构材料，在我国现有的 124 个产业中，与铝相关的产业有 113 个。小到家用电器、锅碗瓢盆，大到航天航空、交通运输，“以铝代钢、以铝节木、以铝节铜、以铝代塑”，获得了广泛的社会共识，铝的使用无处不在。

近些年来，由于能源危机的威胁，人们对交通运输工具提出了更高的性能要求，既要提高承载和高速运营能力，又要绿色安全、节约燃料，为此就需要大力减轻它们的质量，以铝换钢，发展新型交通工具。铝合金的广泛应用促进了铝合金焊接技术的发展，同时焊接技术的发展又拓展了铝合金的应用领域。目前，铝焊技术已在航空、航天、汽车、机械制造、船舶及化学工业中大量应用，如图 3-1 所示。

铝比钢的比热容大 2 倍，导热性能约大 3 倍，即升高同样的温度需要的热量较多，而热量散失较快。铝工件表面极易氧化生成难熔的 Al_2O_3 薄膜，在焊缝中容易产生夹杂物和气孔等缺陷，从而破坏金属的连续性和均匀性，降低力学性能和耐蚀性。铝焊（弧焊）和钢焊（弧焊）的特点对比如表 3-1 所示。

图 3-1 铝合金车体焊接

表 3-1 铝焊与钢焊的特点对比

类别	铝焊	钢焊
焊接电源	交流	直流
保护气体	氩气	CO_2
焊机要求	高	低
焊丝材质	铝	钢
焊前清理	严格	一般
焊接难度	易产生缺陷	一般

3.1.2 机器人铝焊工作站的组成

一个机器人铝焊系统包括机器人、焊接软件、焊机、送丝机、焊枪、保护气体、周边设备。周边设备根据实际需要配备，常见的有专用夹具、变位机、焊烟净化器、焊缝跟踪系统、清枪站等。一个基本的机器人铝焊系统如图 3-2 所示。铝焊系统各部分的作用和要求如表 3-2 所示。

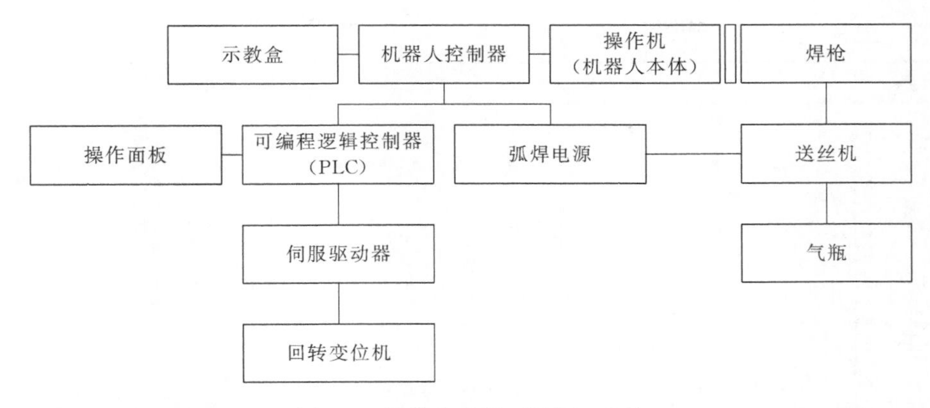

图 3-2　机器人弧焊（铝焊）系统

表 3-2　机器人铝焊系统各部分作用和要求

组成部分	作用和要求	示例图片
机器人（包含铝焊软件）	①一般选用六自由度工业机器人，机器人重复定位精度要求达到±0.5 以上 ②机器人要能与焊机进行通信，如焊机采用 ArcLink 通信协议，就要求机器人要支持 ArcLink 通信 ③机器人要安装有弧焊软件，能设置焊接参数，有起弧、收弧、断弧检测等功能，有摆焊、坡口填充、焊接异常检测等功能	
焊机	①焊机能够为焊接提供电流、电压和合适的输出特性 ②一般选用全数字智能焊机，控制精确、响应速度快、通信简便 ③常见的焊机种类有氩弧焊机、二氧化碳保护焊机、直流焊机、点焊机、激光焊机 ④与机器人配套使用的焊机品牌，常见的有麦格米特焊机、福尼斯焊机、肯比焊机、林肯焊机、米格焊机、依萨焊机	
送丝机	①送丝机受焊机控制，能连续稳定地送出焊丝 ②本章所指的送丝机是机器人焊机用送丝机，体积更小，安装在机器人 J3 轴顶部 ③一般使用与焊机品牌相同的送丝机，接口和控制才能对应上	
焊枪	①焊丝和保护气体从焊枪出来，焊枪有导电、导丝、导气的作用 ②焊枪分为手持焊枪、机器人专用焊枪，本章所指的是机器人专用焊枪 ③常见的焊枪品牌有宾采尔、松下、东金、泰百亿、OTC 等 ④焊枪的冷却方式分为气冷和水冷，当焊接电流达到 300A 以上，就要采用水冷焊枪	

续表

组成部分	作用和要求	示例图片
保护气体	①保护气体用于驱赶空气,减少熔池被氧化的程度,提高焊缝的质量 ②常见的保护气体有氩气、二氧化碳,还有氩气氧气、氩气二氧化碳的混合气体,根据不同的焊接类型来选择	
专用夹具	①夹具用于焊接工件的定位和固定,是保证焊接精度的重要一环,合理的夹具,能大大提高生产效率 ②夹具的控制方式可分为人工松紧和自动松紧	
变位机	①常见的变位机有旋转式、倾翻式,变位机用于调整工件位置,使机器人更便于焊接,提高焊接质量和焊接效率 ②变位机可以作为机器人的外部轴,由机器人控制,也可以由外部 PLC 控制 ③常见的变位机采用伺服电机驱动,由 PLC 控制,可与焊接机器人配合,实现异步变位	
焊烟净化器	①焊接烟尘净化设备,将焊接过程中产生的烟尘,吸入净化器内部 ②大颗粒的飘尘被过滤布过滤沉积 ③微小的烟雾和废气,在废气装置内部被过滤和分解	

机器人弧焊（铝焊）工作站如图 3-3 所示。工作站包含弧焊（铝焊）机器人、焊机、焊丝、焊枪、保护气体、回转变位机、专用夹具、工件台、快速夹具。工作站各部分作用和主要参数如表 3-3 所示。

Power Wave i400 型焊机是机器人弧焊（铝焊）工作站的核心部件，焊机输入电压为三相交流 380V，输出直流电源进行焊接。其焊接的电路原理与弧焊类似，利用高压尖端放电将熔化极金属熔化填充焊缝，焊接过程用到氩气等保护气体，减少焊缝在高温下的氧化。焊机输出电源的正极接到送丝机的正极端（与焊丝接通），输出电源的负极端接到工件台上。焊接起弧时，带正极电的焊丝和带负极电的工件短路，短路产生的热量使焊丝和工件熔化。焊接过程中，焊机和机器人能够进行通信，

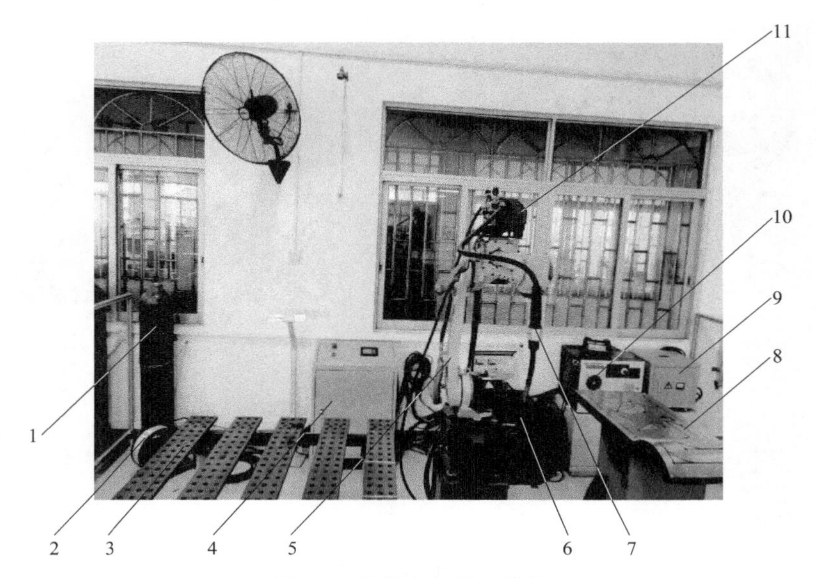

图 3-3　机器人铝焊工作站

1—保护气体；2—焊丝盘；3—工件台；4—可编程逻辑控制柜；5—机器人本体；6—焊机；
7—焊枪；8—轨迹示教学习台；9—变压器；10—机器人控制柜；11—送丝机

焊机为送丝机提供电源，同时控制送丝机。Power Wave i400 型焊机输出的接口如图 3-4 所示。焊机、焊丝、送丝机、机器人、工件台和保护气体，它们之间的连接如图 3-5 所示，它们相互连接起来组成了机器人铝焊工作站。

表 3-3　机器人铝焊工作站各部分作用和主要参数

组成部分	参数及作用
机器人	发那科机器人，型号 R-0iB，最大负重 3kg，可达半径 1437mm
机器人控制柜	控制柜型号为 R-30iB Mate，系统已安装弧焊（铝焊）软件。输入电压为 220V
变压器	输入电压三相 380V，输出电压三相 220V。为机器人提供合适的电源
焊机	林肯自动化焊接电源，型号 Power Wave i400，输入电压三相 380V±25%，输出电压 10～35V，输出电流 5～420A，额定暂载率 350A@100%。高性能数字通信，可以使用通过 CAN 总线为基础的传统 Arclink® 协议通信，或使用通过工业以太网为基础的 Arclink® XT 协议通信
送丝机	林肯自动送丝机，型号 4R100，输入电压 40V，输入电流 4A，实心焊丝直径 ϕ0.6～1.2mm，药芯焊丝直径 ϕ0.9～1.2mm，送丝速度 1.3～20.3m/min
焊枪	工业机器人焊接专用外置焊枪，适用于实心和药芯焊丝，可用焊丝直径包括 ϕ0.8mm/ϕ1.0mm/ϕ1.2mm
保护气体	使用纯氩气，浓度>99.99%
工件台	在工件台上使用快速夹具固定工件，以进行焊接

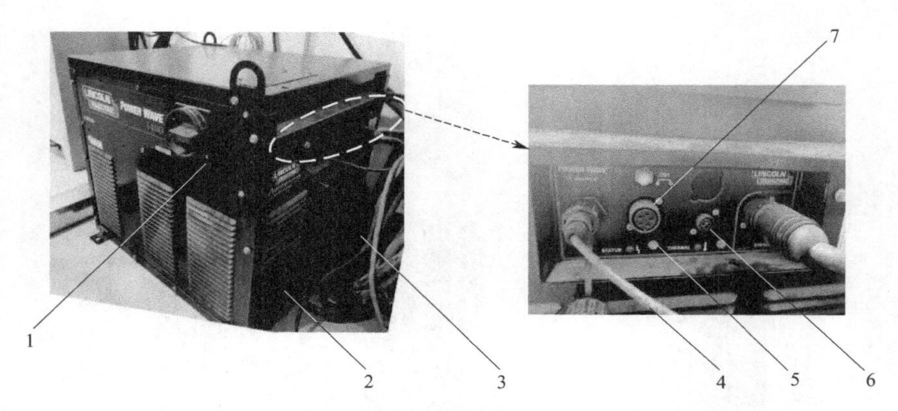

图 3-4　焊机输出的接口

1—启停开关；2—输出正极（接焊枪）；3—输出负极（接工件台）；4—ArcLink 以太网接口；5—与机器人控制柜通信的状态指示灯；6—电压传感器接口；7—ArcLink 接口

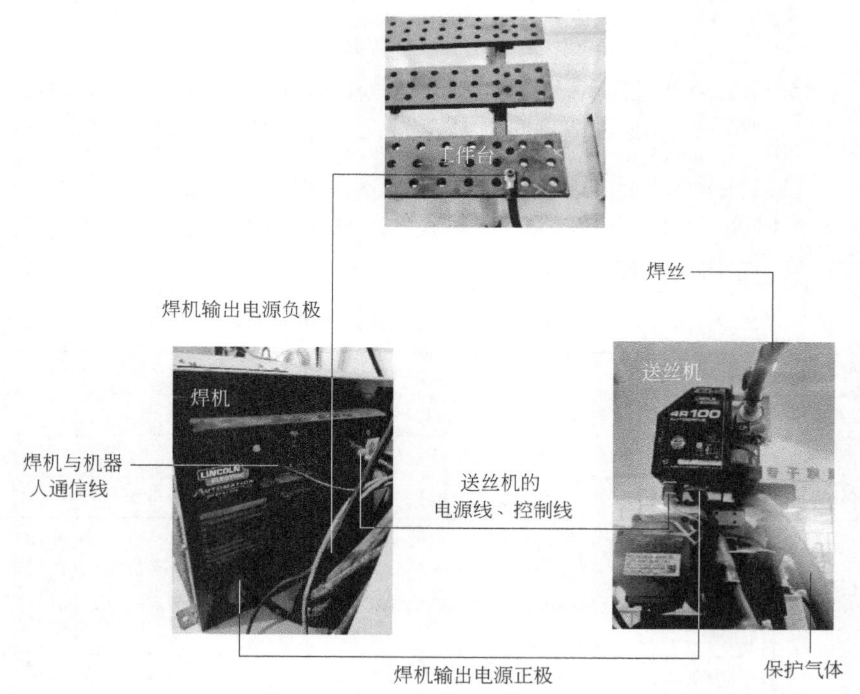

图 3-5　机器人铝焊工作站各组成部分的连接

任务测评：

(1) 机器人铝焊时，焊接电源是＿＿＿＿＿＿（选直流电源或交流电源）。

(2) 机器人铝焊保护气体通常选用__________气体。

(3) 本章中，__________通信方式可以满足林肯自动化焊接电源与机器人之间的通信。

(4) 铝的比热容、导热性能都比钢大，即升高同样的温度，铝需要的热量__________(多或少)，而热量散失__________(快或慢)。

(5) 焊机输出电源的正极接到__________，输出电源的负极接到__________。

3.2 弧焊前准备工作

3.2.1 正确穿戴焊接劳保用品

不论铝焊还是其他焊接方法，现场环境都比较恶劣，长期从事焊工工作对人体都有害。焊接工作开始之前，要穿戴好劳保用品，具体要求详见2.2.1节。

3.2.2 机器人弧焊的安全注意事项

(1) 认识机器人弧焊工作站的安全防护装置

开始焊接工作之前，要认识机器人弧焊工作站的安全防护装置。有门链开关、示教器急停按钮、控制柜面板急停按钮、外部急停按钮，它们的作用和示意图详见1.1.3节。

(2) 焊接设备的有效/无效设置

可以通过示教器将焊接设备设置为有效或无效，为了保证安全，除了真正进行焊接前，要将焊接设备设置为有效，其余时候要设置为无效。焊接设备无效时，即使执行弧焊开始指令，焊机也不会进行焊接。

设置方法：按一下示教器的“WLED ENBL”键，弹出焊接设备试运行窗口，按F5键，可以切换为有效或无效，如图3-6所示，即为焊接设备无效。

在其余界面操作时，可以通过示教器屏幕左上角状态指示栏中“焊接”指示，看出焊接设备是有效或无效，当“焊接”指示为黄色时焊接无效，当“焊接”指示为绿色时焊接有效。

(3) 工作环境安全

焊接过程中要与工件保持距离，以免飞溅烫伤。本工作站没有配备焊烟净化设

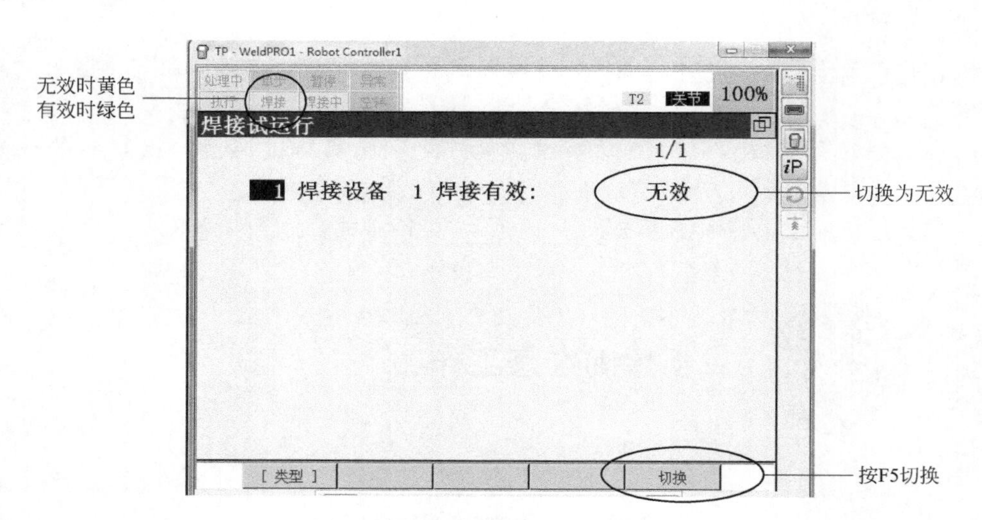

图 3-6 焊接设备的有效/无效设置

备，尽可能打开窗户，保持通风，操作人员可以戴上口罩。焊接后的工件温度很高，严禁用手触碰。

(4) 气瓶安全存放

焊接使用的保护气体的气瓶，是危险源之一，气瓶不能受阳光直接暴晒、明火以及其他热源的辐射加热，否则气瓶中气体受热膨胀会引起爆炸。气瓶较高较重，如果被撞击瓶身或拉拽气管，可能会导致气瓶倾倒，砸伤人或损坏设备。本工作站的气瓶靠墙摆放，使用铁链围栏，使用前要检查铁链是否扣好。

3.2.3 焊丝安装与测试

焊丝送丝顺畅稳定，才能保证焊接质量。焊接时，送丝机将焊丝从焊丝盘中拉出，送到焊枪。焊丝的送丝路径如图 3-7 所示。焊丝进入送丝机的管必须采用石墨管减少送丝过程的摩擦，否则送丝过程或焊接过程断丝会导致焊机报警停止。

焊接前，先要测试送丝、退丝是否正常。机器人和焊机都开机后，按下机器人示教器上的送丝键“WIRE+”，能看到焊丝从焊枪中稳定匀速伸出；按下机器人示教器上的退丝键“WIRE−”，能看到焊丝稳定匀速缩回焊枪，注意退丝操作只能用作微调，不能大量退丝，否则焊丝会堵塞，卡在焊丝盘和送丝机之间的软管中。送丝键和退丝键在示教器上的位置如图 3-8 所示。

如果按下送丝键，焊丝不能伸出，或者伸出有卡顿，首先要检查送丝机。如图 3-9 所示，要松开两个固定旋钮让送丝轮自由活动，把焊丝手动穿入石墨管送至送

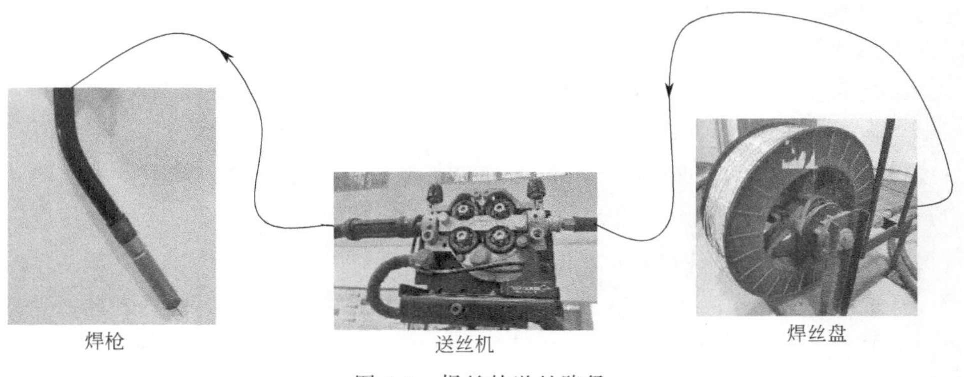

图 3-7　焊丝的送丝路径

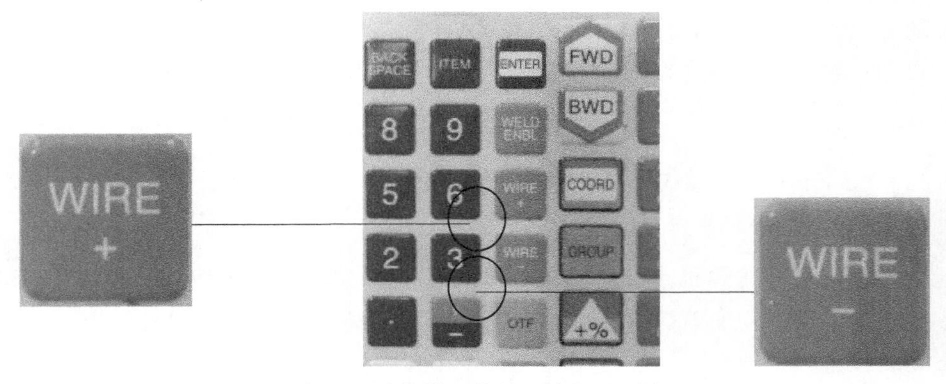

图 3-8　示教器上的送丝键和退丝键

图 3-9　送丝机结构

1—石墨管；2—送丝轮；3—焊枪管；4—紧固螺钉（紧固焊枪管）；5—固定旋钮；
6—紧固螺钉（紧固石墨管）

丝机，当焊丝在焊枪管内时可以手动按示教器上的送丝键“WIRE+”，让送丝机自动送丝，直至焊丝穿出导电嘴。

焊丝弯折卡死在软管中，无法送丝时，需要手动抽出焊丝，剪掉弯折部分，重新安装焊丝。焊丝安装步骤与机器人弧焊焊丝安装步骤类似，具体安装步骤如下：

① 将焊丝从焊丝盘抽出，穿出软管的快速接头。注意焊丝从焊丝盘抽出时，焊丝盘旋转的方向为逆时针方向。焊丝抽出时，如果焊丝有弯折或焊丝头有尖刺，都可能会导致焊丝难以穿过软管，这时要剪掉，重新抽出。

② 将焊丝穿进第一段软管，第一段软管为焊丝盘和送丝机之间的软管。手动拉动焊丝，向上推送，直到焊丝穿过一段软管。焊丝到达送丝机后，停止推送焊丝，把软管插进焊丝盘上的快速接头。

③ 打开送丝机，松开两个固定旋钮让送丝轮自由活动，把焊丝手动穿入石墨管送至送丝机，当焊丝在焊枪管内时可以手动按示教器上的送丝键“WIRE+”，让送丝机自动送丝，直至焊丝穿出导电嘴。

3.2.4 设置弧焊电源参数

本工作站使用的焊机是林肯自动化焊接电源，型号 Power Wave i400，机器人铝焊系统中配备专用的弧焊（铝焊）程序。在使用通信方式控制焊机实现焊接操作时，需要设置焊接参数，才能使用焊接指令编程。

(1) 焊接参数设置

焊接参数的设置方法如下：

① 按示教器上的 Data 键［图 3-10(a)］，进入焊接程序设置界面，如图 3-10(b) 所示。

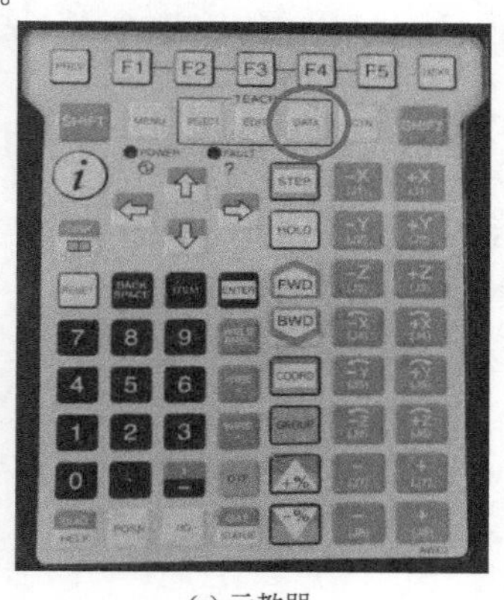

(a) 示教器

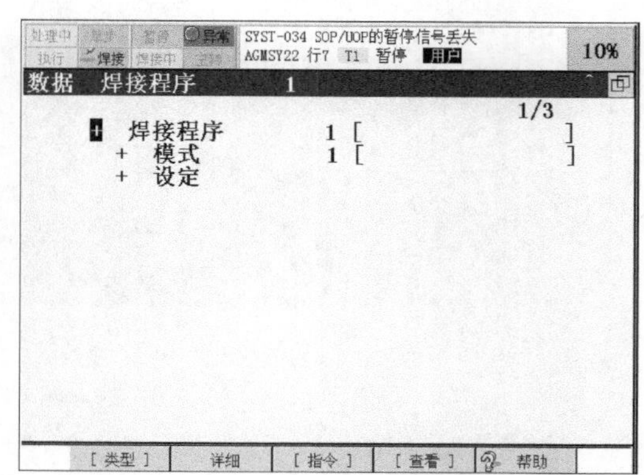

(b) 焊接程序设置界面

图 3-10 进入焊接程序设置界面

② 点开“焊接程序”前的＋号，展开详细信息，如图 3-11 所示。各个参数的具体作用见表 3-4。

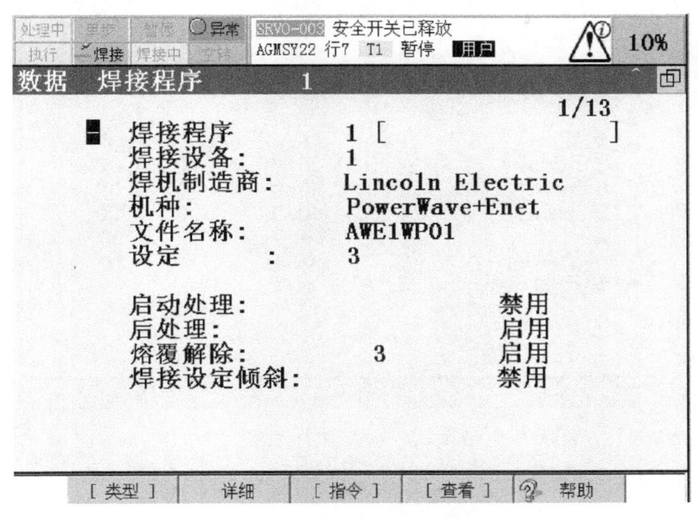

图 3-11　焊接程序项详细参数

表 3-4　焊接参数说明

焊接参数	说明
焊接设备	焊接设备的编号
焊机制造商	焊接装置的制造商名称
机种	焊接装置的种类
文件名称	保存有焊接数据的文件名
设定	每个焊接数据中能定义的焊接条件数，可以变更
启动处理	在焊接开始时使焊接启动能顺畅进行，一般设定的指令值高于焊接条件
后处理	送丝结束后，通过施加电压放置焊丝和熔覆工件
熔覆解除	用于弧焊结束时焊丝粘连在工件上的情况，短时内施加电压熔断熔覆位置
焊接设定倾斜	启动该功能后，运行用户在指定区间内逐渐增减弧焊指令值（电压、电流等），使焊接参数平稳变化
气体清洗	到达焊接位置之前，预先喷出气体形成氧化保护区
预送气	从到达焊接位置时刻起，到电弧信号产生时刻止，喷出气体所需的时间
滞后送气	电弧信号结束后喷出气体所需时间，让收弧点冷却防止氧化
收弧时间	一般和弧坑处理时间值相同，可在机器人动作中执行弧坑处理

③ 点开“设定”前的＋号，展开详细信息，如图 3-12 所示。

自主创建新的焊接程序步骤见表 3-5。

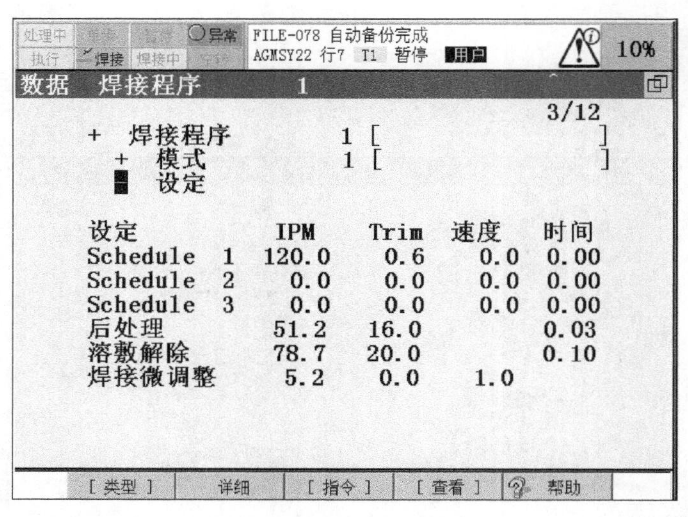

图 3-12 设定项详细参数

表 3-5 自主创建新的焊接程序步骤

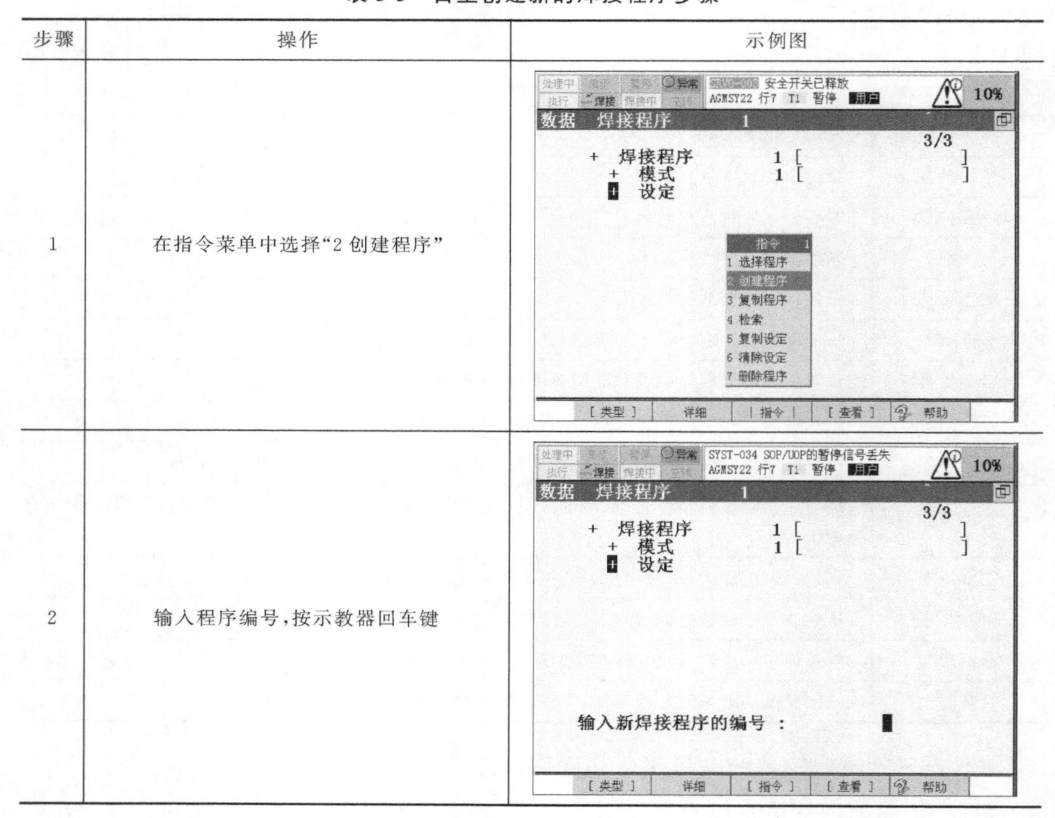

步骤	操作	示例图
1	在指令菜单中选择“2 创建程序”	数据 焊接程序 1；指令：1 选择程序 2 创建程序 3 复制程序 4 检索 5 复制设定 6 清除设定 7 删除程序
2	输入程序编号，按示教器回车键	数据 焊接程序 1；输入新焊接程序的编号 ：

续表

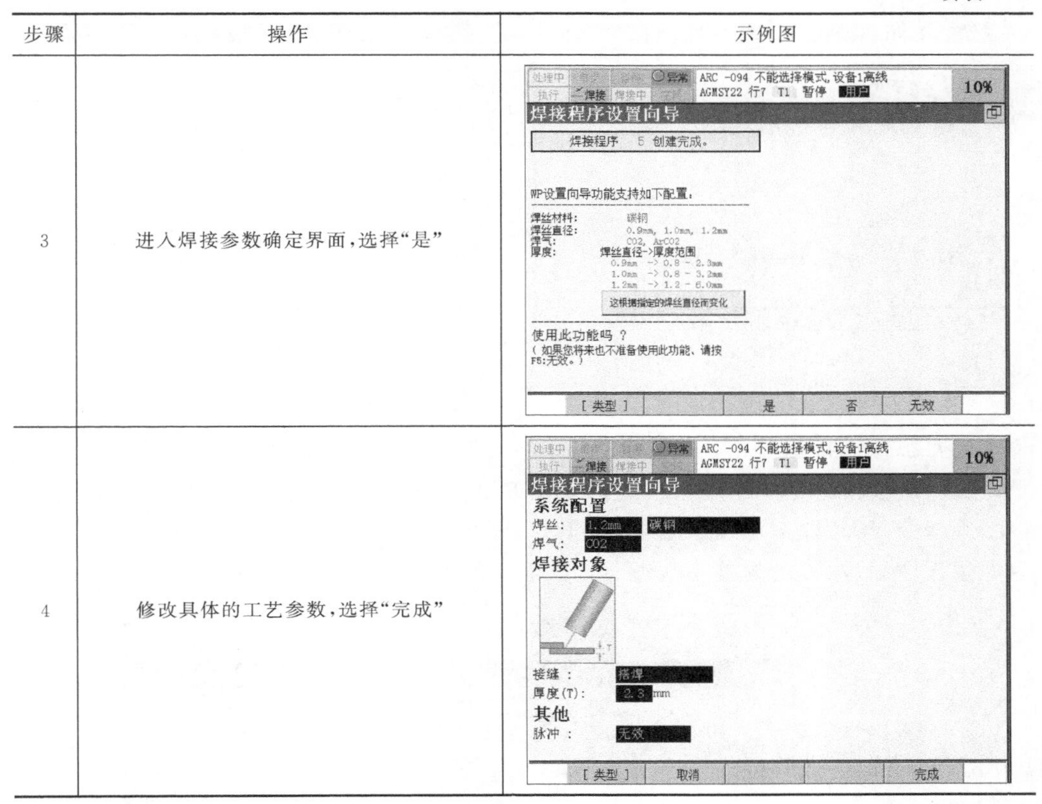

步骤	操作	示例图
3	进入焊接参数确定界面，选择“是”	
4	修改具体的工艺参数，选择“完成”	

在查看菜单中选择“单个/多个”功能，可以使示教器同时显示或隐藏多个焊接程序，如图 3-13 所示。在查看菜单中选择“向导 ON/OFF”功能，可实现在创建程序过程中是否出现“焊接程序设置向导”界面，向导选择与否的效果如图 3-14 所示。

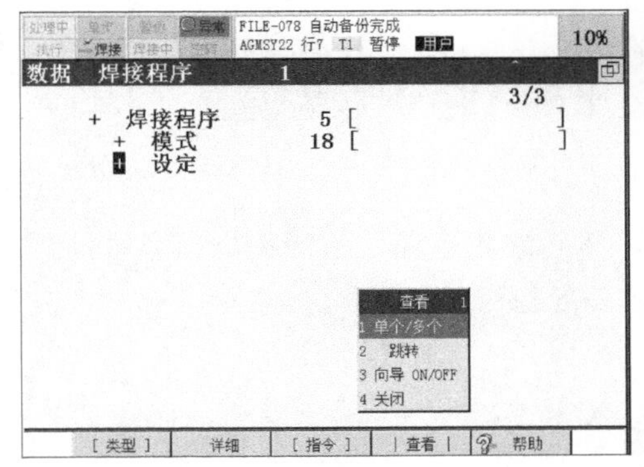

(a) 仅查看单个焊接程序

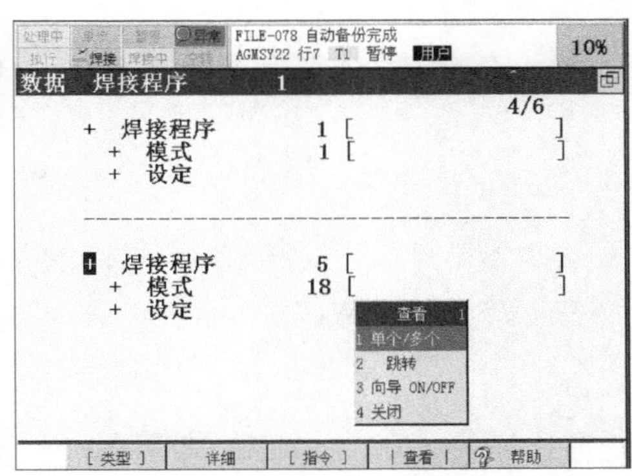

(b) 查看多个焊接程序

图 3-13　查看焊接程序

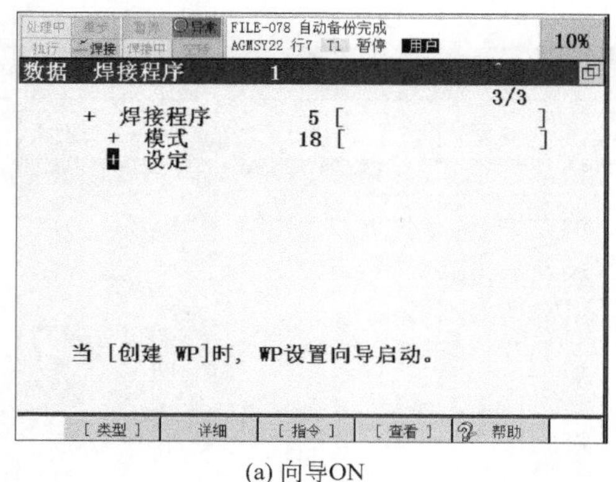

(a) 向导ON

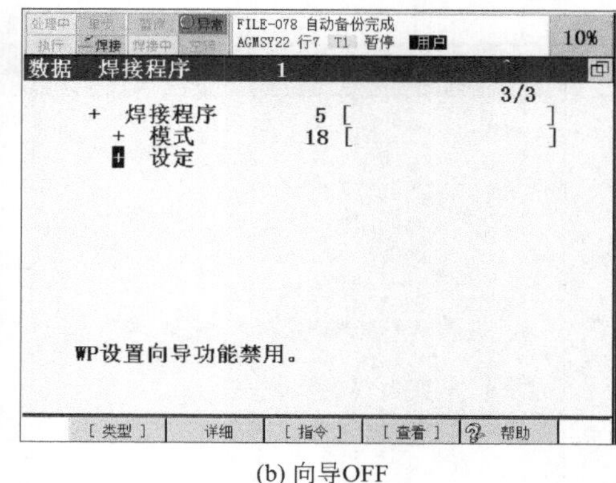

(b) 向导OFF

图 3-14 “焊接程序设置向导”界面

(2) 弧焊焊接指令

弧焊焊接指令主要有焊接开始指令 WELD_ST、焊接进行指令 WELD_PT、焊接结束指令 WELD_END 三条。焊接开始指令的格式为 Weld Start [D,i]，其中 D 为焊接程序编号，i 为焊接参数编号，其表达的关系如图 3-15 所示。

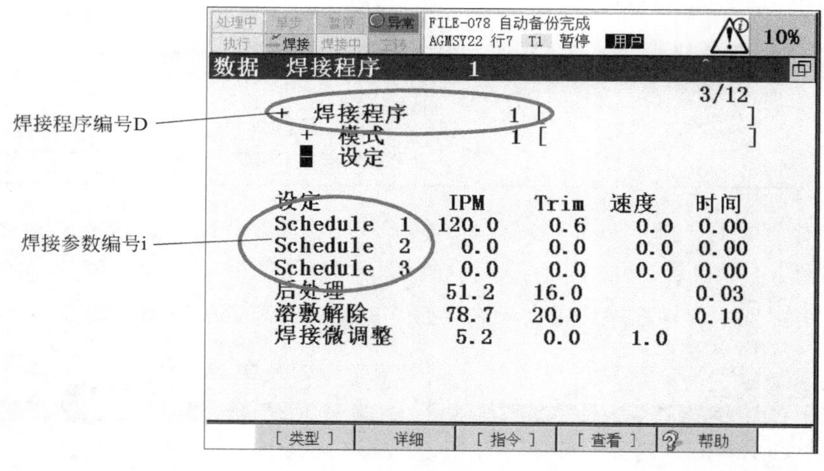

图 3-15 焊接开始指令要素

一个焊接程序可以设定多个焊接条件，不同的轨迹调用不同的焊接条件。焊接范围在成对出现的 Weld Start 指令到 Weld End 指令之间。

3.2.5 设置干伸长度

干伸长度就是焊丝从导电嘴伸出部分的长度，也是焊接时焊丝参与导电的一段，这一段将熔入电弧当中，是被焊丝本身的电阻先预热的，这样使焊丝熔化速度加快。干伸长度，一般取焊丝直径的 10 倍，且不超过 15mm。本章使用的焊丝直径是 1.2mm，所以干伸长度我们设为 12mm。

3.2.6 保护气体的流量调节及测试

保护气体是影响焊缝质量的重要因素之一。焊接时，保护气体喷出的示意图如图 3-16 所示。焊接时，保护气体从焊枪嘴中喷出，驱赶电弧区的空气，在电弧区形成连续封闭的气层，使电极和金属熔池与空气隔绝，使金属熔池不被氧化。焊接时，保护气体还有冷却的作用，减小焊接工件的热影响区。保护气体的种类、气体流量大小都会影响焊缝质量。

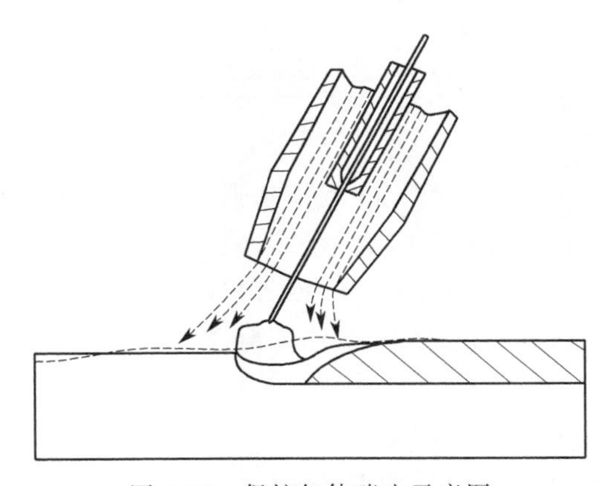

图 3-16　保护气体喷出示意图

（1）保护气体种类

焊接铝及铝合金用的惰性气体主要是氩气（Ar）和氦气（He）。由于氦气比氩气贵，故而氩气应用最为广泛。氩气和氦气保护气体的特性比较见表 3-6。

采用氩气进行熔化极气体保护焊焊接铝合金时，如果采用交流焊接具有稳定电弧和良好的表面清理作用；如果采用直流反接，有阴极破碎作用，焊接表面光洁美观。采用氩气和氦气的混合气体（一般氦气含量 10%），具有良好的清理作用和较高的焊接速度及熔深，气孔较少，适用于厚板焊接，但电弧稳定性不如纯氩气，混合气体中氦气不宜加入过多，否则飞溅加剧。采用氦气，用直流正接电源，对化学清洗的材料能产生稳定的电弧和具有较高的焊接速度。

氩弧具有良好的清理（氧化膜）作用，且引弧容易，适合铝及铝合金焊接。但是，氩弧产生的热量较少，适合焊接薄板；且氩气比空气重，立焊和仰焊的保护效果不及氦气。当焊接厚铝板或者仰焊、立焊时，常采用氩气、氦气混合气体或者纯氦气作为保护气体。本章焊接薄铝板，保护气体选用氩气即可。

表 3-6　氩气和氦气保护气体的特性对比

保护气体种类	特性
氩气	电弧电压低:产生的热量少,适于薄件金属的 TIG 焊
	良好的清理作用:适合焊接形成难熔氧化皮的金属,如铝、铝合金及含铝量高的铁基合金
	容易引弧:焊接薄件金属时特别重要
	气体流量小:氩气比空气重,保护效果好,比氦气受空气流动的影响小
	适合立焊和仰焊:氩气能较好地控制立焊和仰焊时的熔池,但保护效果比氦气差
	焊接异种金属:一般氩气优于氦气
氦气	电弧电压高:电弧产生的热量大,适合焊接厚件金属和具有高热导率的金属
	热影响区小:焊接变形小,可获得较高的力学性能
	气体流量大:氦气比空气轻,气体流量比氩气大 0.2～2 倍,氦气对空气流动比较敏感,但氦气对仰焊和立焊保护效果好
	自动焊接速度高:焊接速度大于 66mm/s 时,可获得气孔和咬边较小的焊缝

(2) 保护气体流量

保护气体的流量越大，驱赶空气的能力越强，保护层抵抗流动空气的影响的能力越强；但流量过大时，会使空气形成紊流，使空气卷入保护层，反而降低了保护效果，所以气体流量要适中。在 1～3mm 的板材焊接中，气体流量一般调节到 10～15L/min。本章焊接的铝板厚度 1.2mm，使用焊丝 1.2mm，气体流量初步调节至 13L/min。

(3) 保护气体的流量调节及测试

机器人开机，焊机开机。打开气体阀门后，使用示教器的气体键控制送丝机中的电磁阀打开，调节气瓶上节流阀的流量调节旋钮，使流量指示浮球稳定在 13L/min 的刻度位置，然后在示教器上关闭气体，关闭阀门。操作步骤如表 3-7 所示。

表 3-7　保护气体的流量调节及测试操作步骤

序号	操作	示意图
1	逆时针转动阀门开关,打开气瓶阀门	

续表

序号	操作	示意图
2	按下示教器的气体键“SHIFT + GAS-STATUS”，能听到送丝机中电磁阀打开的声音，听到焊枪嘴中气体喷出的声音	SHIFT + GAS STATUS
3	调节气瓶节流阀的流量调节旋钮，使流量指示浮球稳定在 13L/min 刻度位置	
4	按下示教器的气体键“SHIFT + GAS-STATUS”，能听到送丝机中电磁阀关开的声音，焊枪嘴中气体喷出的声音消失，看到流量指示浮球落下。保护气体的流量调节完成，气体打开关闭正常，操作完毕	SHIFT + GAS STATUS

任务测评：

（1）焊接时，应控制干伸长度，一般不超过__________mm。

（2）调节保护气体流量时，机器人开机，焊机开机，打开气体阀门，使用示教器上的__________键来控制送丝机中的电磁阀，然后调节气瓶上节流阀的流量调节旋钮，使流量指示浮球稳定在预设置的刻度位置，然后在示教器上关闭气体，关闭阀门。

（3）当焊接厚铝板或者仰焊、立焊时，常采用__________气体或者__________气体作为保护气体；焊接薄铝板时，常采用__________气体作为保护气体。

（4）实操任务：将焊丝从焊丝盘出口处剪断，将软管及焊枪中的焊丝取出，重新进行一次焊丝的安装和送丝测试操作。

（5）实操任务：打开保护气体瓶子的阀门，按下示教器中的保护气体测试键，使保护气体的电磁阀打开，调节保护气体流量值为 12L/min。

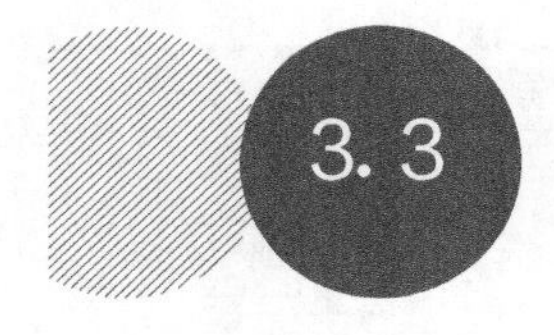

3.3 两块 1.2mm 厚铝板机器人搭接焊

在本节中，我们通过机器人弧焊（铝焊）对两块 1.2mm 厚铝板进行一次搭接焊，就是将一块铝板叠在另一块铝板上进行搭接焊。因为搭接焊是单面焊，且焊接后的两个工件不在一个平面上，所以搭接焊的强度较低，只能用在非受力部位。搭接焊对工件的装配要求不高，在本节中，焊缝为一条直线，焊接过程较简单。

3.3.1 使用快速夹具固定工件

焊接前需要将工件表面油污、氧化物清理干净，否则影响焊接质量或焊接时起弧失败。我们要焊接的是两块 1.2mm 的长方形铝板，先将一块铝板放在工件台面上，再将另一块铝板叠在它的中间位置，然后使用快速夹具将铝板固定在工件台上，如图 3-17 所示。

图 3-17 使用快速夹具固定工件

3.3.2 在示教盒上设置弧焊参数

根据 3.2.4 小节中机器人弧焊电源参数设定方法，通过示教器创建、选取焊接程序，如图 3-18（a）所示。在弧焊参数设置界面设置送丝速度（IPM，单位 in/

min)、电压调整百分比（Trim）、焊接速度、收弧时间，如图 3-18（b）所示。具体参数选取依据详见 2.3.2 小节。其中，电压调整百分比（Trim）是指在预设的电压值基础上进行调整。Trim 的调整范围是从 0.5～1.5，在 Powerwave 的记忆体中"Trim" 1.0 代表了预置电压。当"Trim"小于 1.0 表示需降低电压；当"Trim"大于 1.0 表示增加电压。Powerwave 焊机以优化法通过机器人焊接参数表中的"Trim"在 0.5～1.5 范围内的设置来确定电压，而机器人直接控制送丝速度。"Trim"的设置以 1.0 为基准值。

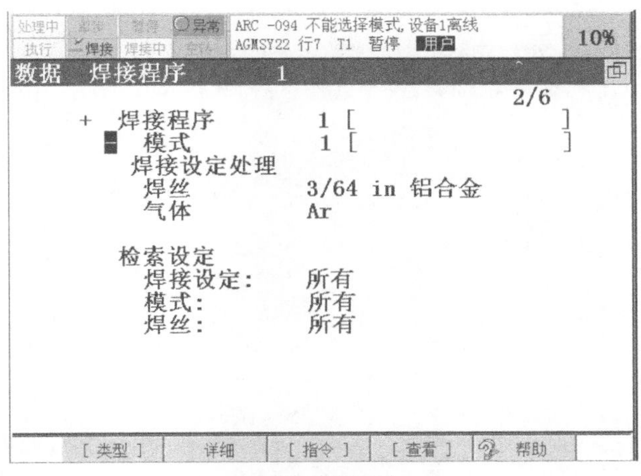

(a) 焊接参数设置

处理中　异常　执行　焊接　焊接中　SRVO-003 安全开关已释放　AGMSY22 行7　T1　暂停　用户　10%

数据　焊接程序　1　　3/9

+ 焊接程序　1 [ ]

+ 模式　1 [ ]

设定

设定	IPM	Trim	速度	时间
Schedule 1	120.0	0.6	0.0	0.00
Schedule 2	0.0	0.0	0.0	0.00
Schedule 3	0.0	0.0	0.0	0.00
后处理	51.2	16.0		0.03
溶敷解除	78.7	20.0		0.10
焊接微调整	5.2	0.0	1.0	

[类型]　详细　[指令]　[查看]　帮助

(b) 弧焊参数设置

图 3-18　机器人弧焊（铝焊）参数设置

3.3.3 编写焊接程序并试运行

（1）规划机器人焊接程序运动路径

本次焊接任务，焊缝为一条直线，在规划运动路径时，我们要合理设置焊接开始的接近点、焊接结束的接近点、初始点位，保证焊枪不会和夹具发生碰撞。机器人焊接程序运动路径如图 3-19 所示。

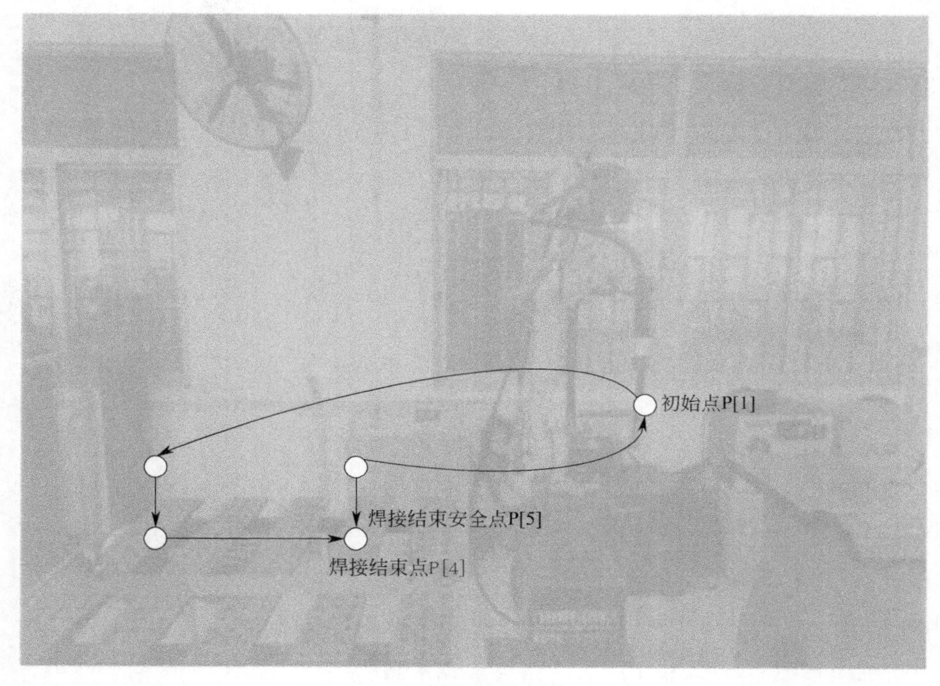

图 3-19　机器人焊接程序运动路径

（2）编写机器人焊接程序

焊接程序编写与第 2 章机器人弧焊程序编写类似。机器人使用用户坐标 1（默认值，未标定）、工具坐标 2（已标定到焊丝末端）。程序中机器人点位使用图 3-19 中的点位。机器人弧焊（铝焊）程序如图 3-20 所示。

本次弧焊的焊缝为一条直线，所以程序中弧焊开始和弧焊之间只有一条运动指令，如图 3-20 中的第 7 行程序。弧焊开始指令前的运动指令，结束方式必须为“FINE”，弧焊结束指令之前的运动指令结束方式，也必须为 FINE。如果焊缝轨迹为多条直线，那么中间的运动指令结束方式使用 CNT。程序举例如图 3-21 所示。

```
1. UFRAME_NUM=1
2. UTOOL_NUM=2
3. J  P[1]  100%  FINE  ……………………初始点
4. J  P[2]  100%  FINE  ……………………焊接开始接近点
5. L  P[3]  100mm/sec  FINE  ………… 焊接开始点
6. WELD START[1,1]  ……………………… 焊接开启[焊接程序 1,参数 1]
7. L  P[4]  WELD_SPEED  FINE  ………焊接结束点(速度为 60cm/min)
8. WELD  END[1,1]  ……………………………焊接关闭[焊接程序 1,参数 1]
9. L  P[5]  100mm/sec  FINE  ………… 焊接结束上方点
10. J  P[1]  100%  FINE  ……………… 初始点
11. [END]
```

图 3-20 机器人弧焊程序

```
5. L  P[3]  100mm/sec  FINE  ………………焊接开始指令前使用 FINE
6. WELD  START[1,1]  ………………………… 焊接开启
7. L  P[4]  WELD_SPEED CNT100  …………焊接中间指令使用 CNT
8. L  P[5]  WELD_SPEED CNT100  …………焊接中间指令使用 CNT
9. L  P[6]  WELD_SPEED FINE  ……………焊接结束指令前使用 FINE
10. WELD  END[1,1]  ………………………………焊接关闭
```

图 3-21 弧焊程序中运动指令结束方式

(3) 示教点位

程序输入完成之后进行点位示教，本次任务的程序需要示教 5 个点位。需要注意的是，焊接开始点和焊接结束点的姿态要保持一致，焊枪的角度也是影响焊缝质量的因素之一。焊枪与工件的夹角应根据工件的厚度来确定，要注意的是焊枪不能与工件或夹具发生碰撞。

本次焊接的工件厚度是 1.2mm，为了保证焊枪不与工件发生碰撞，确定的焊枪角度约 30°。点位示教步骤如表 3-8 所示。

(4) 试运行程序

在正式焊接之前，要先进行试运行程序，通过试运行观察整个运动过程是否有碰撞焊丝的运动轨迹，观察焊接轨迹是否正确。具体操作步骤如下：

① 试运行程序前，先要将焊接设备设置为“无效”，确保安全。即点按示教器上的 WLED ENBL 键，弹出焊接试运行界面，按“F5”将焊接设备 1 设置为“无效”。

② 单步执行程序。点按示教器上 STEP 键，将程序执行模式设置为单步，以 20%～30%的速度倍率，单步执行程序，观察焊丝轨迹是否正确。

表 3-8 点位示教步骤

步骤	操作	示意图
1	移动机器人到焊接开始点上方，初步调整焊枪姿态，使焊枪与焊缝在同一条线上，焊枪与工件夹角约 30°	
2	将焊丝对到焊接开始点，焊丝与工件距离约 1mm，注意要降低速度倍率，耐心调整好焊枪的姿态、焊丝和工件的距离。调整好之后，记录为焊接开始点 P[3]	
3	将焊枪抬起到夹具上方，使焊枪高于夹具，记录当前位置为焊接开始接近点 P[2]	

续表

步骤	操作	示意图
4	单步执行程序，使机器人移动到焊接开始点 P[3]。降低速度倍率，将焊枪移动到焊接结束点位置，注意焊枪的姿态和焊丝的高度都要保持一致。将当前位置记录为焊接结束点 P[4]	
5	将焊枪抬起到夹具上方，使焊枪高于夹具，记录当前位置为焊接结束上方点 P[5]	
6	将机器人移到自定义的初始位置，记录为初始点 P[1]。点位示教完成	

③ 连续执行程序。经单步测试程序无误后，将程序执行模式切换为连续模式。即点按示教器 STEP 键，将程序执行模式设置为连续，提高速度倍率至 50%～100%，连续运行程序，直至程序试运行完毕。

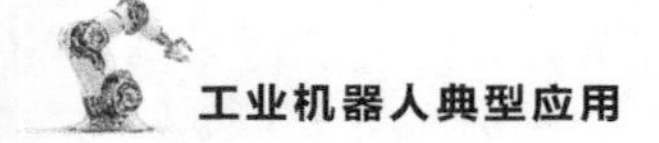

(5) 实施焊接

试运行无误后，便可将焊接设备设置为“有效”，运行程序，实际进行焊接。要注意的是，程序运行方式必须是连续运行且速度倍率是100%，才能执行机器人弧焊（铝焊）开始指令，否则会报错。因为单步执行程序，有可能机器人停在某一步，一直焊接，会把工件焊穿；如果速度倍率不是100%，那么焊接速度就会降低，也不符合要求。在执行机器人弧焊（铝焊）程序前，操作者需戴上护目镜，远离工件，小心飞溅。焊接完成后，注意不能用手触碰工件，以免烫伤。

具体操作如下：

① 点按示教器上STEP键，将程序执行方式设置为连续，然后按速度倍率加+%键，将速度倍率设置为100%。

② 点按WLED ENBL键，弹出焊接试运行界面，按F5将焊接设备1设置为“有效”。

③ 戴上护目镜，远离工件，小心飞溅。运行弧焊程序。

④ 焊接完成后，将焊接设备1设置为“无效”。

机器人弧焊（铝焊）后的效果如图3-22所示。

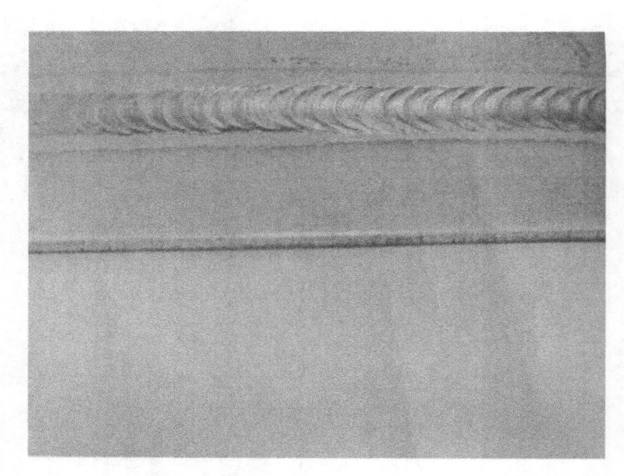

图3-22 机器人弧焊（铝焊）后的效果

3.3.4 优化弧焊工艺参数

由于铝板自身特性，在焊接过程中容易产生裂纹、气孔、未熔合等焊接缺陷，对焊接接头性能产生较大影响。在实际生产中，焊缝质量的评定是多方面的，焊缝内在质量的分析，需要有具体的产品标准和专业的测试仪器，本任务中不具备这样的条件，只介绍常见的外观缺陷及其产生原因和调整方案，如表3-9所示。

表 3-9　铝焊常见外观缺陷及其产生原因和调整方案

气孔	示例图	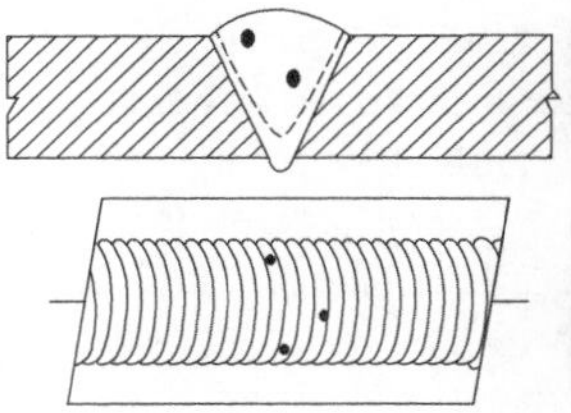 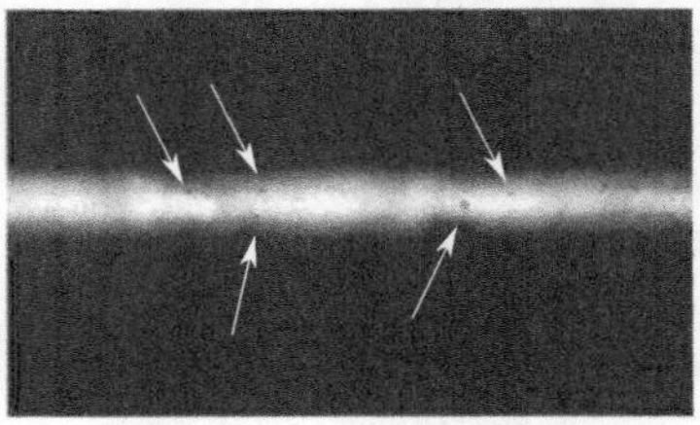
	外观特征	在焊缝中形成孔穴
	产生原因	①母材或焊丝上有油、锈、污、垢等 ②喷嘴与工件距离过大，或焊接场地空气流动大，或保护气体纯度低，导致气体保护效果降低 ③焊接参数选择不当，焊接电弧过长，降低气体保护效果 ④在同一位置处重复起弧 ⑤周围环境空气湿度大
	调整方法	①焊前仔细清理焊丝、焊件表面的油、污、锈、垢和氧化膜，或采用含脱氧剂较高的焊丝 ②选择合理的焊接参数，以适当减小电弧长度，并保持喷嘴与焊件之间的合理距离范围 ③尽量选择较粗的焊丝，同时增加工件坡口的钝边厚度，一方面可以允许使用大电流，另一方面也使焊缝金属中焊丝比例下降，这对降低气孔率是行之有效的 ④尽量不要在同一部位重复起弧，需要重复起弧时要对起弧处进行打磨或刮除；一道焊缝一旦起弧要尽量焊长些，不要随意断弧，以减少接头量，在接头处需要有一定的焊缝重叠区 ⑤更换纯度更高的保护气体，并检查气流量大小，检查是否有漏气现象和气管损坏现象 ⑥合理选择焊接场所，在空气湿度较大的场所进行焊接时，可对母材进行适当的预热
焊缝成型差	示例图	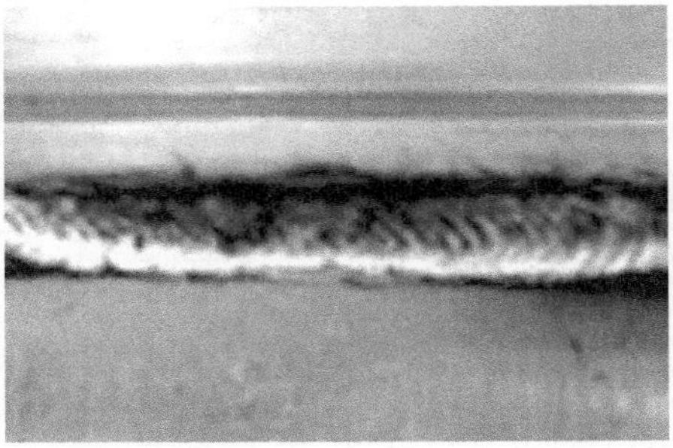
	外观特征	焊缝波纹粗劣、不美观且不光亮，焊缝弯曲不直、宽窄不一、不均匀、不整齐，焊缝与母材不圆滑过渡，接头太多且接头差，焊缝高低不平，焊缝中心突起，两边平坦或凹陷，焊缝满溢等

续表

焊缝成型差	产生原因	①焊接规范选择不当 ②焊工操作不熟练，焊枪角度不正确 ③导电嘴孔径太大 ④焊丝、焊件及保护气体中含有水分
	调整方法	①反复调试选择合适的焊接规范 ②焊前仔细清理焊丝、焊件，保证气体的纯度
夹渣	示例图	
	外观特征	焊缝中存在块状或弥散状非金属夹渣物
	产生原因	①焊前清理不彻底 ②焊接电流过大，导致导电嘴局部熔化混入熔池形成夹渣 ③焊接速度过快
	调整方法	①加强焊前清理工作 ②在保证熔透的情况下，适当减小焊接电流，大电流焊接时导电嘴不要压太低 ③适当降低焊接速度，采用含脱氧剂较高的焊丝，提高电弧电压
焊缝污染	示例图	
	外观特征	焊缝不洁净
	产生原因	①不适当的保护气体覆盖 ②母材或焊丝洁净度不够
	调整方法	①检查送气软管是否有泄漏情况，气嘴是否松动，保护气体使用是否正确 ②是否正确地储存焊接材料 ③在使用其他的机械清理前，先将油和油脂类物质清除掉 ④在使用不锈钢刷之前将氧化物清除掉

任务测评：

(1) 假设机器人弧焊（铝焊）时，使用焊接程序 3、焊接参数 6，那么编程时焊接开始指令是__________，焊接结束指令是__________。

(2) 试运行程序前，为确保安全，要点按示教器上的__________键，弹出焊接试运行界面，按__________将焊接设备 1 设置为__________。

(3) 实操任务：自主创建新的焊接程序 3，焊丝 1.0mm，铝合金，焊气为 Ar，接缝为搭接，板厚 2.3mm。

(4) 实操任务：完成两块 1.0mm 的铝板的搭接焊，送丝速度 80cm/min，焊接速度 70cm/min。

第4章

机器人激光焊应用

激光焊接是一种先进的高精密焊接技术，焊接过程属于热传导，利用高能量密度的激光束作为热源，通过控制激光脉冲的宽度、电流、频率等参数，使工件熔化，形成特定的熔池，特别适合薄壁材料、微型零件和可达性差的部位的焊接。激光焊接热输入低，焊接变形小，不受电磁场影响，焊点小无须打磨，是备受青睐的一种焊接方式。

本章介绍了激光焊的工作原理、机器人激光焊工作站的组成；再以两块钢板激光深熔焊为例，详细介绍了激光焊机参数、焊接参数设置、机器人编程等知识和操作。读者经过本章的学习及反复的焊接练习，可以为今后进入机器人焊接行业打下一定的基础。

4.1 认识机器人激光焊系统

4.1.1 激光焊的工作原理

(1) 激光焊接过程的物态变化

金属材料的激光加工主要是基于光热效应的热加工，激光辐照材料表面时，在不同的功率密度下，材料表面区域将发生各种不同的变化。这些变化包括表面温度升高、熔化、气化、形成匙孔以及产生光致等离子体等。而且，材料表面区域物理状态的变化极大地影响材料对激光的吸收。随功率密度与作用时间的增加，金属材料将会发生以下几种物态变化，如图 4-1 所示。

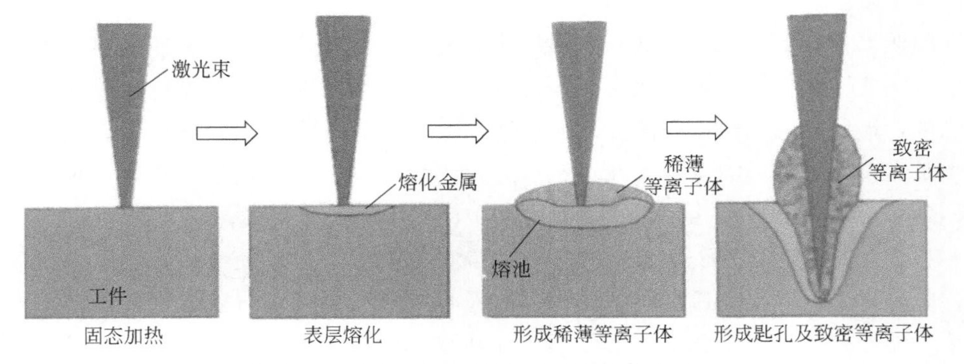

图 4-1　激光辐射金属材料时的主要物理过程

激光功率密度较低（$<10^4 W/cm^2$）、辐照时间较短时，金属吸收的激光能量只能引起材料由表及里温度升高，但维持固相不变，主要用于零件退火和相变硬化处理。

随着激光功率密度的提高（$10^4 \sim 10^6 W/cm^2$）和辐照时间的加长，材料表层逐渐熔化，随着输入能量增加，液-固相分界面逐渐向材料深部移动。这种物理过程主要用于金属的表面重熔、合金化、熔覆和热导型焊接。进一步提高功率密度（$>10^6 W/cm^2$）和加长作用时间，材料表面不仅熔化，而且气化，气化物聚集在材料表面附近并微弱地电离形成等离子体，这有助于材料对激光的吸收。在气化膨胀压力下，液态表面变形，形成凹坑。这一阶段可以用于激光焊接。

再进一步提高功率密度（$>10^7 W/cm^2$）和加长辐照时间，材料表面强烈气化，形成较高电离度的等离子体，这种致密的等离子云可逆着光束入射方向传输，对激光有屏蔽作用，大大降低了激光入射到材料内部的能量密度。在较大的蒸气反作用力下，熔化的金属内部形成小孔，通常称之为匙孔，匙孔的存在有利于材料对激光的吸收。这一阶段可用于激光深熔焊接、切割和打孔、冲击硬化等。

（2）激光焊接的基本原理

激光光束是由单色的、相位相干的电磁波组成，正因为它的单色性和相干性，激光束的能量才可以汇聚到一个相对较小的点上，使得工件上的功率密度（激光功率/焦点面积）能达到 $10^7 W/cm^2$ 以上。这个数量级的入射功率密度可以在极短的时间内使加热区的金属气化，从而在液态熔池中形成一个小孔，称之为匙孔。光束可以直接进入匙孔内部，通过匙孔的传热，获得较大的焊接熔深。质量极好的光束甚至可以在 $4\times10^6 W/cm^2$ 的功率密度下就形成匙孔，这主要取决于激光的功率分布情况。

匙孔现象发生在材料熔化和气化的临界点，气态金属产生的蒸气压力很高，足以克服液态金属的表面张力并把熔融的金属吹向四周，形成匙孔或孔穴。随着金属蒸气的逸出，在工件上方及匙孔内部形成等离子体，较厚的等离子体会对入射激光产生一定的屏蔽作用。由于激光在匙孔内的多重反射，匙孔几乎可以吸收全部的激光能量，再经内壁以热传导的方式通过熔融金属传到周围固态金属中去。当工件相对于激光束移动时，液态金属在小孔后方流动、逐渐凝固、形成焊缝，这种焊接机制称为深熔焊，也称匙孔焊，是激光焊接中最常用的焊接模式。

当激光的入射功率密度较低时，工件吸收的能量不足以使金属气化，只发生熔化，此时金属的熔化是通过对激光辐射的吸收及热量传导进行的，这种焊接机制称为热传导焊。由于没有蒸气压力作用，在热导焊时熔深一般较浅。图 4-2 描绘了两种焊接模式的基本原理。激光热传导焊与深熔焊的区别见表 4-1。

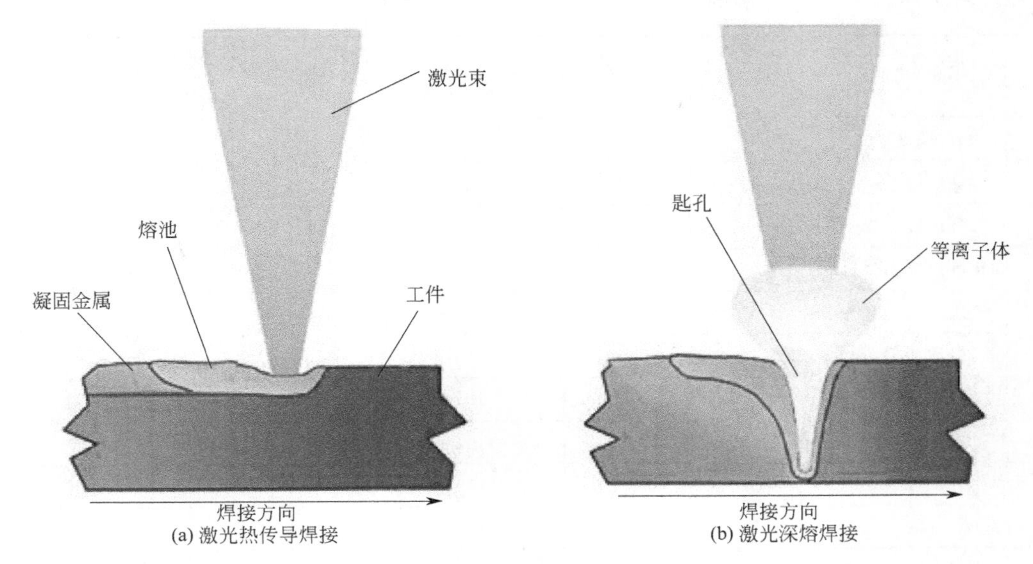

图 4-2　两种焊接模式的基本原理

表 4-1　激光热传导焊与深熔焊的区别

类别	热传导焊	深熔焊
功率密度/(W/cm^2)	$<10^4 \sim 10^5$	$>10^5 \sim 10^7$
熔深(深宽比)	小	大
焊接速度	慢	快

(3) 激光焊应用

现代金属加工对焊接强度和外观效果等质量的要求越来越高，传统的焊接手段由于极大的热输入，不可避免地会带来工件扭曲变形等问题。为弥补工件变形，需要大量的后续加工手段，从而导致费用的上升。而采用全自动的激光焊接技术，具有最小的热输入量，产生极小的热影响区，在显著提高焊接产品品质的同时，降低了后续工作量的时间。另外，由于焊接速度快和焊缝深宽比大，能够极大地提高焊接效率和稳定性。激光焊接与几种常见的焊接方法相比，其优缺点见表 4-2。

表 4-2　几种焊接方法工艺对比

对比项目	激光焊接	电子束焊	非熔化极气体保护焊	熔化极气体保护焊(弧焊)	电阻焊
焊接效率	0	0	—	—	+
大深宽比	+	+	—	—	—
小热影响区	+	+	—	—	0

续表

对比项目	激光焊接	电子束焊	非熔化极气体保护焊	熔化极气体保护焊（弧焊）	电阻焊
高焊接速度	+	+	—	+	—
焊缝断面形貌	+	+	0	0	0
大气压下施焊	+	—	+	+	+
焊接高反射率材料	—	+	+	+	+
使用填充材料	0	—	+	+	—
自动加工	+	—	+	0	+
成本	—	—	+	+	+
操作成本	0	0	+	+	+
可靠性	+	—	+	+	+
组装	+	—	—	—	—

注："+"表示优势，"—"表示劣势，"0"表示适中。

近年来激光技术飞速发展，涌现出可与机器人柔性耦合的、采用光纤传输的高功率工业型激光器，促进了机器人技术与激光技术的结合，而汽车产业的发展需求带动了激光加工机器人产业的形成与发展。从 20 世纪 90 年代开始，德国、美国、日本等发达国家投入大量人力物力进行研发激光加工机器人。进入 2000 年，德国的 KUKA、瑞典的 ABB、日本的 FANUC 等机器人公司相继研制出激光焊接、切割机器人的系列产品。

目前，在国内外汽车产业中，激光焊接、激光切割机器人已成为最先进的制造技术，获得了广泛应用。德国大众汽车、美国通用汽车、日本丰田汽车等汽车装配生产线上，已大量采用激光焊接机器人代替传统的电阻点焊设备，不仅提高了产品质量和档次，而且减轻了汽车车身重量，节约了大量材料，使企业获得很高的经济效益，提高了企业市场竞争能力。在中国，一汽大众、上海大众等汽车公司也引进了激光焊接机器人生产线。图 4-3 展示了几款激光焊接后的产品。

4.1.2 机器人激光焊工作站的组成

一个机器人激光焊接系统主要包括机器人、机器人控制器、激光焊机、冷却装置以及周边设备。周边设备根据实际需要配备，常见的有专用夹具、变位机、翻转台等。一个基本的机器人激光焊接系统如图 4-4 所示。激光焊接系统各部分的作用和要求如表 4-3 所示。

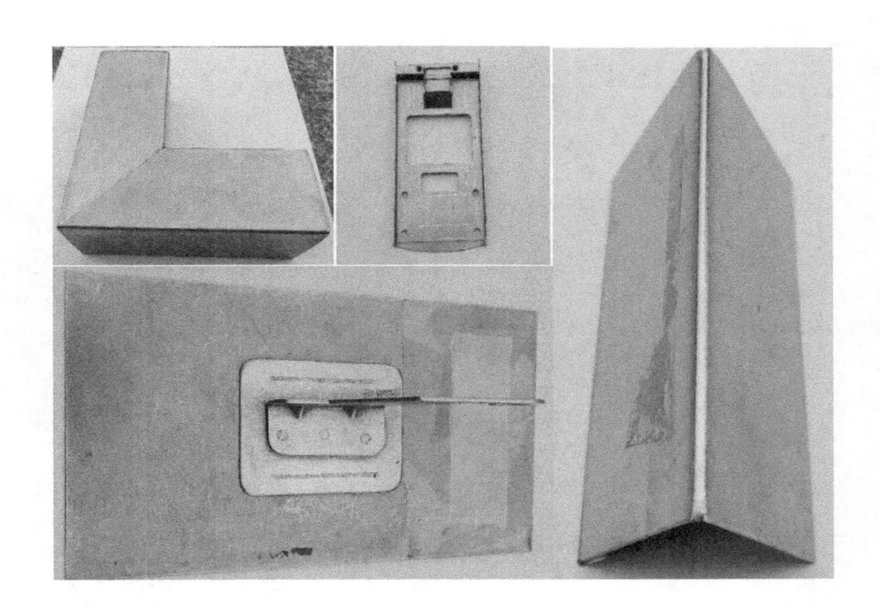

图 4-3　激光焊接后的产品

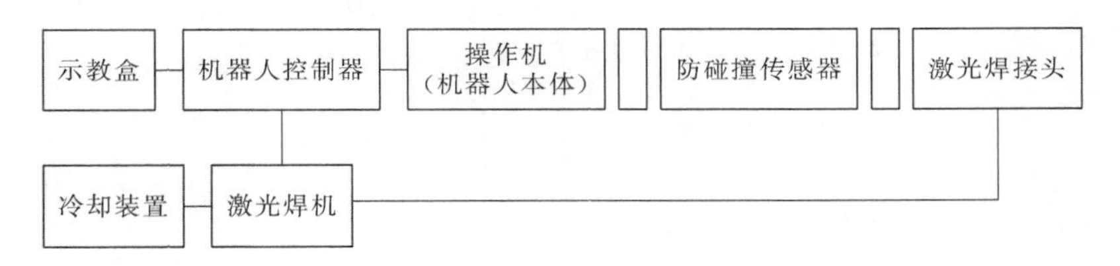

图 4-4　机器人激光焊接系统

表 4-3　机器人激光焊接系统组成部分作用和要求

组成部分	作用和要求	示例图片
操作机（机器人本体）	①一般要选用 6 关节型工业机器人，即六自由度机器人，可以通过改变机器人姿态，使激光焊接头可以从各个角度，完成激光焊接作业 ②采用的工业机器人要有一定精度，即机器人重复定位精度要求达到±0.5 以上，以保证焊接作业精度	

续表

组成部分	作用和要求	示例图片
机器人控制器 （含激光焊接软件包）	①机器人控制系统是连接整个工作站的主控部分，它由 PLC、继电器、输入/输出端子组成一个控制柜 ②控制器接受外部指令后进行判断，然后给机器人本体信号，从而完成信号的过渡、判断和输出，它属于整个激光焊工作站的主控单元 ③机器人的运行路径与速度始终保持预先所设的值，可采用离线编程软件完成任务编程	
激光焊机	①激光模式分为脉冲型和连续型 ②本章所指的激光焊机为脉冲型	
激光焊接头	①激光焊接头设备的关键是大功率激光 ②激光焊接头主要有两种类型：一种是固态激光器，也称为 Nd:YAG 激光器；另一种是气体激光器，也称为 CO_2 激光器	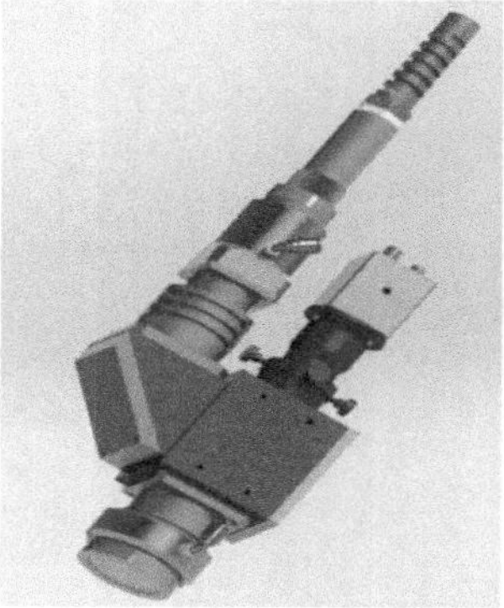

续表

组成部分	作用和要求	示例图片
冷却装置	①激光焊的冷却系统主要有水冷、风冷和水冷风冷一体化系统 ②冷水系统一般都有过滤器，能有效地过滤掉水中明显的颗粒杂质，保持激光泵腔的清洁及防止发生堵水的可能性 ③冷水系统带流量保护，当水流量小于设定值时，有信号报警，可以用来保护激光器及相关要散热的器件	
专用夹具	①夹具用于焊接工件的定位和固定，是保证焊接精度的重要一环，合理的夹具，能大大提高生产效率 ②夹具的控制方式可分为人工松紧和自动松紧	

机器人激光焊工作站如图 4-5 所示。工作站包含激光焊接机器人、机器人控制柜、激光焊机、变压器、冷却装置、工件台等。工作站各部分作用和主要参数如表 4-4 所示。

表 4-4　机器人激光焊工作站组成部分作用和主要参数

组成部分	参数及作用
机器人	发那科机器人，型号 M-10iA/12，最大负重 12kg，可达半径 1420mm
机器人控制柜	控制柜型号为 R-30iB Mate，系统已安装激光焊软件。输入电压为 220V
变压器	输入电压三相 380V，输出电压三相 220V。为机器人提供合适的电源
激光焊机	激光模式为脉冲式，激光波长 1064nm。输出能量 500W，激光最小频率 1Hz，最大频率 30Hz，焊接深度 0.1～2.0mm
激光焊接头	固态激光器即 Nd:YAG 激光器。可另配保护气嘴，在激光焊接过程中添加保护气体
冷却装置	包括水箱、水泵、换热器、冷却水、风扇
工件台	在工件台上使用快速夹具固定工件，以进行焊接

图 4-5 机器人激光焊工作站

1—激光焊机；2—冷却装置；3—防撞器；4—工件台；5—机器人本体；6—激光焊接头；7—轨迹示教学习台；8—变压器；9—机器人控制柜

激光焊机、冷却装置与机器人之间的连接如图 4-6 所示。

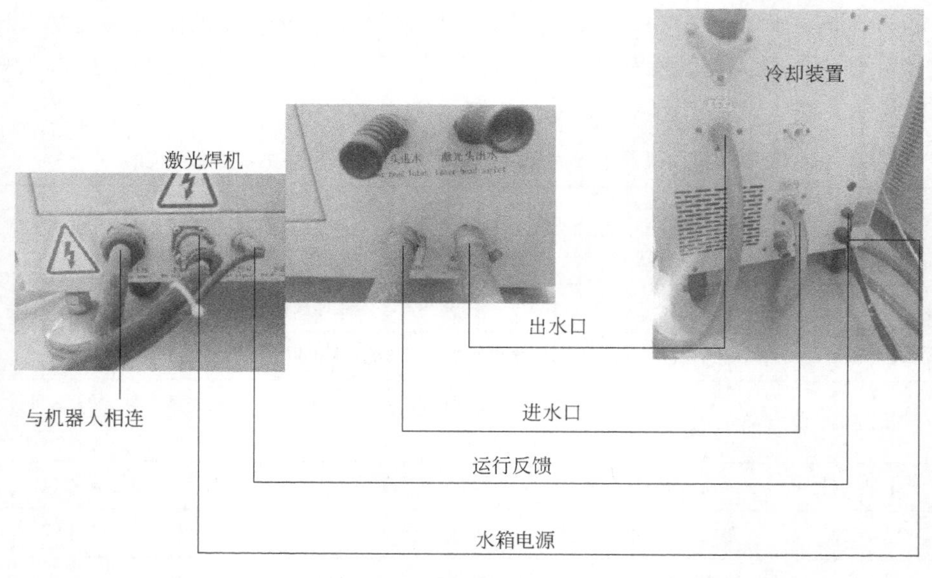

图 4-6 机器人激光焊工作站各组成部分的连接

在机器人激光焊接作业过程中，为实现由机器人控制器切换激光的启动与关闭，需要将机器人控制器与激光焊机之间的相关信号进行匹配连接，接线原理图见图 4-7。

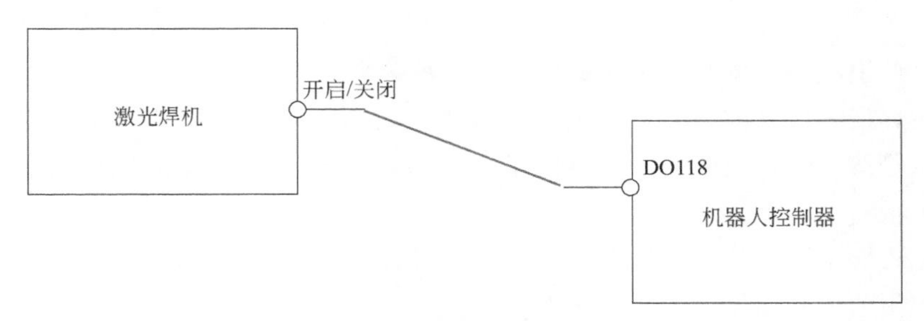

图 4-7　机器人控制器与激光焊机信号连接

任务测评：

(1) 按照激光入射功率密度大小分类，激光焊接可以分为＿＿＿＿＿和＿＿＿＿＿。

(2) 按激光器工作方式，激光模式可分为＿＿＿＿＿和＿＿＿＿＿。

(3) 激光焊接机器人区别于其他机器人的关键之处，是激光焊接机器人的系统中安装了＿＿＿＿＿软件。

(4) 激光焊接机器人的重复定位精度一般要达到＿＿＿＿＿。

4.2 激光焊前准备工作

4.2.1 正确穿戴焊接劳保用品

激光焊接工作开始之前，要穿戴好劳保用品，详见 2.2.1 节。激光焊接时会产生大功率激光辐射，穿防护服可使大功率激光辐射不构成对操作人员皮肤的危害。选择护目镜时应考虑下列因素：所使用的激光波长、激光器的辐射量、最大允许照射量、防护镜对激光输出波长的光密度、可见光传输要求、损坏防护镜的辐照量、对防护镜片的质量要求、舒适和通风要求、吸收介质特性的退化或改变、其他国家标准或规定。

4.2.2 认识机器人激光焊的安全注意事项

(1) 认识机器人激光焊工作站的安全防护装置

开始焊接工作之前，要认识机器人弧焊工作站的安全防护装置，有门链开关、示教盒急停按钮、控制柜面板急停按钮、外部急停按钮，它们的作用和示意图详见1.1.3节。

除上述安全防护装置保证安全外，在机器人激光焊工作站内还有几处急停按钮，它们的作用和示意图见表4-5。

表4-5 机器人激光焊工作站的急停按钮

安全防护装置	作用	示意图
激光焊机急停按钮	激光焊机急停按钮位于激光焊机操作面板上，任何时候，按下急停按钮，机器人运动和程序都会立即停止	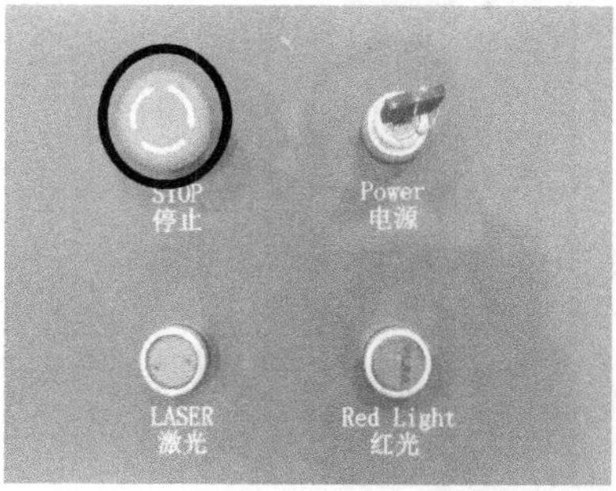 STOP 停止 Power 电源 LASER 激光 Red Light 红光
冷却装置急停按钮	冷却装置急停按钮位于冷却装置显示屏下方右侧，任何时候，按下急停按钮，机器人运动和程序都会立即停止	

(2) 工作环境安全

焊接过程中要与工件保持距离，以免飞溅烫伤。本工作站没有配备焊烟净化设备，尽可能打开窗户，保持通风，操作人员可以戴上口罩。焊接后的工件温度很高，严禁用手触碰。值得注意的是，在机器人激光焊工作站内，只能有一位操作者，即激光焊机上的按钮（尤其是激光打开按钮）必须单人操作，以免误伤他人。

4.2.3 设置激光焊机参数

本章中激光焊机上端左侧具有可视触摸屏面板，其激光参数均可通过触摸屏面板进行编辑，如图 4-8 所示。可设置的激光参数包括激光频率、电流百分比、激光脉宽，点击预修改的参数，通过触碰“减少”和“增加”即可调节参数大小。

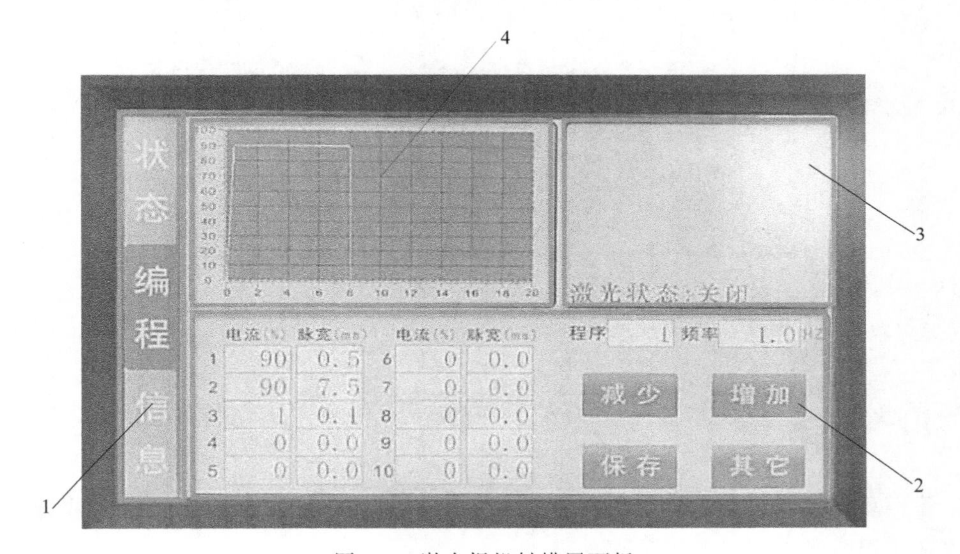

图 4-8　激光焊机触摸屏面板

1—信息选择栏；2—参数编辑栏；3—激光状态栏；4—激光波形显示栏

（1）激光频率

激光频率是指激光焊机工作时，单位时间内产生激光脉冲数的多少。本章中所用到的激光焊机最小频率 1Hz，最高频率 30Hz。激光的频率受限于激光的功率，激光电流百分比和脉宽越大，频率的上限就越小（达不到 30Hz）。

（2）电流百分比

激光焊机的工作电流决定激光输出功率，是重要的参数。电流越大，激光的能量越大，熔深越深。电流的大小受限于激光焊机的功率，激光的频率和脉宽越大，电流能到达的上限就越小。

（3）激光脉宽

激光脉宽是指每个脉冲激光持续的时间，脉宽是决定激光能量的参数之一。脉宽时间越长，激光的能量越大。脉宽的大小受限于激光焊机的功率，激光的频率和电流百分比越大，脉宽能到达的上限就越小。

（4）激光波形显示

在激光焊机上设置了电流百分比、脉宽和频率之后，可以在触摸屏左上方激光波形显示栏内观察到激光波形的变化，如图 4-9 所示。X 轴是激光持续的时间（单位 ms）即激光脉宽，Y 轴是电流百分比（%），曲线包围的面积就代表这一个脉冲激光的能量。

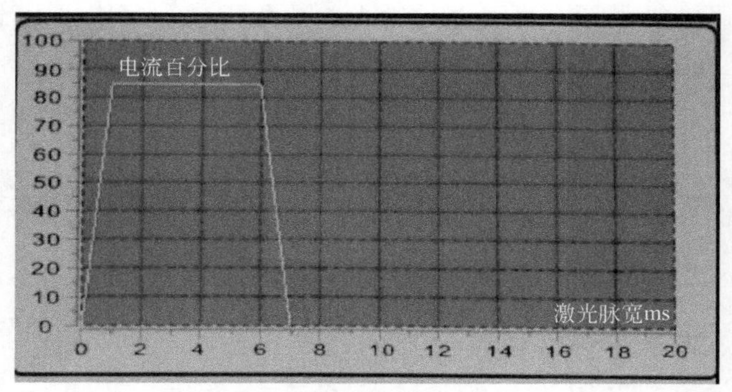

图 4-9　激光波形显示栏

4.2.4 ／ 手动/自动开启激光测试

预想利用机器人激光焊工作站完成实际作业任务，还需确认激光发生装置是否可正常使用。激光焊机开机步骤见表 4-6。

表 4-6　激光焊机开机步骤

顺序	操作说明	示意图
1	检查冷却装置水位线是否在规定范围内，即蓝色水位范围，水位不足时通过冷却装置后侧的注水口添加纯净水。连续生产时，冷却装置内的纯净水每月更换一次	水位规定 范围

续表

顺序	操作说明	示意图
2	顺时针旋转激光焊机前面的红色旋钮	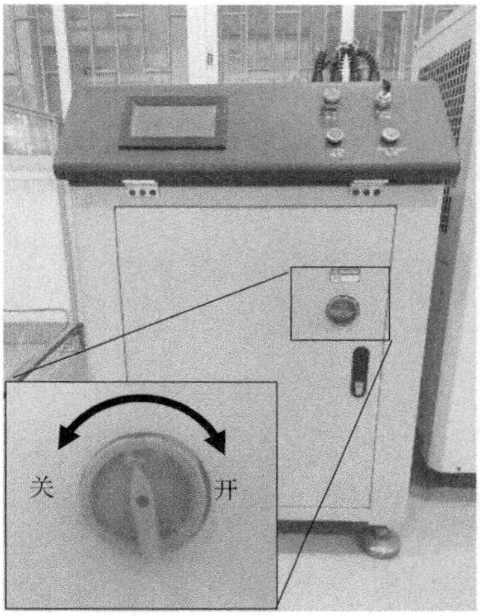
3	冷却装置开机，冷却装置上方的显示屏亮起，显示系统运行中，系统内部参数会在显示屏上显示	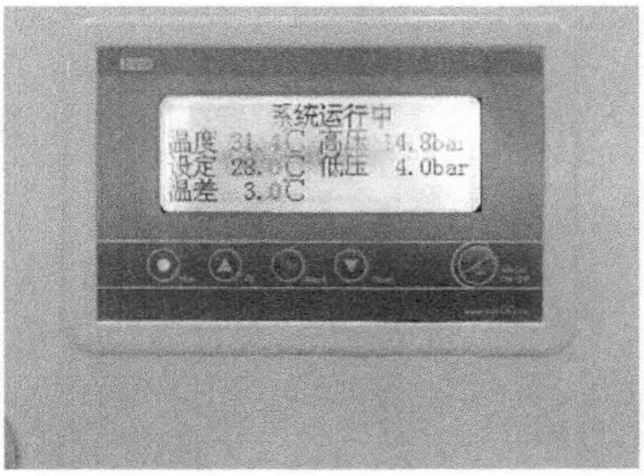
4	等待大约 10s 以后，冷却装置启动完成，顺时针旋转激光焊机操作面板上的电源钥匙，激光焊机通电	

续表

顺序	操作说明	示意图
5	激光焊机通电后可视触摸屏亮起，点击可视触摸屏右上角开机键，激光焊机开启	

激光焊机开启后，需要对激光信号进行测试。开启激光信号有两种方式，分别是手动开启和自动开启。考虑到激光信号开启过程中的安全性，在激光测试过程中，将激光频率设置为1Hz。

手动开启激光测试，只需点击激光焊机操作面板上的激光按钮（绿色按钮）即可，如图4-10所示。激光焊机操作面板上的红色按钮为红光按钮，手动按下红色按钮，即可开启红光，方便跟踪激光轨迹，为准确聚焦提供参考依据；再次按下红色按钮，即可关闭红光。

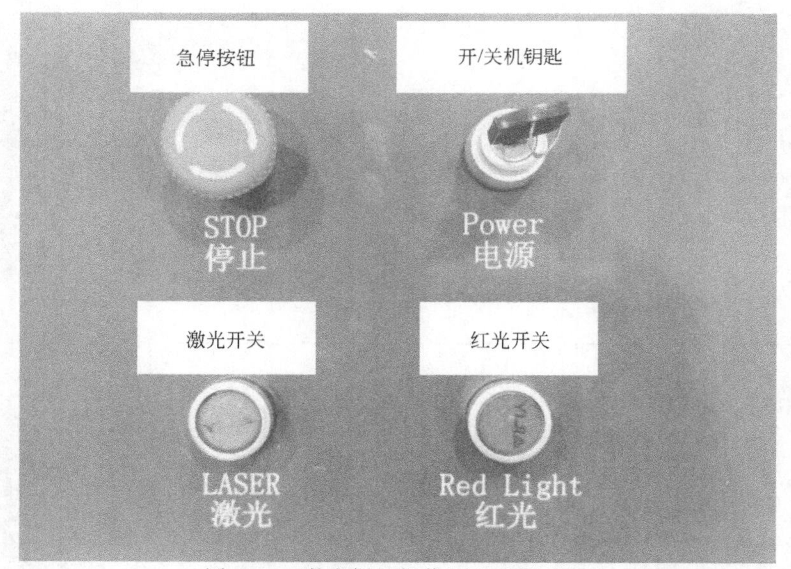

图4-10　激光焊机操作面板右侧按钮

自动开启激光测试，即通过示教盒开启激光信号。具体操作如下：点按示教盒上的数字输入/输出[I/O,图4-11(a)]键，切换显示屏画面至“I/O数字输出”，并通过点按ITEM键快速定位至信号分配段[如DO[118],图4-11(b)]，待光标移至测试信号位，点按用户功能键 F4（ON）和 F5（OFF），控制激光焊机，测试激光开启和关闭情况，如图 4-12 所示。

(a) I/O键和ITEM键

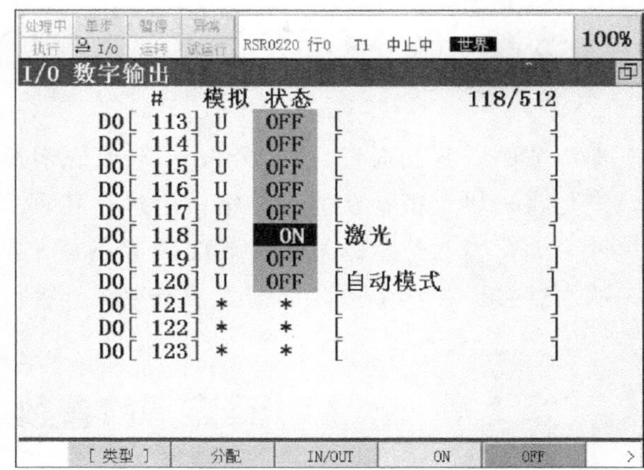

(b) 激光开启/关闭信号

图 4-11　示教盒按键及显示器画面

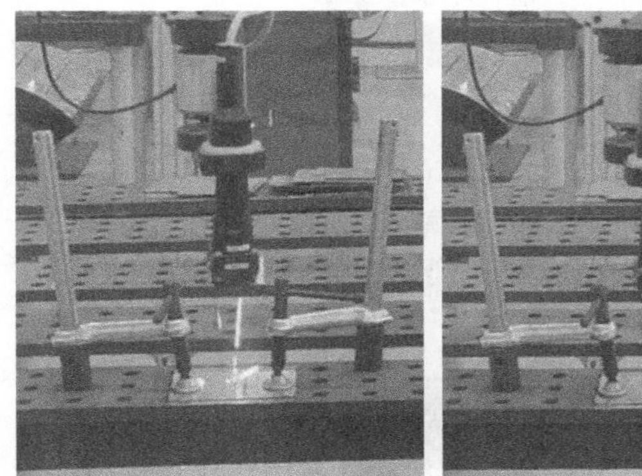

(a) 激光开启　　(b) 激光关闭

图 4-12　激光开启/关闭测试

任务测评：

(1) 激光开启方式有＿＿＿＿＿＿和＿＿＿＿＿＿两种。

(2) 可以通过激光焊机触摸屏设定的相关参数有＿＿＿＿＿＿、＿＿＿＿＿＿和＿＿＿＿＿＿。

(3) 电流越＿＿＿＿＿（大或小），激光能量越＿＿＿＿＿（高或低），熔深越深。

(4) 实操任务：分别用手动和自动开启激光。

(5) 实操任务：设置激光焊机参数，电流百分比 70%，脉宽 0.5～6.0ms，频率 7.0Hz。

4.3 两块钢板的机器人激光深熔焊

在本节中，我们通过两块1.2mm厚度的钢板的焊接完成一次机器人激光深熔焊，就是将一块钢板叠在另一块钢板上进行单面焊接。激光深熔焊的原理是激光辐射焊件表面，表面热量通过热传导向内部迅速扩散，热量到达一定程度时，工件熔化，从而熔接。在本节中，焊缝为一条直线，焊接过程较简单。

4.3.1 初步确定焊接参数

激光焊接工艺尚不成熟，仍没有明确的可参考的焊接工艺参数。为保证焊接质量，在焊接前需初步确定预焊工件（钢板）的焊接参数。使用快速夹具将一块钢板固定在工件台面上。初步设定焊接参数，开启激光，观察焊点，如图4-13所示。熔深可达钢板50%厚度即可。如果激光开启时激光打到工件上的声音小而低沉，焊后熔深较浅，说明焊接能量较小，需加大脉宽、电流百分比和频率。焊接参数调整时，脉宽间距调整幅度0.5ms，电流百分比调整幅度5%。通过调整激光焊接头与工件间距也可改善焊接效果。通常情况下，聚焦点位置焊接效果并不理想，激光焊接头稍微高一点，即负焦点的位置，焊接效果最佳。焊接参数初步确定后，即可开始焊接。

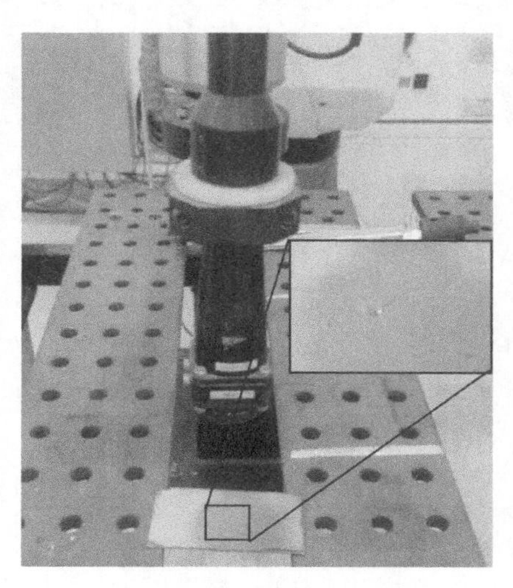

图4-13 初步确定焊接参数

4.3.2　使用快速夹具固定工件

焊接前需要将被焊工件表面的铁锈、油污等清理干净，否则影响焊接质量。我们要焊接的是两块长方形钢板，先将一块钢板放在工件台面上，再将另一块钢板叠在它上方，然后使用快速夹具将它们固定在工件台上，如图 4-14 所示。

图 4-14　使用快速夹具固定工件

4.3.3　编写焊接程序并试运行

(1) 规划机器人焊接程序运动路径

本次焊接任务，焊缝为一条直线，在规划运动路径时，我们要合理设置 HOME 点位、焊接起始接近点和焊接结束安全点，保证激光焊接头不会和夹具发生碰撞，规划机器人焊接程序运动路径如图 4-15 所示。整个机器人运动路径如下：HOME 点→焊接起始接近点→焊接起始点→焊接结束点→焊接结束安全点→HOME 点。

(2) 激光焊机参数设定

在激光焊机可视触摸屏面板上设定激光参数，包括激光频率、电流百分比和激光脉宽。具体参数按照前期初步确定的焊接参数设置，如图 4-16 所示。频率 7Hz，电流百分比 80%，脉宽 0.5～7.0ms。

(3) 编写机器人焊接程序

本节中，要用到的新指令有激光开启、激光关闭。程序中机器人点位使用图 4-15 中的点位。具体的机器人激光焊程序如图 4-17 所示。

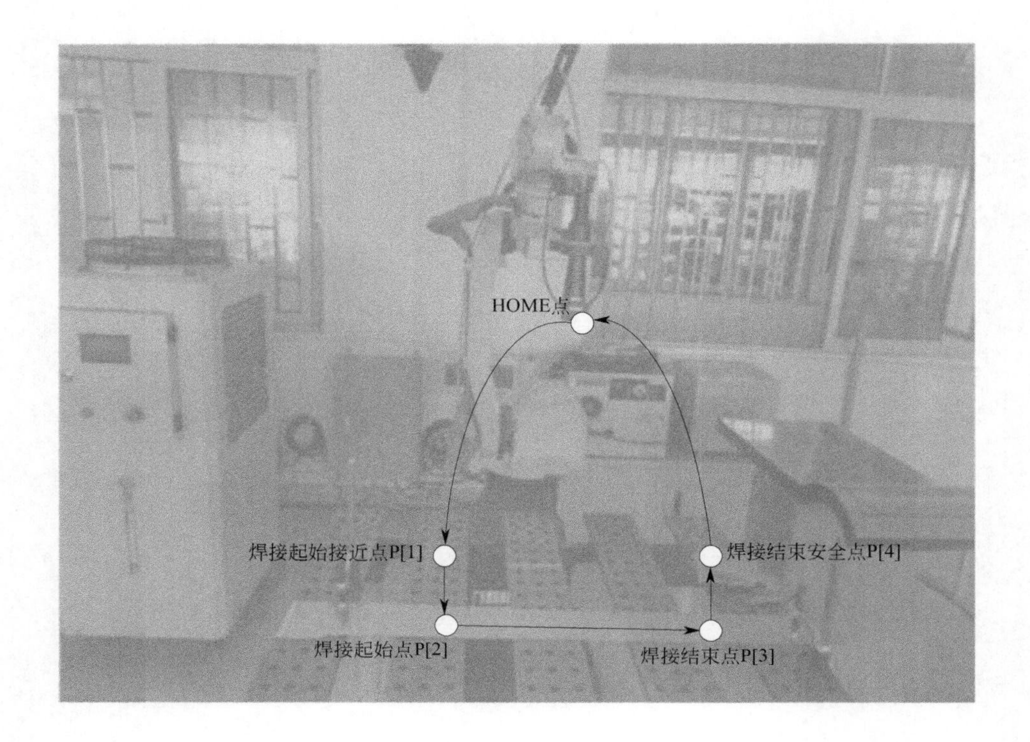

图 4-15　机器人焊接程序运动路径

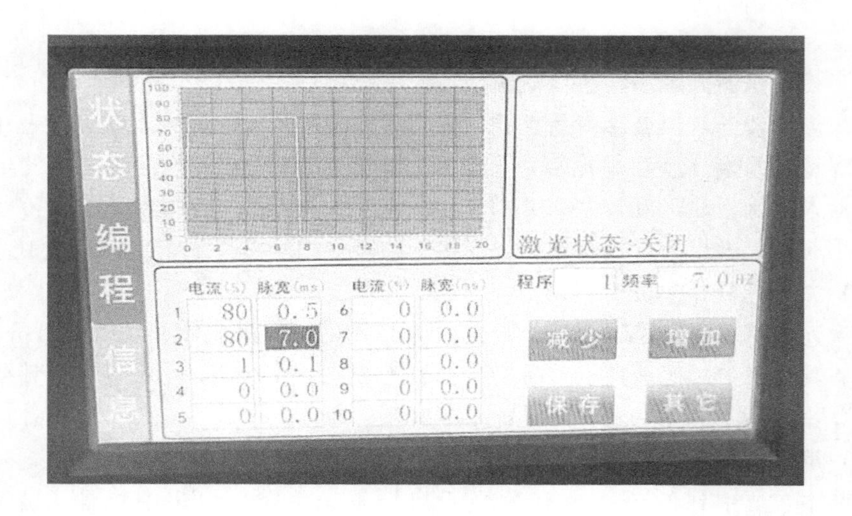

图 4-16　激光焊机参数设定

```
1. UFRAME_NUM=1
2. UTOOL_NUM=1
3. J  @PR[1] 100%  FINE  ………………工作初始位置
4. J  P[1] 100% FINE  …………………焊接起始接近点
5. L  P[2] 200mm/sec  FINE  ……………焊接起始点
6. DO[118]=ON  ………………………DO[118]为开启激光的 IO,即打开激光
7. L  P[3] 10mm/sec FINE  ……………焊接结束点,焊接速度为 10mm/s
8. DO[118]=OFF  ………………………DO[118]为开启激光的 IO,即关闭激光
9. L  P[4] 100mm/sec  FINE  ……………焊接结束安全点
10. J  @PR[1] 100% FINE  ………………工作初始位置
11. [END]
```

图 4-17　机器人激光焊程序

本次激光焊的焊缝为一条直线，所以程序中激光焊开始和激光焊之间只有一条运动指令，如图 4-17 中的第 7 行程序。激光焊开始指令前的运动指令结束方式必须为“FINE”，激光焊结束指令之前的运动指令结束方式也必须为 FINE。如果焊缝轨迹为多条直线，那么中间的运动指令结束方式使用 CNT。程序举例如图 4-18 所示。

```
5. L  P[2] WELD_SPEED FINE  ……………焊接开始指令之前使用 FINE
6. DO[118]=ON  ………………………DO[118]为开启激光的 IO,即打开激光
7. L  P[3] WELD_SPEED CNT100  …………焊接中间指令使用 CNT
8. L  P[4] WELD_SPEED CNT100  …………焊接中间指令使用 CNT
9. L  P[5] WELD_SPEED  FINE  …………焊接结束指令之前使用 FINE
10. DO[118]=OFF  ………………………DO[118]为开启激光的 IO,即关闭激光
```

图 4-18　激光焊程序中运动指令结束方式

(4) 示教点位

程序输入完成之后进行点位示教，本节的程序需要示教 4 个点位，如图 4-15 所示。需要注意的是，焊接开始点和焊接结束点的姿态要保持一致，激光焊接头垂直于工件表面。焊接起始点位与工件表面的距离即激光焦距。需要注意的是在示教点位过程中激光焊接头不能与工件或夹具发生碰撞。点位示教步骤如表 4-7 所示。

表 4-7　点位示教步骤

步骤	操作	示意图
1	移动机器人到焊接开始点上方，初步调整激光焊接头姿态，使激光焊接头与焊缝在同一条线上，激光焊接头垂直于工件表面	

续表

步骤	操作	示意图
2	将激光焊接头发出的红光对到焊接开始点,降低速度倍率,耐心调整激光焊接头与工件的距离。仔细观察红光光斑变化,尽量调整到聚焦点的位置。调整好之后,记录为焊接开始点 P[2]	
3	将激光焊接头抬起到夹具上方,使激光焊接头高于夹具,记录当前位置为焊接开始接近点 P[1]	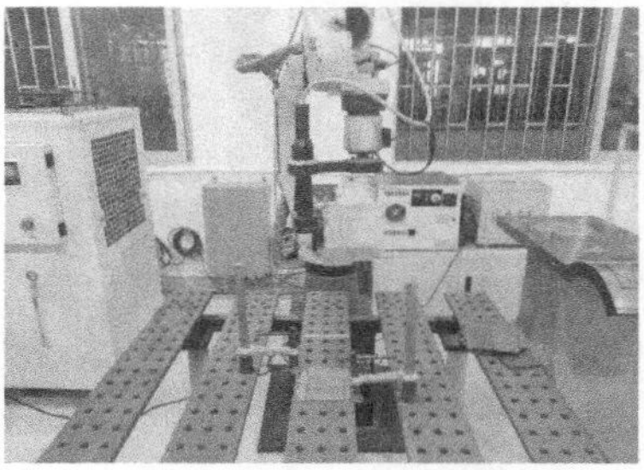
4	单步执行程序,使机器人移动到焊接开始点 P[2]。降低速度倍率,将焊枪移动到焊接结束点位置,注意激光焊接头的姿态和高度都要保持一致。将当前位置记录为焊接结束点 P[3]	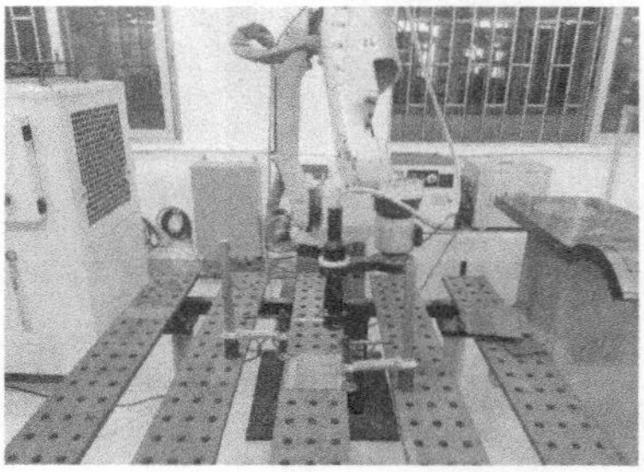
5	将激光焊接头抬起到夹具上方,使焊枪高于夹具,记录当前位置为焊接结束上方点 P[4]	

续表

步骤	操作	示意图
6	将机器人移到自定义的初始位置，即为 HOME 点。点位示教完成	

(5) 试运行程序

在正式焊接之前，要先进行试运行程序，通过试运行观察整个运动过程是否有碰撞激光焊接头的运动轨迹，观察焊接轨迹是否正确。试运行程序前，要在运行程序中把 DO118 改为 OFF，即试运行过程中不需要开启激光。试运行程序时，先单步执行程序，再连续执行程序。点按示教盒上 STEP 键，将程序执行模式设置为单步，以 20％～30％的速度倍率，单步执行程序，观察激光焊接头运行轨迹是否正确。经单步测试程序无误后，可将程序执行模式切换为连续模式。即点按 STEP 键，将程序执行模式设置为连续，提高速度倍率至 50％～100％，连续运行程序，直至程序试运行完毕。

(6) 实施焊接

试运行无误后，便可运行程序，实际进行焊接。要注意的是，运行程序前，要把试运行程序中的 DO118 改为 ON，即运行过程中开启激光。而且，程序运行方式必须是连续运行且速度倍率是 100％，才能执行激光焊接开始指令，否则会报错。因为单步执行程序，有可能机器人停在某一步，一直焊接，会把工件焊穿；如果速度倍率不是 100％，那么焊接速度就会降低，也是不符合要求。在执行机器人激光焊程序前，操作者需戴上护目镜，远离工件，小心飞溅。焊接完成后，注意不能用手触碰工件，以免烫伤。机器人激光焊接后的效果如图 4-19 所示。

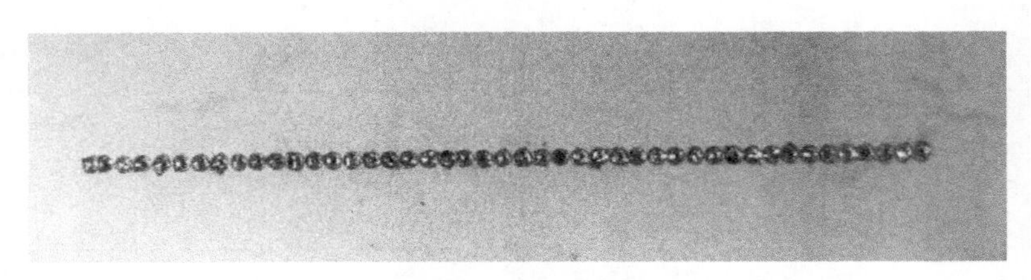

图 4-19　机器人激光焊接后的效果

4.3.4 优化激光焊工艺参数

激光焊接的原理是高能量密度激光束辐射被焊工件表面，工件被焊接位置瞬间熔化形成熔池，通过控制激光束与焊接位置的相对运动，形成焊缝。在焊接过程中由于焊接工艺参数选取存在偏差，会造成焊接缺陷。表 4-8 列出了激光焦距、频率、脉宽、电流百分比、焊接速度对焊缝质量的影响。

表 4-8　激光焊参数对焊缝质量影响对比

类别	参数	焊接效果	类别说明
激光焦距	聚焦点	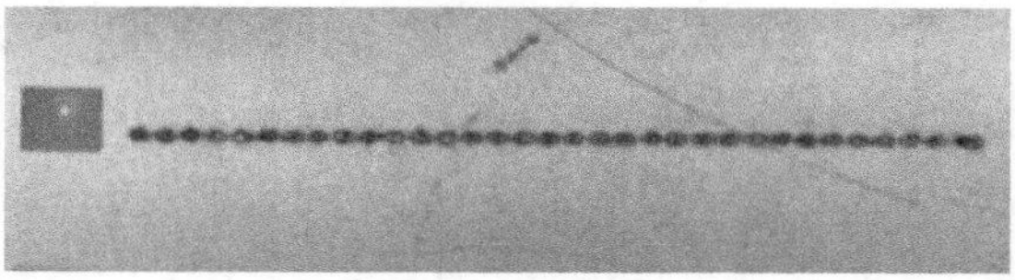	焦点位于工件表面，光斑最小，能量最集中，熔深适中
	正离焦	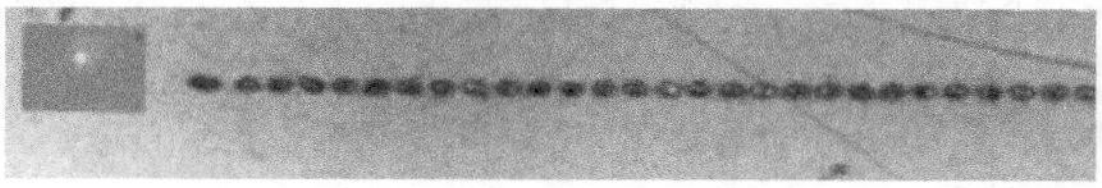	焦点位于工件表面以上，熔深较小
	负离焦	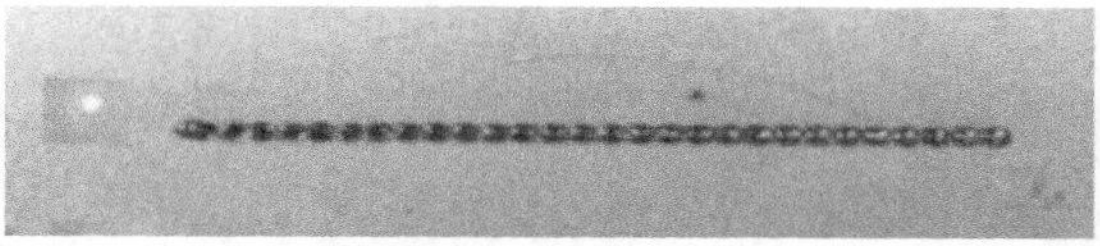	焦点位于工件表面以下，熔深较大
	负离焦量较大	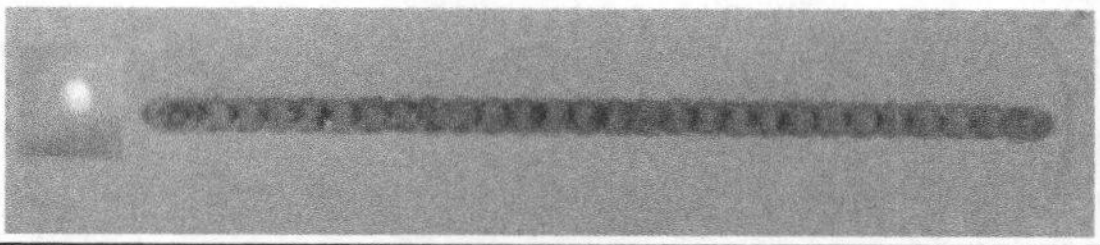	焦点越小，能量越集中，熔深越深，焊点越小；焦点越大，能量越小，熔深越浅
激光频率	5Hz	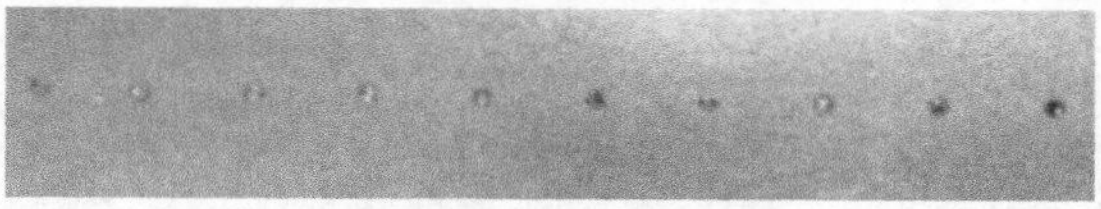	激光频率小，焊点间隔大；激光频率大，焊点比较密集
	10Hz	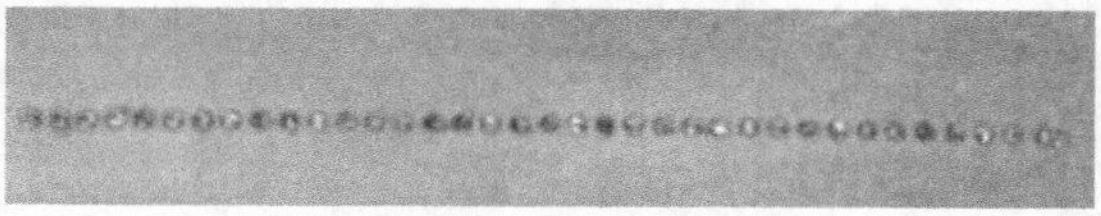	
激光脉宽	3ms	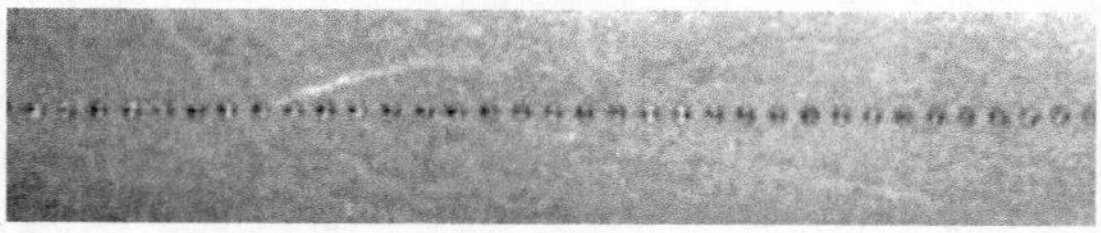	相同电流百分比下，激光脉宽越大，激光的能量越大，焊点熔深越深

续表

类别	参数	焊接效果	类别说明
激光脉宽	5ms	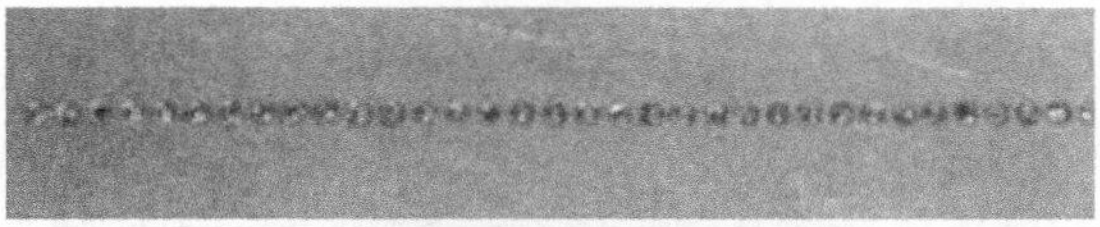	相同电流百分比下，激光脉宽越大，激光的能量越大，焊点熔深越深
	7ms	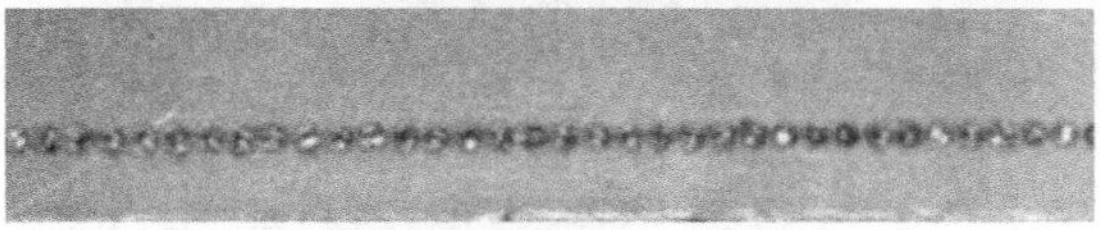	
电流百分比	25%	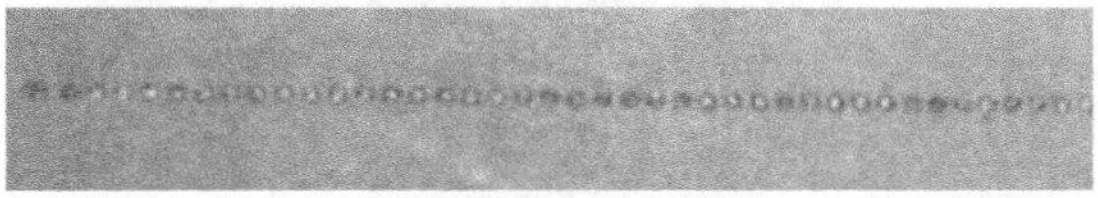	同样的激光焦距下，激光焊机工作的电流百分比越大，焊点的熔深越深
	55%		
	85%	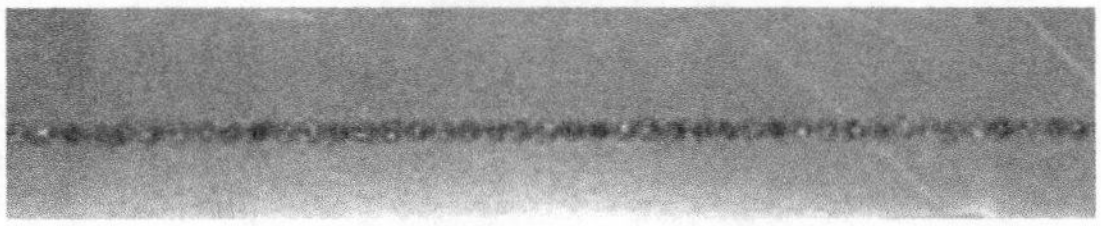	
焊接速度	5mm/s	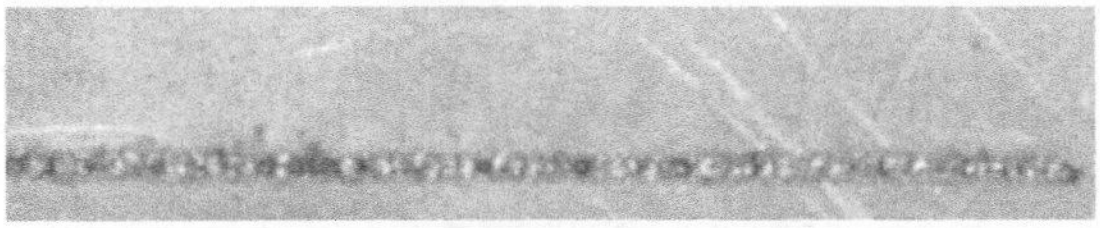	相同焊接频率下，焊接速度越快，焊点间隔越大；焊接速度越慢，焊点越密集
	10mm/s	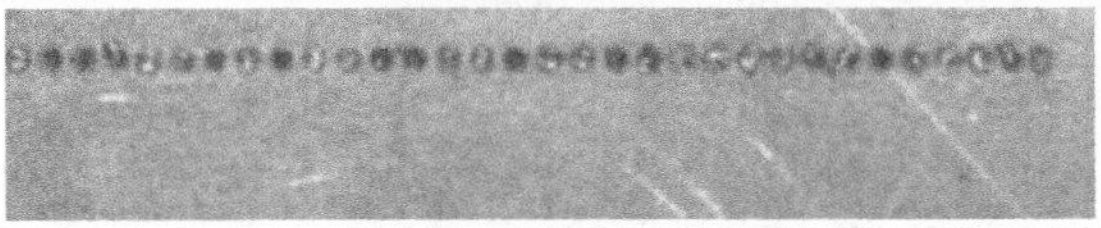	

任务测评：

(1) 进行激光焊接编程时，焊接开始指令是__________，焊接结束指令是__________。

(2) 焊接轨迹中，起始点和结束点的运动指令结束方式要使用__________（选 FINE 或 CNT）。

(3) 激光焊接过程中，出现飞溅现象，工艺参数调整方法有__________、__________、__________和__________。

(4) 实操任务：合理设计焊接工艺参数，完成两块 1.0mm 厚的钢板的激光深熔焊。

机器人螺柱焊应用

机器人螺柱焊亦是焊接机器人最典型的应用之一，本章介绍了螺柱焊的工作原理、机器人螺柱焊工作站的组成；再以机器人螺柱焊为例，详细介绍了螺柱输送控制、螺柱焊参数、机器人编程等知识和操作。读者经过本章的学习及反复的焊接练习，可以为今后进入机器人焊接行业打下一定的基础。

螺柱焊可以代替铆接或钻孔螺钉紧固，广泛应用于汽车、造船、机车、机械、锅炉、容器、建筑、民用等行业。随着机器人技术、焊接电源技术、外部轴设备、焊缝追踪技术和计算机技术的发展，机器人焊接变得越来越简单化、智能化、柔性化和高效率。机器人焊接的应用和发展层出不穷，但“千里之行，始于足下”，让我们一起通过本章的学习，开启机器人螺柱焊应用的探究之路。

5.1　认识机器人螺柱焊系统

5.1.1　螺柱焊的工作原理

将金属螺柱或类似其他金属紧固件（栓、钉等）焊到工件上的方法叫做螺柱焊。螺柱焊其实就是弧焊，它在生产活动中运用比较广泛。螺柱焊主要分为两种形式，一种是拉弧式螺柱焊，又称电弧式螺柱焊，它的起弧是依靠焊枪的提升动作和先导电流来产生的。另一种是电容储能式螺柱焊，又称尖端放电式螺柱焊，它的起弧是依靠大电流对焊接螺柱特制的焊接尖端瞬间熔化产生的。

电弧螺柱焊焊接原理与焊条电弧焊的焊条引弧原理相同，都是短路提升引弧。不同的是螺柱被夹持在焊枪的夹头上，与工件短路定位，焊枪的提升机构使螺柱上升引弧，形成熔池。当提升机构释放时，给螺柱一个压力使螺柱浸入熔池，冷却形成焊缝，如图 5-1 所示。

尖端起弧螺柱焊是一种将直径从 0.8～10mm 圆柱状金属件焊接到厚度为 0.6mm 以上的金属工件的过程。这个过程需要一台电源加上一个移动设备（螺柱焊枪）。焊接前，将螺柱放置在工件上［图 5-2(a)］。当扣动扳机，焊接整流器起弧时，焊枪活塞将螺柱推向工件。当螺柱的起弧尖端一接触工件，一股强电流迅速生成，这将引起爆炸性熔合和起弧尖端的部分蒸发［图 5-2(b)］。这一过程产生的弧，会熔化螺柱尖端和工件的一部分。在焊接时间内，螺柱持续稳定地向工件运动，直到它在熔池中停止［图 5-2(c)］。然后，电弧短路熄灭，熔池凝固［图 5-2(d)］。由于螺柱运动的高速度，会引起熔池飞溅，形成焊缝。但是，螺柱焊焊接时间大约为 1～3ms，由于焊接时间非

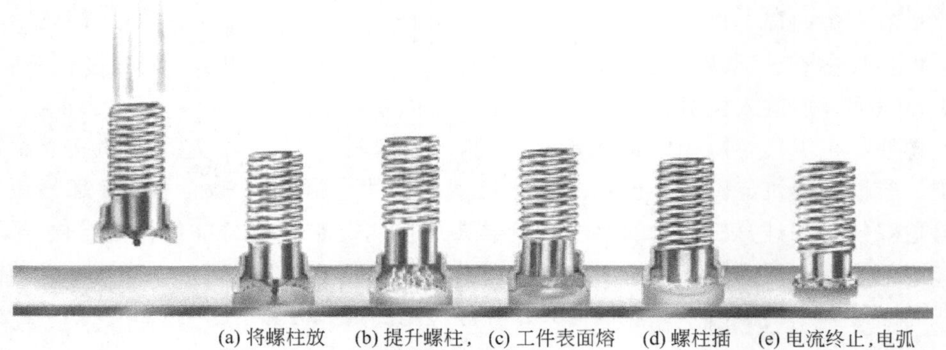

图 5-1 电弧螺柱焊原理图

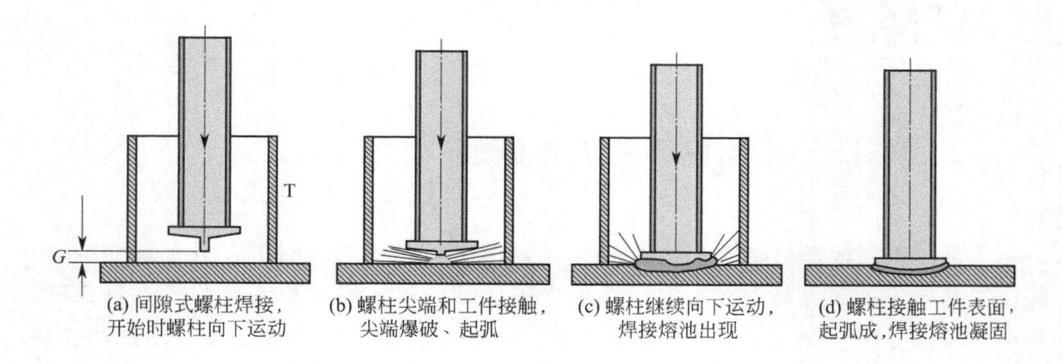

图 5-2 尖端起弧螺柱焊原理图

G—空气间隙；T—支撑架或支撑杆

常短，熔化量仅限于 0.2mm；而且对工件的背面损伤很小。

电弧螺柱焊与尖端起弧螺柱焊的区别见表 5-1。

表 5-1 电弧螺柱焊与尖端起弧螺柱焊对比

区别	电弧螺柱焊	尖端起弧螺柱焊
电容充电	无	有
放电途径	变压器/整流器降压	电容
电能大小	无限	有限
焊接时间	长短可控制	1～3ms
螺柱直径	3～25mm	3～10mm
熔池深度	深	浅

螺柱焊接技术由于具有快速、可靠、操作简单和成本低等优点，可替代铆接、钻孔、手工电弧焊和钎焊等连接工艺，可焊接碳钢、不锈钢、铝、铜及其合金等金属，如图 5-3 所示的电熨斗底板就采用了螺柱焊技术。

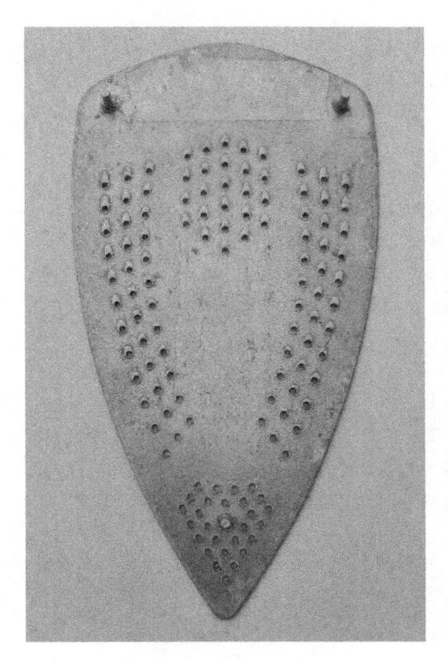

图 5-3 电熨斗底板

5.1.2 机器人螺柱焊工作站的组成

机器人螺柱焊系统包括机器人、焊接软件、螺柱焊机、螺柱送料装置、螺柱焊焊枪以及周边设备。一个基本的机器人螺柱焊系统如图 5-4 所示。焊接系统各部分的作用和要求如表 5-2 所示。

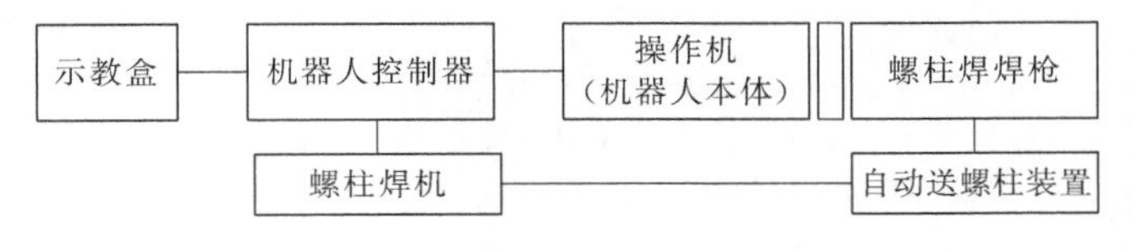

图 5-4 工业机器人螺柱焊系统

机器人螺柱焊工作站如图 5-5 所示。该工作站包含螺柱焊机器人控制器、操作机（机器人本体）、螺柱焊焊枪、自动送螺柱装置、简易工作台（含定位装置）。工作站各部分作用和主要参数如表 5-3 所示。

表 5-2　焊接系统组成部分作用和要求

组成部分	作用和要求	示例图片
操作机（机器人本体）	①一般要选用 6 关节型工业机器人，即 6 自由度机器人，可以通过改变机器人姿态，使激光焊接接头可以从各个角度，完成激光焊接作业 ②采用的工业机器人要有一定精度，即机器人重复定位精度要求达到±0.5 以上，以保证焊接作业精度	
机器人控制器（包含螺柱焊软件包）	①机器人控制系统是连接整个工作站的主控部分，它由 PLC、继电器、输入/输出端子组成一个控制柜 ②控制器接受外部指令后进行判断，然后给机器人本体信号，从而完成信号的过渡、判断和输出，它属于整个螺柱焊工作站的主控单元 ③机器人的运行路径与速度始终保持预先所设的值，可采用离线编程软件完成任务编程	
螺柱焊机	①焊机能够为焊接提供电流、电压和合适的输出特性 ②一般选用全数字智能焊机，控制精确、反应速度快、通信简便 ③与机器人配套使用的焊机品牌，常见的有麦格米特焊机、福尼斯焊机、肯比焊机、林肯焊机、米格焊机、依萨焊机等	
自动送螺柱装置	①自动送螺柱装置受焊机控制，能连续稳定地送出螺柱 ②一般使用与焊机品牌相同的自动送螺柱装置，接口和控制才能对应上	
螺柱焊焊枪	①焊枪分为手持焊枪、机器人专用焊枪，本章所指的是机器人专用焊枪 ②螺柱焊枪分为储能螺柱焊枪和拉弧式螺柱焊枪，焊枪选取参考螺柱焊机特性 ③在尖端起弧螺柱焊接中，焊枪的作用主要是利用夹头夹住螺柱，使焊接电流穿过螺柱，依靠设置好的活动方式使两个焊接熔池结合在一起	
专用夹具	①夹具用于焊接工件的定位和固定，是保证焊接精度的重要一环，合理的夹具，能大大提高生产效率 ②夹具的控制方式可分为人工松紧和自动松紧	

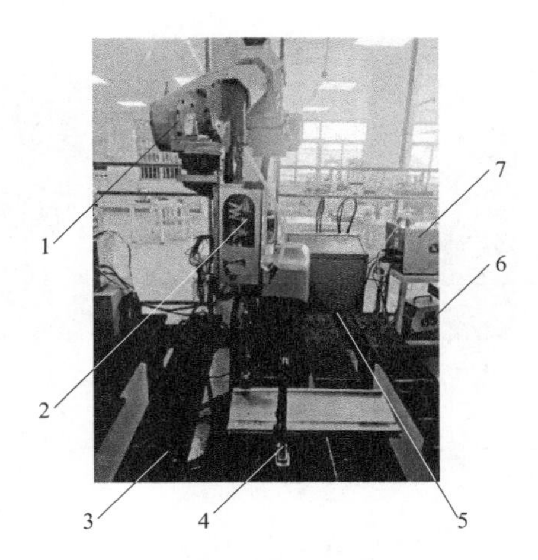

图 5-5　机器人螺柱焊工作站

1—机器人本体；2—螺柱焊焊枪；3—工件台；4—快速专用夹具；
5—机器人 I/O 接线柜；6—螺柱焊焊机；7—自动送螺柱装置

表 5-3　机器人螺柱焊工作站组成部分作用和主要参数

组成部分	参数及作用
机器人本体	发那科机器人，型号 M-10iA/12，最大负重 12kg，可达半径 1420mm
机器人控制器	控制柜型号为 R-30iB Mate，系统已安装螺柱焊软件。输入电压为 220V
变压器	输入电压三相 380V，输出电压三相 220V。为机器人提供合适的电源
控制柜	负责机器人控制器与螺柱焊焊机的 I/O 通信
螺柱焊机	螺柱焊机型号 KST110，持续可调的充电电压 50～200V，焊接螺柱直径范围 ϕ3～10mm
自动送螺柱装置	对螺柱进行筛选、过渡、分离，并将螺柱准确地送入到螺柱焊焊枪内。 气压达到 0.6MPa 以上时，才能向螺柱焊焊枪输送螺柱
螺柱焊焊枪	Koeco 焊枪，工业机器人螺柱焊专用外置焊枪，适用于尖端起弧螺柱焊，接触式焊接，焊枪内只有一个压力弹簧，没有线圈。扣动焊枪扳机，焊接整流器立即点燃。可焊螺柱直径范围 ϕ3～10mm
工件台	在工件台上使用快速夹具固定工件，以进行焊接
轨迹示教学习台	学习台上预先绘制直线、圆弧和曲面轨迹，通过示教路径关键点，学习典型轨迹示教编程知识和技巧

螺柱焊焊机、自动送螺柱装置和螺柱焊焊枪之间的连接如图 5-6 所示。

在机器人螺柱焊作业过程中，为实现由机器人控制器自动送螺柱装置输送螺柱同时完成螺柱焊起弧任务，需要将机器人控制器与自动送螺柱装置之间的相关信号进行匹配连接，接线原理图如图 5-7 所示。其中，信号 DO118 不仅控制输送新螺柱，还是螺柱焊接起弧的信号。

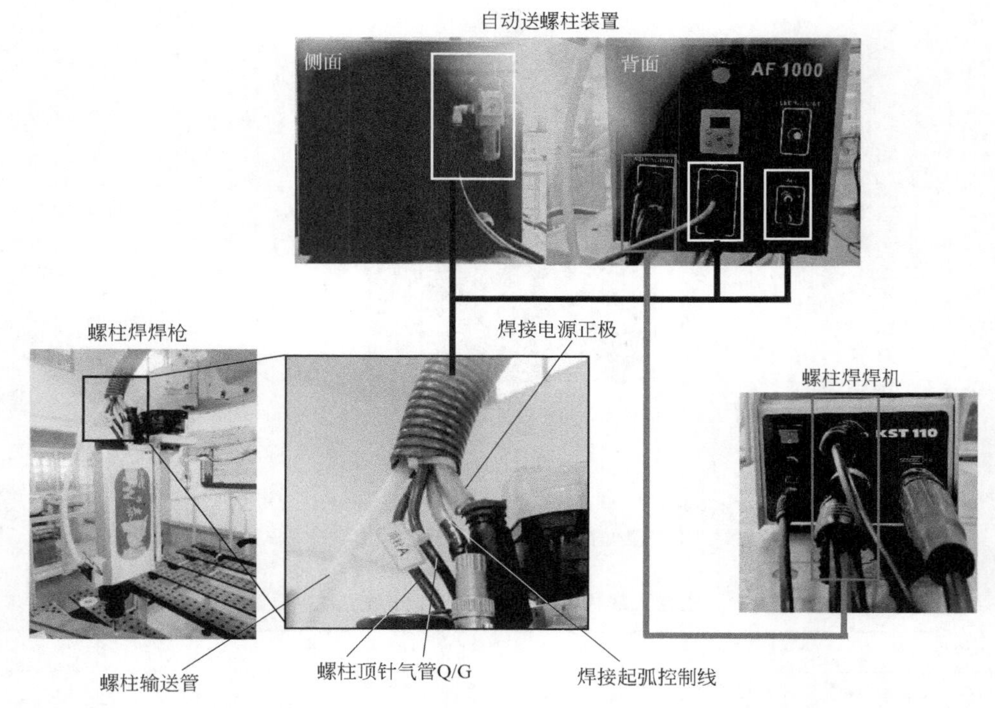

图 5-6　机器人螺柱焊工作站各组成部分的连接

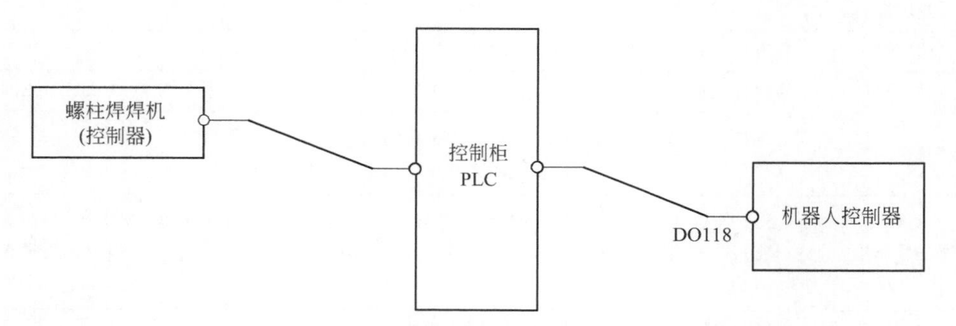

图 5-7　机器人控制器与自动送螺柱装置信号连接

任务测评：

(1) 根据起弧方式分类，螺柱焊可以分为____________和____________。

(2) 与电弧螺柱焊相比，尖端起弧螺柱焊熔池深度较____________。

(3) 尖端起弧螺柱焊，可焊螺柱直径范围为____________。

(4) 电弧式螺柱焊，起弧是依靠焊枪的____________（提升或下压）动作和先导电流来产生的。

5.2 螺柱焊前准备工作

5.2.1 正确穿戴焊接劳保用品

与其他焊接方式相比，螺柱焊焊接环境相对较好，但在焊接工作开始之前仍要穿戴好劳保用品，具体要求详见 2.2.1 节。

5.2.2 认识机器人螺柱焊的安全注意事项

开始焊接工作之前，要认识机器人螺柱焊工作站的安全防护装置。有门链开关、示教器急停按钮、控制柜面板急停按钮、外部急停按钮，它们的作用和示意图详见 1.1.3 节。

除上述安全防护装置保证安全外，在机器人螺柱焊工作站内还要特别注意，螺柱焊焊枪不能对着人，以免螺柱飞出伤人；在螺柱焊接时，会有飞溅，操作者应注意与工作台保持一定的安全距离。

5.2.3 螺柱输送自动控制测试

预想利用机器人螺柱焊工作站完成实际作业任务，不仅要确认自动送螺柱装置是否可正常使用，还要确认系统信号分配及线路连接的好坏。同时，还要确认自动送螺柱装置气压表上的指针是否在 0.6MPa 以上。

自动送螺柱装置控制测试操作流程如下：

① 点按示教器上的数字输入/输出［I/O，图 5-8(a)］键，切换显示屏画面至“I/O 数字输出”。

② 点按示教器 ITEM 键，快速定位至信号分配段［如 DO[118]，图 5-8(b)］。

③ 待光标移至测试信号位，点按用户功能键 F4（ON）和 F5（OFF），控制自动送螺柱装置，测试螺柱输送情况。待焊螺柱经自动送螺柱装置移到螺柱焊焊枪头处，如图 5-9 所示。

(a) I/O键和ITEM键

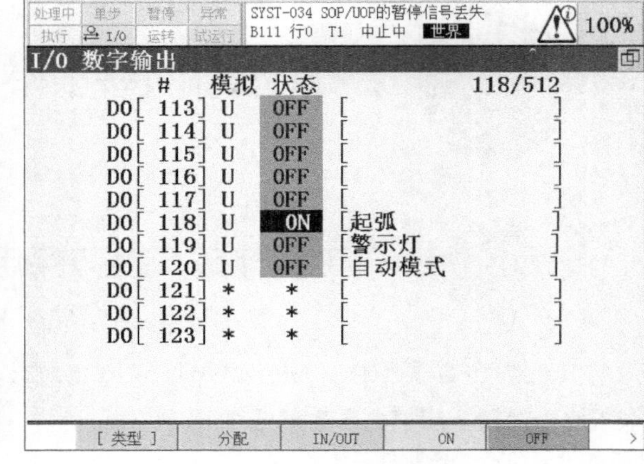

(b) 自动输送螺柱信号

图 5-8 示教器按键及显示器画面

图 5-9 螺柱输送

5.2.4 设置螺柱焊参数

本章采用的螺柱焊焊机，型号 KST110，通过螺柱焊焊机控制面板可修改设置的焊接参数只有一项，即焊接电压。可视屏显示值即为设定的焊接电压值，如图 5-10 所示。该焊机持续可调的充电电压范围为 50～200V，通过点按可视屏右侧按键即可调节焊接电压值。每次点按电压调节按钮，电压改变值为 1V。常见的螺柱焊焊接参数设置见表 5-4。

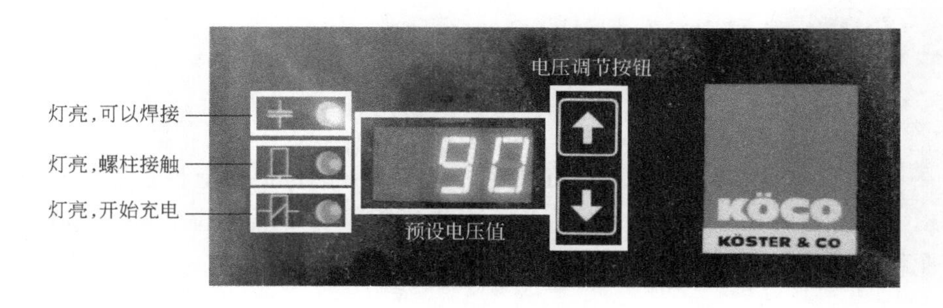

图 5-10　螺柱焊焊机控制面板

表 5-4　常见螺柱焊焊接参数设置

ESP1K焊枪	KST110		KST108		ESP1S焊枪	KST110		KST108	
	钢、非合金钢、铜	铝	钢、非合金钢、铜	铝		钢、非合金钢、铜	铝	钢、非合金钢、铜	铝
M3	60/+3	50/+3	70/+3	60/+3	M3	60/−3	70/−4	75/−3	70/−4
M4	80/+3	80/+3	90/+3	85/+3	M4	90/−3	90/−3	110/−3	110/−3
M5	95/+3	95/+3	100/+3	100/+4	M5	100/−4	100/−4	115/−4	115/−4
M6	120/+4	120/+4	140/+4	140/+4	M6	120/−3	120/−4	135/−3	135/−3
M8	180/+6	160/+6	200/+4	200/+6	M8			200/−4	200/−4
M10					M10				

注：1. ESP1K 焊枪适用于接触式焊接过程，参数设置为充电电压 V/弹簧压力，$+N$ 代表顺时针旋转螺丝 N 次，每旋转一次弹簧压力增加 14N。

2. ESP1S 焊枪适用于非接触式焊接过程，参数设置为充电电压 V/间距，$-N$ 代表顺时针旋转螺丝 N 次，每旋转一次间距减少 1mm。

任务测评：

(1) 本章所用的螺柱焊焊机持续可调的充电电压范围为__________V。

(2) 自动送螺柱装置控制测试操作流程：先点按示教器上的__________键，切换显示屏画面至“I/O 数字输出”；然后点按示教器__________键，快速定位至信号分配段；最后待光标移至测试信号位，点按用户功能键__________(ON) 和__________(OFF)，控制自动送螺柱装置，测试螺柱输送情况。

(3) 实操任务：测试自动送螺柱装置控制信号是否正常。

(4) 实操任务：通过螺柱焊焊机进行焊接电压参数设置，电压值为 80V。

5.3 机器人螺柱焊

在本节中，我们通过对铝板进行螺柱焊，完成一次机器人螺柱焊操作学习。在本节中，需要对铝板进行 4 次螺柱焊接，焊接过程相对简单，重点掌握机器人螺柱焊程序运动路径规划与螺柱输送自动控制操作。

5.3.1 使用快速夹具固定工件

焊接前需要将工件表面油污、氧化物等清理干净，否则影响焊接质量。我们要焊接的是一块长方形铝板，先将铝板放在工件台面上，然后使用快速夹具将它们固定在工件台上，并将预焊接处标记出来，以方便后期机器人定位，如图 5-11 所示。

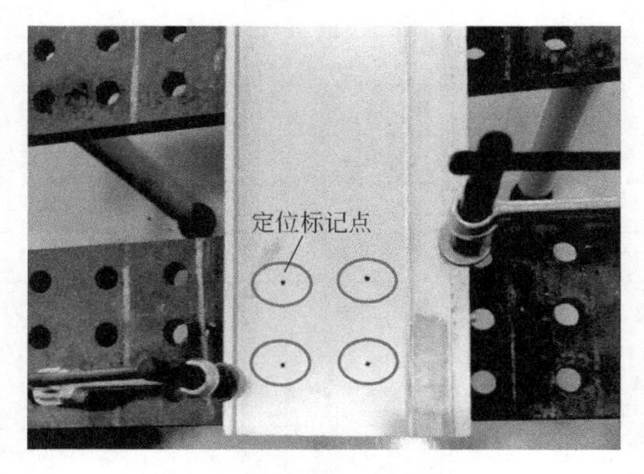

图 5-11　使用快速夹具固定工件

5.3.2 编写焊接程序并试运行

(1) 规划机器人焊接程序运动路径

本次焊接任务，需焊接四颗螺柱。在规划运动路径时，我们要合理规划焊接接近点和焊接点，保证螺柱焊焊枪头不会和夹具发生碰撞。规划机器人焊接程序运动路径如图 5-12 所示。整个机器人运动路径如下：HOME 点→焊接接近点→焊接点→ 焊接结束安全点（即焊接接近点）。

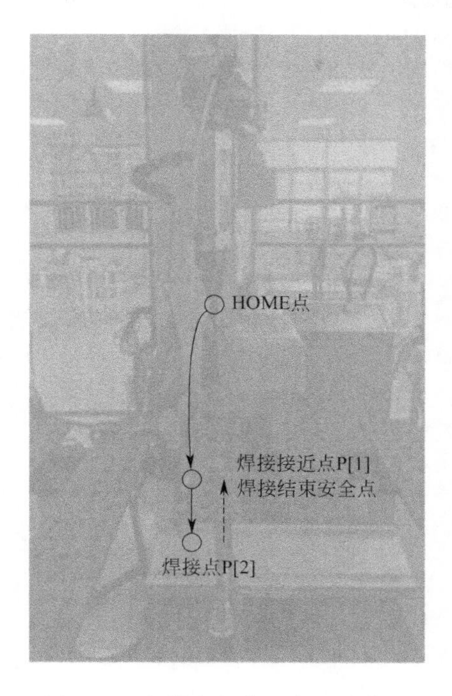

图 5-12　机器人焊接程序运动路径

(2) 螺柱焊焊接参数设定

通过螺柱焊焊机控制面板设置焊接参数，将焊接电压设置为 90V，如图 5-13 所示。

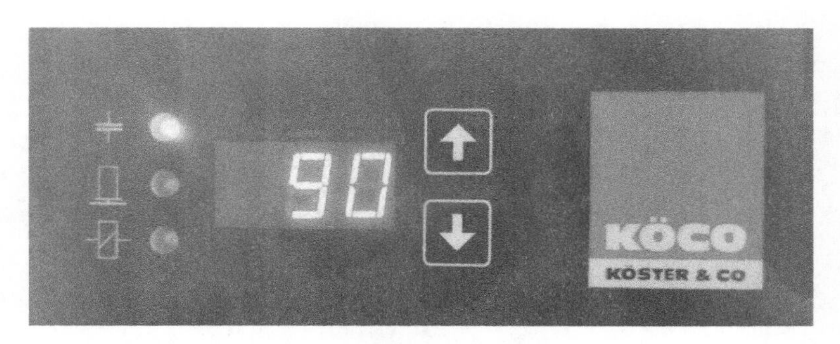

图 5-13　螺柱焊焊接参数设定

(3) 编写机器人焊接程序

在本节中，先编写第一颗螺柱焊接程序，要用到的指令有 WAIT 和 I/O。程序中机器人点位使用图 5-12 中的点位。具体的机器人螺柱焊程序如图 5-14 所示。

```
1. UFRAME_NUM=1
2. UTOOL_NUM=1
3. J   @PR[1] 100%   FINE   ……………………工作初始位置
4. L   P[1] 200mm/sec   FINE   ………………焊接接近点
5. L   P[2] 50mm/sec   FINE  ……………………焊接点
6. WAIT   0.30(sec)   ……………………………焊接开始前等待 0.3s
7. DO[118:起弧 ]=PULSE,1.0sec   …………DO[118]为起弧的 IO,时长 1s
8. WAIT   0.30(sec) ………………………………焊接结束后等待 0.3s
9. L   P[1] 200mm/sec   FINE   ………………焊接结束安全点
10. [END]
```

图 5-14　机器人螺柱焊程序

螺柱焊焊接时焊枪要将螺柱压住再起弧，焊枪是有弹性的，下压量初步可以取螺柱长度的 50%。本章中，所用的螺柱型号为 M4，螺柱长度 10mm。因此，在焊接时，螺柱需向下偏移 5mm。即上述焊接程序中，第 5 行 P [2] 点的位置应为焊接点向下偏移 5mm。点位示教过程中，只能将螺柱端面与工件紧贴时的位置示教为 P [2] 点位，无法直接定位工件表面下偏移 5mm 的位置，因此需要修改 P [2] 点位信息。

点位修改方式有两种，一种是手动修改 P [2] 点位，具体操作见表 5-5。另一种是在焊接程序中使用位置寄存器，直接添加点位偏移量，修改后的焊接程序见图 5-15。值得注意的是，焊接程序中使用的位置寄存器必须是直角坐标形式，不能是关节坐标形式。

表 5-5　手动修改点位坐标信息流程

步骤	操作过程	示意图
1	点击查看 P[3]点位信息	FILE-068 UD未检测 B111 行0 T1 中止 世界 10% B111 P[3] UF:1 UT:1 配置:NUT 000 X 744.572 mm W 178.976 deg Y -165.465 mm P -.410 deg Z 205.400 mm R 90.979 deg 位置详细 1:J P[1] 100% FINE 2:L P[2] 50mm/sec FINE 3:L P[3] 30mm/sec FINE 4: WAIT 1.00(sec) 5: DO[118:起弧]=PULSE,1.0sec 6: WAIT 1.00(sec) 7:L P[4] 10mm/sec FINE 输入数值 配置 完成 [形式]

续表

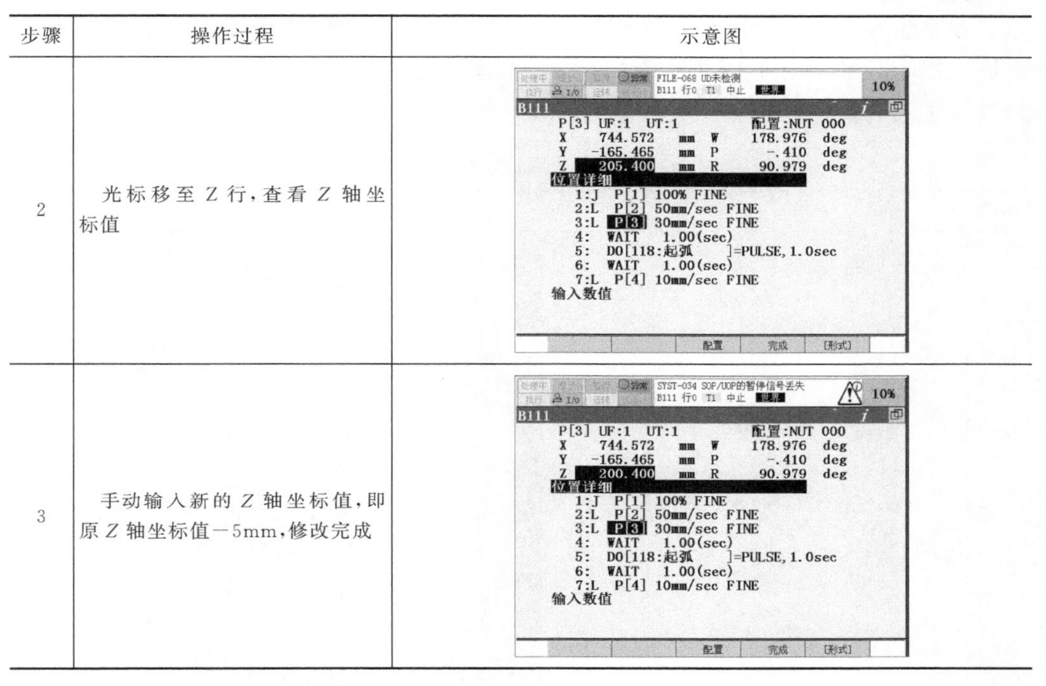

步骤	操作过程	示意图
2	光标移至 Z 行，查看 Z 轴坐标值	
3	手动输入新的 Z 轴坐标值，即原 Z 轴坐标值－5mm，修改完成	

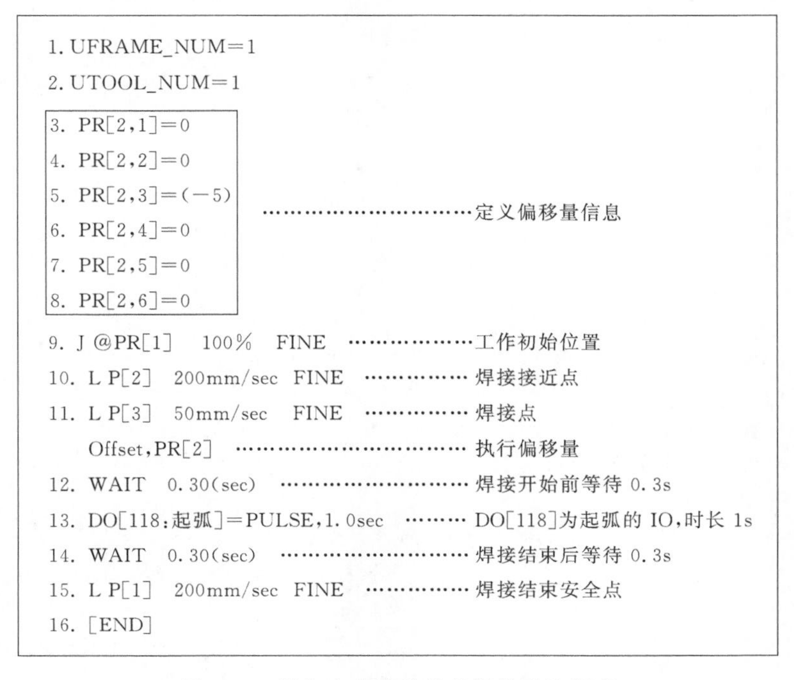

1. UFRAME_NUM=1
2. UTOOL_NUM=1
3. PR[2,1]=0
4. PR[2,2]=0
5. PR[2,3]=(-5)
6. PR[2,4]=0
7. PR[2,5]=0
8. PR[2,6]=0 ……………………定义偏移量信息
9. J @PR[1]　100%　FINE ……………工作初始位置
10. L P[2]　200mm/sec　FINE ……………焊接接近点
11. L P[3]　50mm/sec　FINE ……………焊接点
　　Offset,PR[2] ……………………执行偏移量
12. WAIT　0.30(sec) ……………………焊接开始前等待 0.3s
13. DO[118:起弧]=PULSE,1.0sec ……… DO[118]为起弧的 IO，时长 1s
14. WAIT　0.30(sec) ……………………焊接结束后等待 0.3s
15. L P[1]　200mm/sec　FINE ……………焊接结束安全点
16. [END]

图 5-15　添加点位偏移量的螺柱焊接程序

(4) 示教点位

程序输入完成之后进行点位示教，本节中焊接第一颗螺柱的程序需要示教 2 个点位，如图 5-12 所示。需要注意的是，在示教点位过程中螺柱焊焊枪不能与工件或夹具发生碰撞。具体的点位示教步骤见表 5-6。

表 5-6 点位示教步骤

步骤	操作	示意图
1	移动机器人到焊接点上方，初步调整螺柱焊焊枪姿态，避免在后续运动路径上与夹具碰撞	
2	耐心调整螺柱焊焊枪位置，尽量调整到标记点（预焊接点）的位置，螺柱刚碰到工件表面即可。位置调整好之后，记录为焊接点 P[2]	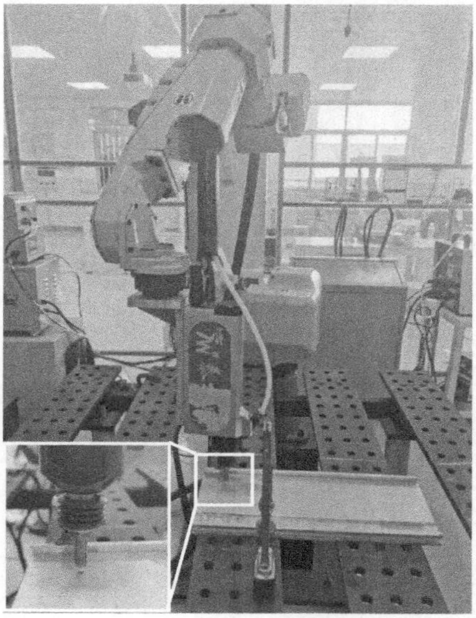

续表

步骤	操作	示意图
3	将螺柱焊焊枪抬起到夹具上方，记录当前位置为焊接接近点 P[1]	

(5) 试运行程序

在正式焊接之前，要先进行试运行程序，通过试运行观察整个运动过程是否有碰撞螺柱焊焊枪的运动轨迹，观察焊接轨迹是否正确。试运行程序时，先单步执行程序，再连续执行程序。点按示教器上 STEP 键，将程序执行模式设置为单步，以20%～30%的速度倍率，单步执行程序，观察螺柱焊焊枪运行轨迹是否正确。经单步测试程序无误后，可将程序执行模式切换为连续模式。即点按 STEP 键，将程序执行模式设置为连续，提高速度倍率至 50%～100%，连续运行程序，直至程序试运行完毕。

(6) 实施焊接

试运行无误后，便可运行程序，实施焊接。在执行机器人螺柱焊程序前，操作者需戴上护目镜，远离工件，小心飞溅。焊接完成后，注意不能用手触碰工件，以免烫伤。本章共需焊接 4 颗螺柱，其余三颗螺柱焊接与第一颗螺柱焊接过程相同，只是在规划焊接路径过程中避免螺柱焊焊枪与工件、夹具相撞即可。机器人螺柱焊的效果如图 5-16 所示。

图 5-16　机器人螺柱焊效果

5.3.3 ／ 优化螺柱焊工艺参数

螺柱焊接的质量检验，可以使用几种不同的方法。

(1) 目测

一个合格的焊接应该有一个封闭的平滑的焊缝，飞溅圈的直径不能超过螺柱边缘的 1.5mm。在螺柱和工件表面之间必须没有明显间隙。在边缘和工件之间甚至不可以有插入一张纸的空隙。

经常发生的问题是所谓的“插入阻滞”。“插入阻滞”是指正在插入熔池的螺柱受到外来的阻力，被迫在熔池的上方产生停顿的现象。如果受到的阻力较小，螺柱不会完全停下来，但是插入运动已经被延迟了，在这种情况下，焊接连接是不完整的，但从外表却看不出来，因此，目测是不能单独作为最终焊接效果评价依据的。此时，可以进行机械检测（弯曲测试和扭力测试）。螺柱焊常见目测效果如图 5-17 所示。

(2) 弯曲检测

一个焊接合格的螺柱能在弯曲 30°后焊接区无任何裂纹。弯曲实验可以用来检验焊接参数的设定是否正确，同时检验焊接材料是否匹配。常见弯曲检测方法是用锤子或套管使螺柱弯曲 30°，如果焊缝区和热影响区无断裂或裂纹，则视为合格。图 5-18 为弯曲检测示意图。

(a) 焊缝平滑，焊接能量供给设置正确

(b) 焊缝有飞溅，能量设置太高

(c) 无可视焊缝，能量设置太低

(d) 单侧焊缝，偏弧效应

(e) 螺柱与工件间有间隙，螺柱下降受阻导致

图 5-17　常见螺柱焊焊缝

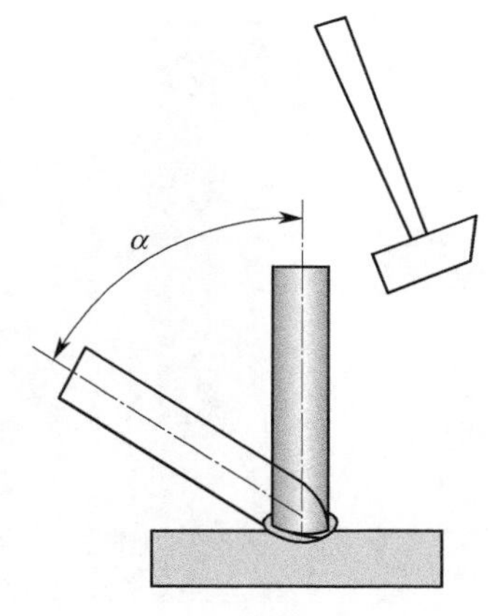

图 5-18　弯曲检测示意图

(3) 扭力测试

将螺纹螺柱放置在固定支撑中，用一个锁紧螺母来测试。这个测试可以是不破坏性的，即螺母被拧紧至一定扭矩（实际值请参考 DVS-Technical bulletin 0904）；也可以是破坏性的，即螺母拧紧至断裂点。断裂通常发生在焊接区之外。如果断裂发生在焊接区之内，螺柱材质的抗断裂值至少高于连接处的值。图 5-19 为扭力测试示意图。

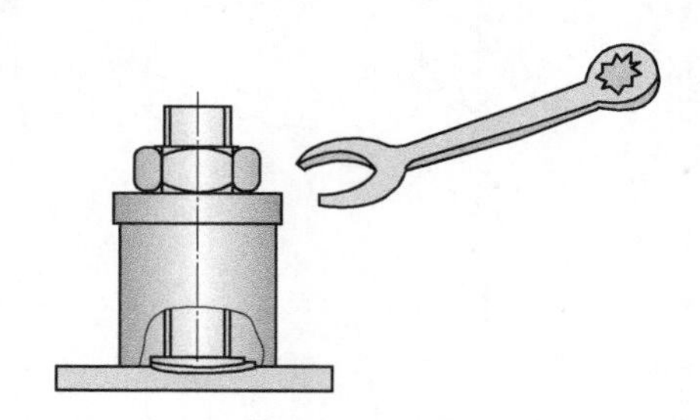

图 5-19　扭力测试示意图

本章共进行了 4 次螺柱焊焊接过程，每次焊接参数都进行了调整，具体焊接参数及焊后效果见表 5-7。

表 5-7　实际焊接参数及焊后效果对比

序号	焊接参数	焊后效果
1	焊接电压 90V，下降偏移量 50%	

续表

序号	焊接参数	焊后效果
2	焊接电压 85V,下降偏移量 50%	
3	焊接电压 80V,下降偏移量 50%	
4	焊接电压 80V,下降偏移量 30%	无法焊接

由于第 4 次焊接未成功，再次修改焊接参数，按照第一颗螺柱焊接参数进行焊接（焊接电压 90V，下降偏移量 50%），并对这四颗螺柱进行弯曲检测，如图 5-20 所示。焊点 1 和焊点 4 经弯曲检测合格，将螺柱强行扭断，可见焊接良好，螺柱完全与工件熔合。焊点 2 和焊点 3 经弯曲检测不合格，未完全熔合。

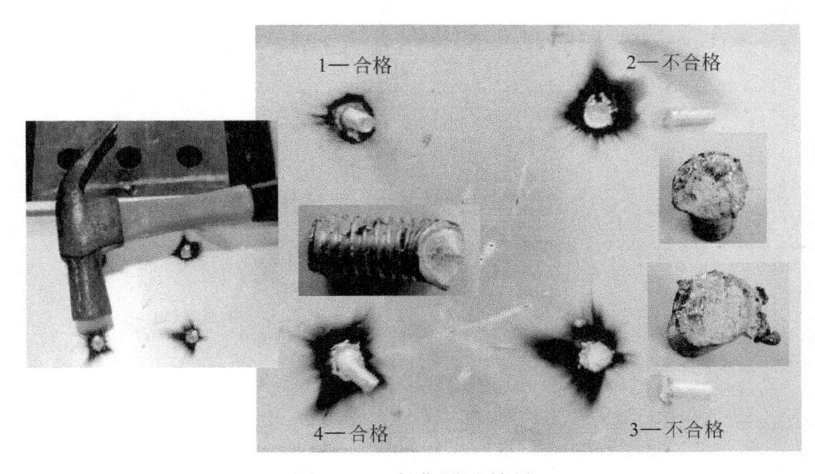

图 5-20　弯曲测试结果

在螺柱焊过程中，工件含碳量、焊接位置、工件表面除锈以及镀层等都会很大程度影响焊接质量，而焊接规范设置不合理也容易引起焊接缺陷。常见的螺柱焊缺陷及调整方案见表 5-8。

表 5-8　螺柱焊常见外观缺陷及调整方案

未熔合	示例图	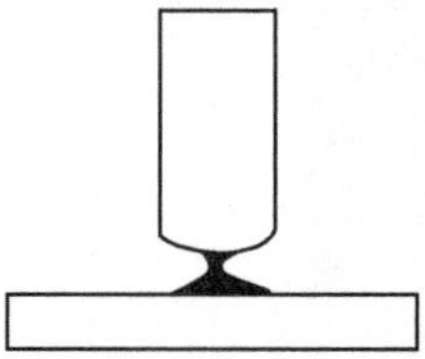
	外观特征	焊缝直径减小
	产生原因	①螺柱下压偏移量不够 ②焊接工艺参数太小
	调整方法	①增加螺柱下压偏移量 ②增大焊接电压、电流或时间
飞边不均匀	示例图	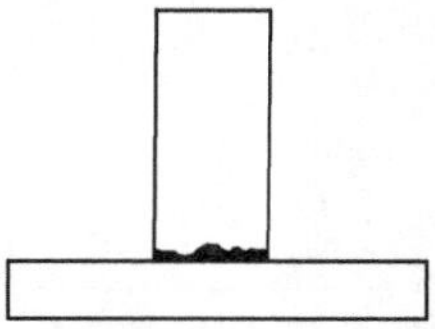
	外观特征	焊缝直径减小，不规则和浅灰色焊缝加强高
	产生原因	焊接工艺参数太小
	调整方法	增加焊接电压、电流或时间
飞溅	示例图	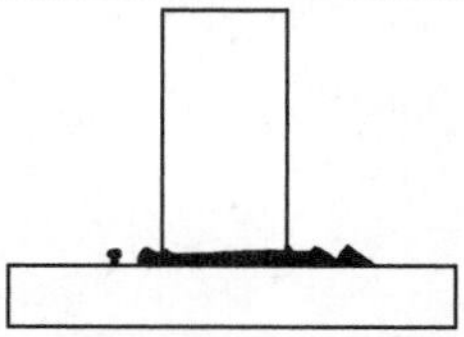
	外观特征	焊缝加强高减小，无光泽，有大量的侧向喷射
	产生原因	①焊接工艺参数太高 ②螺柱下压速度太快
	调整方法	①减小焊接电压、电流或时间 ②减小螺柱下压速度(即调节焊枪阻尼器)
偏焊/咬边	示例图	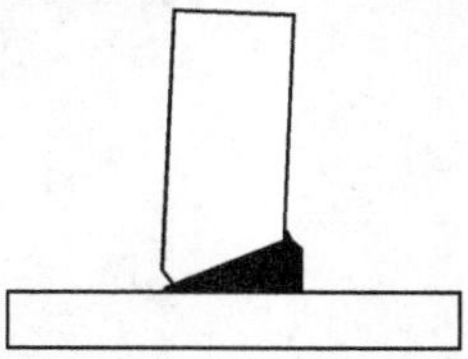
	外观特征	焊缝加强高离开中心，焊缝咬肉
	产生原因	①焊枪与工件表面不垂直 ②电弧偏吹效应
	调整方法	①调整焊枪轴线与工件表面的垂直度 ②降低弧吹效应

任务测评：

（1）在机器人螺柱焊程序编写过程中，欲更改点位信息，可以采用两种方式，分别是________________和________________。

（2）常用的螺柱焊接质量检验手段有三种，分别是__________、__________和________________。

（3）实操任务：通过手动修改方式，更改点位信息。

（4）实操任务：合理设计焊接工艺参数，在钢板上完成螺柱焊焊接任务。

机器人自动锁螺丝应用

机器人自动锁螺丝已成为工业机器人最典型的应用之一，本章介绍了机器人自动锁螺丝的工作原理、机器人自动锁螺丝工作站的组成；再以典型工件的机器人自动锁螺丝为例，详细介绍了锁螺丝参数、机器人编程等知识和操作。读者经过本章的学习及反复的锁螺丝练习，可以为今后进入机器人锁螺丝行业打下一定的基础。

随着机器人运动控制及感知技术、机器人视觉技术、精准定位技术、误差补偿等先进技术的发展，机器人自动锁螺丝变得越来越精确化、智能化和高效化。机器人自动锁螺丝的应用和发展层出不穷，但“千里之行，始于足下”，让我们一起通过本章的学习，开启机器人自动锁螺丝应用的探究之路。

6.1 认识机器人自动锁螺丝系统

6.1.1 自动锁螺丝的工作原理

自动锁螺丝机又称自动送锁螺丝机或螺丝锁付机器人，是用以取代传统手工锁紧螺丝的机器，如图 6-1 所示。手工的螺丝锁紧又包括纯手工锁紧和电动螺丝刀或者气动螺丝刀锁紧两种，后者通过电动或者气动的方式产生旋转动力，以代替频繁手工的锁紧动作［图 6-1(a)］，在某种程度上减轻了锁螺丝的工作强度，但由于手工放置螺丝和对准螺丝头部仍需要占用大量的工作时间和精力，因此整体效率提升比较有限［图 6-1(b)］。

而自动锁螺丝机由自动送料系统和自动锁付系统两大部分组成，螺丝自动排列并输送至送料系统，并经送料系统输送到电动工具，机械手臂夹持电批对准螺丝孔往下压就可锁紧螺丝［图 6-1(c)］。目前机器人自动锁螺丝机应用在多种自动组装类行业，如手机、相机、打印机、家具、玩具、电脑等电子组装类以及电机、马达零部件等机械组装类。

与手工锁螺丝相比，机器人自动锁螺丝利于螺丝紧固的质量和一致性；流水线作业，生产线产出效率高；机器人可以全天候连续作业，避免人工作业可能发生的安全事故，越来越得到与相关存在锁螺丝需求企业的青睐。两种锁螺丝作业模式的特点对照如表 6-1 所示。

锁螺丝机器人，实质上是仿照人工锁螺丝作业，由工业机器人机械手取代人的手臂，机械手末端夹持电动工具来完成自动锁螺丝作业。在实际生产中，为适应不

(a) 手工锁螺丝

(b) 多人施工

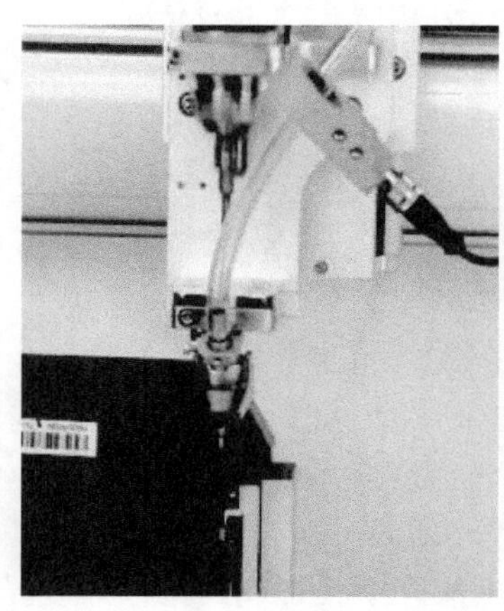

(c) 机器人锁螺丝

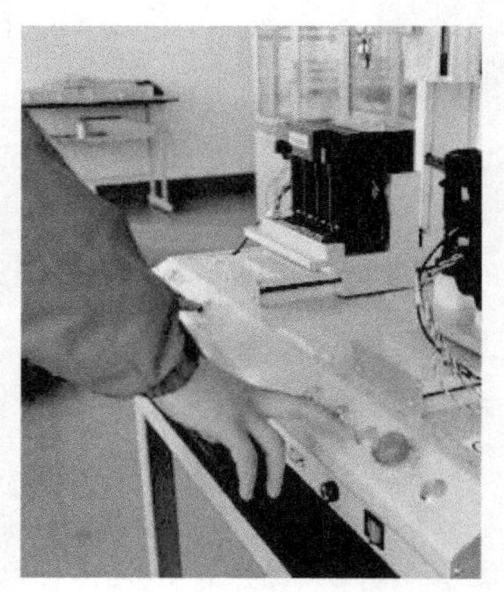

(d) 单人操作

图 6-1 锁螺丝作业模式

表 6-1 机器人自动锁螺丝与人工锁螺丝的特点

机器人锁螺丝	人工锁螺丝
①动作稳定,定位精准,扭力均匀,速度连续,保证产品的一致性 ②可单人操作多轴设备,减少人工成本 ③操作工不直接接触危险的加工区域,避免工伤事故的发生 ④可连续长时间工作,可多台机器人密集协同工作,生产效率高 ⑤产品改型换代前,大量工作可在虚拟仿真软件中完成,缩短工作周期 ⑥前期设备投入较大,适合大批量、规模化的生产 ⑦对技术人员有一定要求,要能够处理一般故障	①能根据实际情况,灵活地进行锁螺丝,以达到要求 ②能根据生产需要,灵活安排用工,短期投入较少 ③对工人的技术熟练度要求较高,难以保证产品的一致性 ④劳动模式单一,工人难以长时间工作,生产效率较低

同行业锁螺丝作业需求，锁螺丝机器人按照机械执行结构分为三种：坐标型、关节型以及转盘型的自动锁（螺）丝机，如图 6-2 所示。坐标型自动锁丝机又分桌面型和落地式，按轴数又可分单轴、二轴和多轴型，其锁丝过程是待锁丝物件单个或者多个放置，人工送料或者使用机械结构自动送料，最后自动锁丝，缺点是工件摆放位置相对固定，难以对复杂工件进行锁丝作业。关节型自动锁丝机可以应对较为复杂的场景，在对空间、速度、效率有特定的要求时可考虑采用。转盘型自动锁丝机是将多工头集中于一个圆盘上转动锁丝，这种方式多适合流水线型全自动加工。在本章中，我们要学习的自动锁螺丝机为关节型自动锁螺丝机。

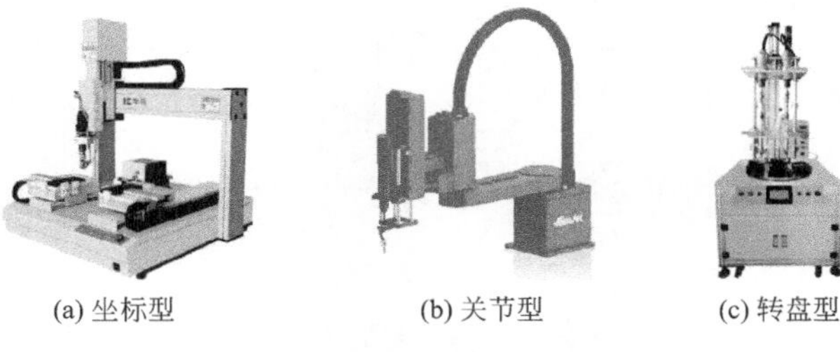

(a) 坐标型　　(b) 关节型　　(c) 转盘型

图 6-2　锁螺丝机的分类

随着国民收入与城镇化水平的不断提高，我国呈现出消费升级的现象。小家电作为功能型与享受型产品，近年来受到追捧，行业发展迅速。为迎合消费者对小家电商品时尚化、健康化、人性化和智能化的需求，小家电产品的研发方向，将从单一实用主义逐渐向个性化、可定制化发展。小家电产品种类众多，更新快，产品需求量大，传统手工装配需要大量的劳动力，难以适应市场需求，越来越多的企业青睐于使用工业机器人来代替人工作业，其中机器人自动锁螺丝便是产品装配中的重要环节，如图 6-3 所示。

图 6-3　小家电机器人自动锁螺丝

6.1.2 机器人自动锁螺丝工作站组成

一套机器人自动锁螺丝系统包括锁付系统和供料系统两个部分，如图 6-4 所示。锁付系统通常是指机器人系统，由操作机（机器人本体）、机器人控制器（含示教盒）和末端执行器，即电动工具（自动锁丝机）组成；供料系统则由自动送螺丝装置构成。机器人自动锁螺丝系统各组件的作用和要求如表 6-2 所示。此外，根据实际需要还应配备周边设备，常见的有操作台、专用夹具等。

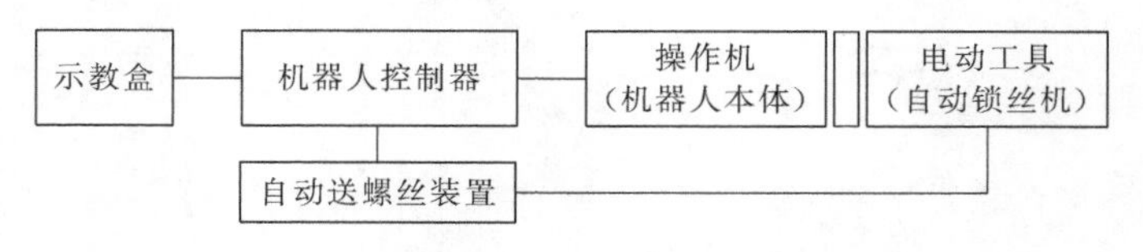

图 6-4　机器人自动锁螺丝系统架构

表 6-2　机器人自动锁螺丝系统各组件的作用和要求

组成部分	作用和要求	示例图片
操作机（机器人本体）	①一般选用 6 关节型工业机器人，即 6 自由度机器人，可以通过改变机器人姿态，使电动工具可以实现不同位置的自动锁丝作业 ②选用具有一定刚性的工业机器人，以适应自动锁丝作业产生的冲击力 ③采用工业机器人要有一定精度，以保持锁丝质量的一致性	
机器人控制器	①机器人控制系统是连接整个工作站的主控部分，它由 PLC、继电器、输入/输出端子组成一个控制柜 ②控制器接受外部指令后进行判断，然后给机器人本体信号，从而完成信号的过渡、判断和输出，它属于整个自动锁螺丝工作站的主控单元	
电动工具（自动锁丝机）	①实现螺丝的锁付作业 ②扭力控制精度准确，扭力衰减低 ③常见的品牌有奇力速、博世等	

续表

组成部分	作用和要求	示例图片
自动送螺丝装置	①自动送螺丝装置受机器人控制器控制，能连续稳定地送出螺丝 ②自动送螺丝装置通常分为吹气式和吸入式	
专用夹具	①夹具用于锁螺丝工件的固定，是保证锁螺丝精度的重要一环，合理的夹具能大大提高生产效率 ②夹具的控制方式可分为人工松紧和自动松紧	

机器人自动锁螺丝工作站如图 6-5 所示。工作站包含操作机（机器人本体）、机器人控制器（含示教盒）、电动工具（自动锁丝机）、自动送螺丝装置、简易工件台。工作站各部分作用和主要参数如表 6-3 所示。

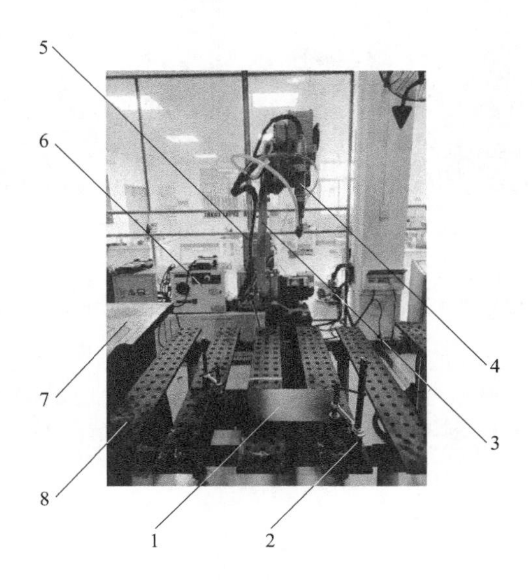

图 6-5　机器人自动锁螺丝工作站

1—工件；2—专用夹具；3—机器人本体；4—电动工具（自动锁丝机）；
5—自动送螺丝装置；6—控制柜；7—轨迹示教学习台；8—简易工件台

自动送螺丝装置与电动工具之间的连接如图 6-6 所示，它们相互连接起来，组成了机器人自动锁螺丝工作站的供料系统。

表 6-3 机器人自动锁螺丝工作站组成

项目	参数及作用
机器人	发那科(FANUC)机器人,型号 R-0iB,最大负重 3kg,可达半径 1437mm,末端装有电动工具,可实现自动锁螺丝
控制柜	控制柜型号为 R-30iB Mate,系统已安装弧焊软件。输入电压为三相 220V(日本的电压,新的 Mate 柜输入电压为单相 220V)
变压器	输入电压三相 380V,输出电压三相 220V。为机器人提供合适的电源
电动工具(自动锁丝机)	奇力速电动工具,型号 P1L-BSD-6600PF,输入电压为 DC 32V,功率为 48W,最大转速为 2000r/min,扭力为 0.19～0.78N·m,适用螺丝直径:机械牙为 1.6～3.0mm;自攻牙为 1.6～2.6mm
自动送螺丝装置	为艾斯螺丝机供料器,输入电压 AC 220V,最大工作气压为 1MPa,送螺丝速度为 50～70 个/min,适合螺丝直径为 2.0～8.0mm,最大螺丝长度为 10mm
工件台	在工件台上使用快速夹具固定工件,以进行焊接

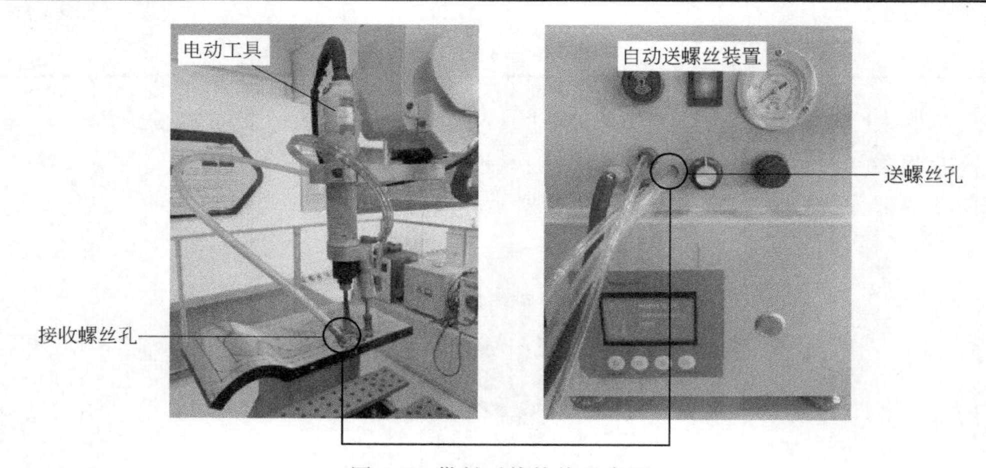

图 6-6 供料系统接线示意图

在机器人自动锁螺丝作业过程中，为实现由机器人控制器自动控制送螺丝装置，需要将机器人控制器与自动送螺丝装置控制器之间的相关信号进行匹配连接，当 DO [118] 接收到上升沿信号时，自动送螺丝装置即会向电动工具输送螺丝，输送螺丝的数目可在自动送螺丝装置上设置，接线原理图见图 6-7。

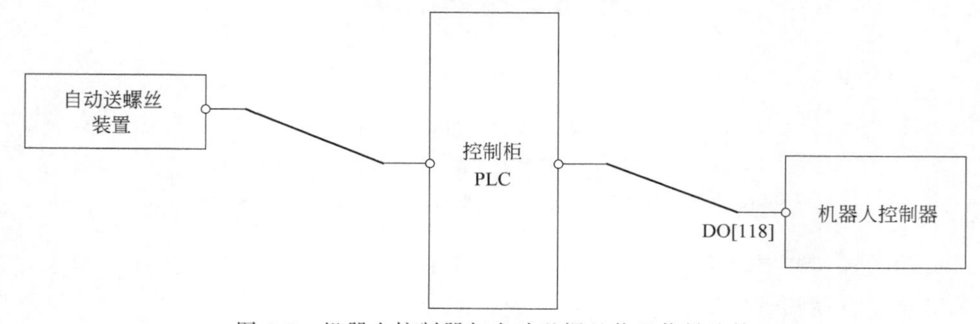

图 6-7 机器人控制器与自动送螺丝装置信号连接

任务测评：

(1) 自动锁螺丝机由________________和________________两大部分组成，螺丝自动排列并输送至________________，并经送料系统输送到________________，机械手臂夹持________________对准螺丝孔往下压就可锁紧螺丝。

(2) 根据自动送螺丝装置的分类可以分为________________、________________和________________。

(3) 画出机器人控制器与自动送螺丝装置控制器之间的信号连接原理图。

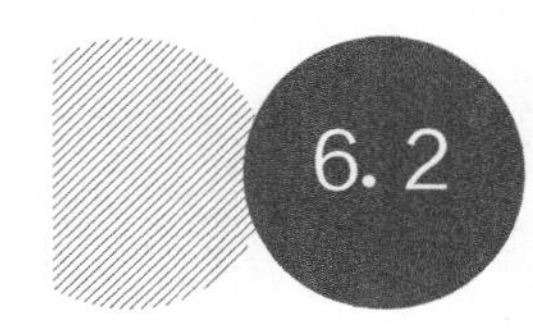

6.2　自动锁螺丝前准备工作

6.2.1　认识机器人自动锁螺丝的安全注意事项

开启机器人自动锁螺丝系统之前，需正确认识机器人自动锁螺丝工作站的安全防护装置，此工作的安全防护装置与机器人上下料工作站一致。此外，还应注意以下两点要求：

① 自动锁螺丝工作站的操作人员，应负责对机器的日常检查和保养，根据自动锁螺丝工作站的安全性能和技术参数，对工作站定期进行检验，确保自动锁螺丝工作站在运行过程中的安全。使用人员必须经过相应的安全技术培训，经考核合格后方可使用操作。

② 电批在锁丝过程中，操作人员请勿靠近电批，防止螺丝飞溅造成人身伤害。

6.2.2　自动送螺丝的控制测试

预想利用机器人自动锁螺丝工作站完成实际作业任务，不仅确认自动送螺丝装置是否可以正常使用，还要确认系统信号分配及线路连接的好坏。

自动送螺丝装置控制测试操作流程如下：

① 点按示教器上的数字输入/输出［I/O，图 6-8(a)］键，切换显示屏画面至“I/O 数字输出”。

② 点按示教器 ITEM 键，快速定位至信号分配段［如 DO［118］，图 6-8(b)］。

③ 待光标移至测试信号位，点按用户功能键 F4（ON）和 F5（OFF），控制自动送螺丝装置，测试螺丝输送情况。待锁螺丝经自动送螺丝装置移到电动工具夹持头处，如图 6-9 所示。

(a) I/O键和ITEM键

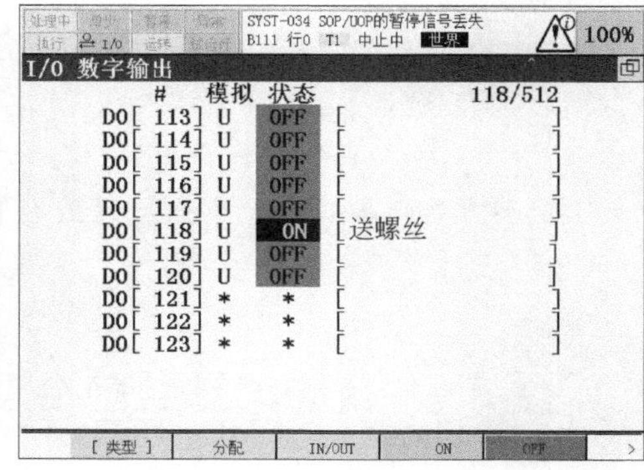

(b) 自动输送螺丝信号

图 6-8 示教盒按键及显示器画面

(a) 电动工具

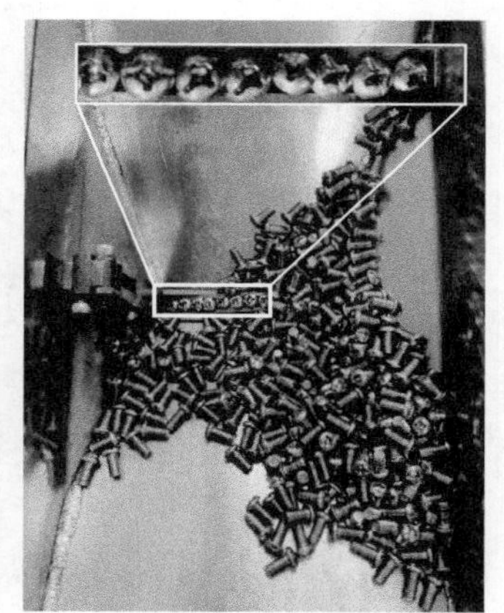

(b) 自动送螺丝装置

图 6-9 螺丝输送情况

6.2.3 设置自动送螺丝参数

本工作站使用为艾斯自动送螺丝装置，Weasi 螺丝供料机的操作面板如图 6-10 所示，通过按键选择功能，对应的参数在数显屏幕上进行调整。操作面板的各个参数作用如表 6-4 所示。

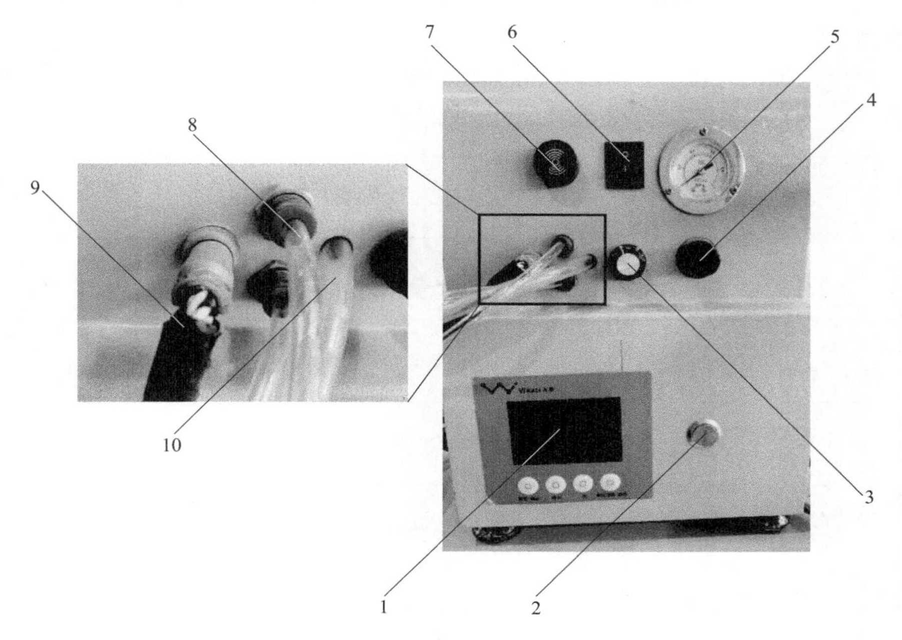

图 6-10　Weasi 螺丝供料机的操作面板

1—显示面板；2—送螺丝开关；3—振动频率；4—气压调节阀；5—气压表；
6—电源开关；7—报警器；8—进气管；9—电控接线；10—送螺丝管

表 6-4　Weasi 螺丝供料机的各个参数作用

序号	功能	作用
1	累计	累计输送螺丝数目
2	当前	目前输送螺丝数目
3	效率	每两次输送螺丝的间隔
4	数量设定	单次输送螺丝的数目
5	卡料重复次数	用于设定卡料独特信号方式
6	无料重复次数	用于设定绝不重复来料独特信号方式
7	感应超时时间	用于设定感应超时的时间
8	分料到位延时	用于设定分料到位的滞后时间
9	延时启动分料	用于设定启动分料的信号方式

续表

序号	功能	作用
10	吹气动作时间	用于设定向送螺丝管内吹气的时间
11	重复分料时间	用于设定重复分料的时间
12	直振延时停止	用于设定直振延时的停止
13	警报输出时间	用于设定警报输出时间
14	两次ON间隔	用于设定两次送料间的间隔
15	上料气缸上顶	上料气缸顶起
16	上料气缸间隔	每两次上料气缸运动间隔时间

通常每次任务需要调整参数主要为“数量设定”和“吹气动作时间”，如图 6-11 所示。数量设定的数目不应过大，否则容易使管路内堆积过多的螺丝，造成送螺丝管路的堵塞和电批卡死，导致机器人无法执行锁螺丝作业；吹气动作时间不应过短，吹气动作时间不足会导致输送螺丝管内气压不足，螺丝输送不到位，导致机器人出现漏锁缺陷。通常情况下，机器人夹持电动工具锁付一个螺丝孔位，自动送螺丝装置输送一颗螺丝，同时管内保证足够的吹气动作时间，这样可以确保管路的畅通和电批正常使用。

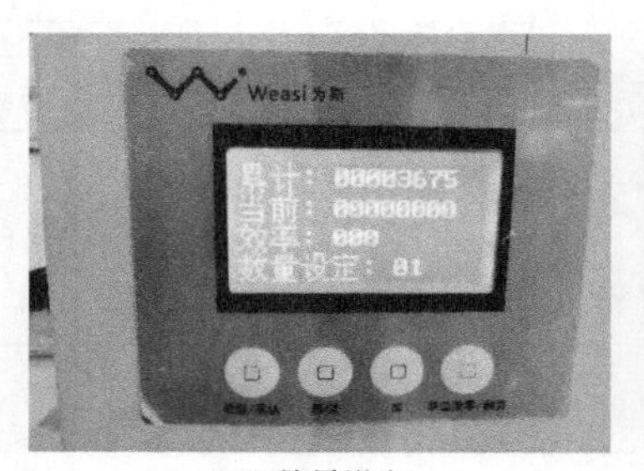

(a) 数量设定

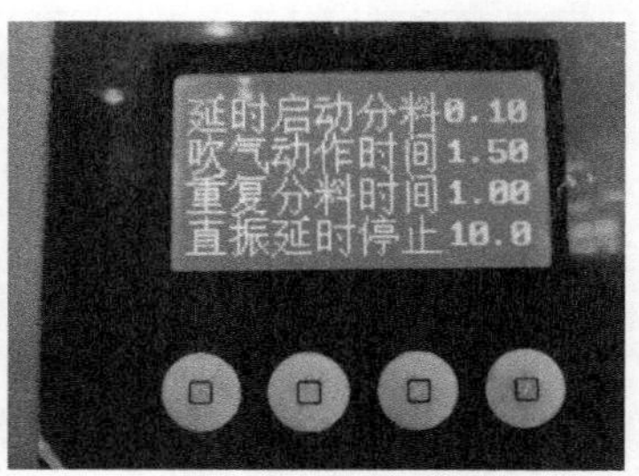

(b) 吹气动作时间

图 6-11　主要参数设定

机器人夹持电动工具进行锁螺丝作业时，电批受到压力作用后将会自动启动钻机进行螺丝旋紧操作，如图 6-12 所示。随着下压深度增加，螺丝最终完成锁付。

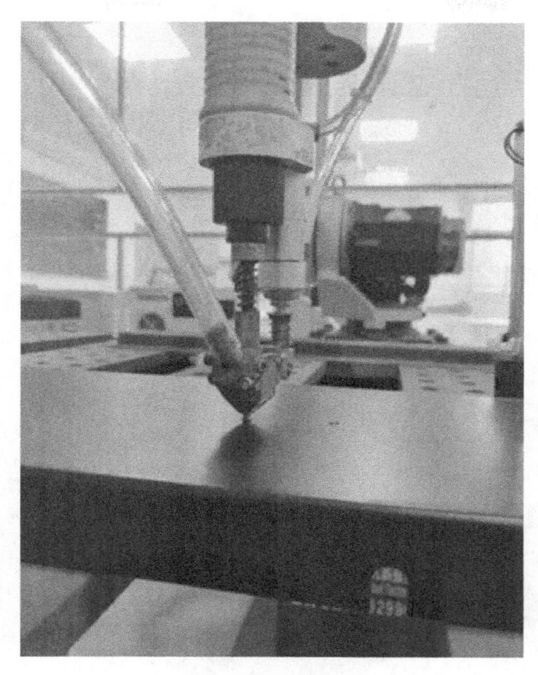

图 6-12　电批锁螺丝

任务测评：

(1) 本章所用的为艾斯自动送螺丝装置包含________________结构。

(2) 自动送螺丝装置控制测试操作流程：先点按示教器上的________________键，切换显示屏画面至“I/O 数字输出”；然后点按示教器________________键，快速定位至信号分配段；最后待光标移至测试信号位，点按用户功能键________________（ON）和________________（OFF），控制自动送螺丝装置，测试螺丝输送情况。

(3) 实操任务：测试自动送螺丝装置控制信号是否正常。

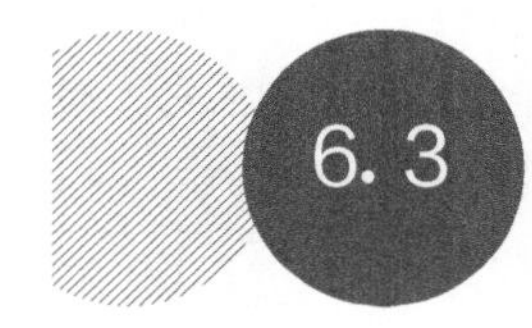

6.3　机器人自动锁螺丝

本节中，我们将通过对方形铝板上的螺丝孔位的锁螺丝完成一次机器人自动锁螺丝，就是对钢板上相邻的两个螺丝孔位进行自动锁螺丝，以加深对机器人自动锁螺丝工作站的应用认知。

6.3.1 使用快速夹具固定工件

自动锁螺丝前需要将工件表面螺丝孔位的铁锈、异物、油污等清理干净，否则会影响机器人自动锁螺丝的效果，严重时甚至会损坏末端执行器（电动工具）。此外，工件的稳定性同样会影响锁螺丝的质量，因此需使用快速夹具将工件固定在工件台上，具体如图 6-13 所示。

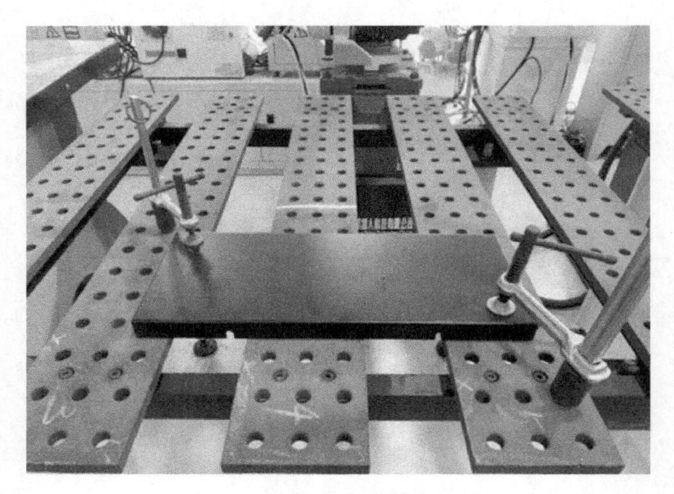

图 6-13　快速夹具固定工件

6.3.2 编写任务程序并试运行

（1）规划机器人自动锁螺丝运动路径

本次自动锁螺丝任务，螺丝孔位分布为一条直线，在规划运动路径时，我们要合理设置 HOME 点、临近作业点和锁螺丝点，通过分析铝板自动锁螺丝需求，规划机器人运动路径如图 6-14 所示。整个机器人运动路径如下：HOME 点→临近作业点 1→锁螺丝点 1→临近作业点 1→临近作业点 2→锁螺丝点 2→临近作业点 2→HOME 点。

（2）编写机器人自动锁螺丝程序

依照图 6-14 的运动路线，逐一示教并记录 HOME 点、位置信息，同时记录必要的辅助点，如临近作业点。待运动轨迹编辑完成后，在临近作业点等所在语句行前（后）插入 I/O 指令，实现自动送螺丝装置的送螺丝指令控制。完整的铝板机器人自动锁螺丝程序如图 6-15 所示。

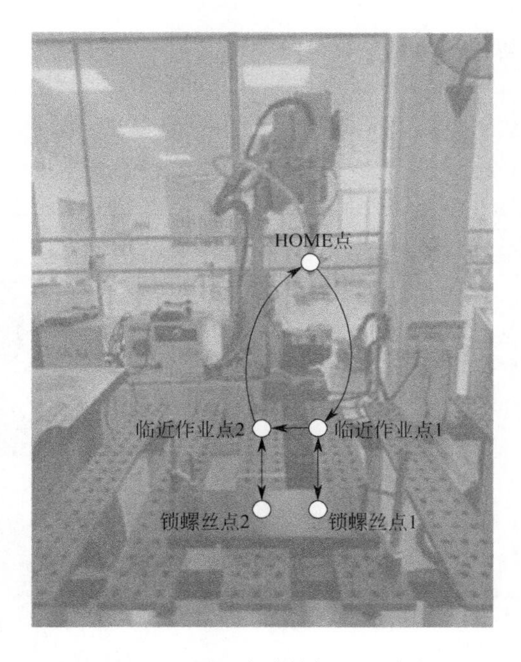

图 6-14　机器人自动锁螺丝运动路径

```
1：J  @PR[1]  100%  FINE………………………… HOME 点
2：DO[118]=PILSE,0.5sec……………………………… 送螺丝
3：J  P[1]  100%  FINE……………………………… 临近作业点 1
4：L  P[2]  5mm/sec  FINE………………………… 锁螺丝点 1
5：J  P[1]  100%  FINE……………………………… 退回临近作业点 1
6：DO[118]=PULSE，0.5sec…………………………… 送螺丝
7：J  P[3]  100%  FINE……………………………… 临近作业点 2
8：L  P[4]  5mm/sec  FINE………………………… 锁螺丝点 2
9：J  P[3]  100%  FINE……………………………… 退回临近作业点 2
10：J  @PR[1]  100%  FINE………………………… HOME 点
[END]
```

图 6-15　机器人自动锁螺丝程序

需要指出的是，在示教锁螺丝位置的机器人姿态时，应注意控制机器人下降速度，一般电批锁螺丝时的下降速度为 3～5mm/s。下降速度过慢，电动工具的电批没受到足够的压力，无法完成自动锁螺丝；下降速度过快，电批在螺丝锁紧过程中容易出现卡顿以及锁紧螺丝后对工件造成冲击，触发机器人报警，严重时甚至损坏电动工具。

（3）示教点位

程序输入完成之后进行点位示教，本次任务的程序需要示教 4 个点位。需要注意的是，临近作业点和锁螺丝点的姿态要保持一致，末端执行器的姿态也是影响自动锁螺丝质量的因素之一。如果末端执行器上的电批与螺丝孔位中轴线不重合，则会导致锁丝失败或无法锁丝。具体点位示教步骤如表 6-5 所示。

表 6-5　点位示教步骤

步骤	操作	示意图
1	移动机器人到螺丝孔位上方，即临近作业点 1，调整电动工具姿态，避免电动工具在运动路径上与夹具发生碰撞	
2	调整电动工具的位置，将电批对螺丝孔位 1，控制电动工具下降速度，进行锁螺丝作业	
3	完成锁螺丝后，控制电动工具退回至临近作业点 1	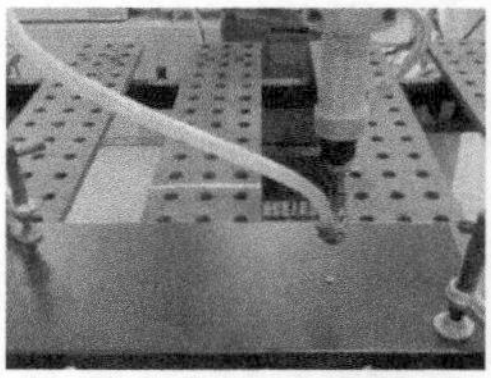
4	控制机器人运动轨迹，将电动工具移至下一个螺丝孔位，即临近作业点 2	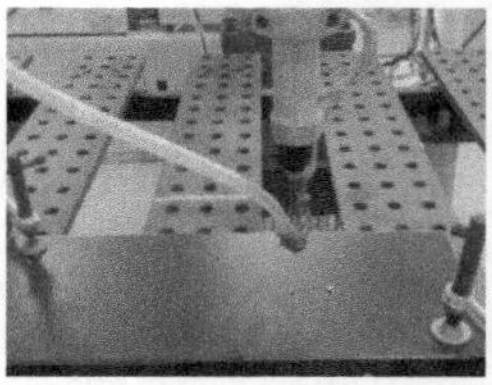
5	调整电动工具的位置，将电批对螺丝孔位 2，控制电动工具下降速度，进行锁螺丝作业	

续表

步骤	操作	示意图
6	完成锁螺丝后，控制电动工具退回至临近作业点 2，最后控制机器人退回至 HOME 点	

（4）试运行程序

在正式自动锁螺丝之前，要先进行试运行程序，通过试运行观察整个运动过程是否有碰撞电动工具的运动轨迹，观察自动锁螺丝轨迹是否正确。试运行程序时，先单步执行程序，再连续执行程序。点按示教盒上 STEP 键，将程序执行模式设置为单步，以 20％～30％的速度倍率，单步执行程序，观察电动工具运动轨迹是否正确。

经单步测试程序无误后，可将程序执行模式切换为连续模式。即点按 STEP 键，将程序执行模式设置为连续，提高速度倍率至 50％～100％，连续运行程序，直至程序试运行完毕。

（5）进行自动锁螺丝

试运行无误后，便可运行程序，实际进行自动锁螺丝。需要注意的是，程序运行方式必须是连续运行且速度倍率是 100％，才能执行自动锁螺丝开始指令，否则会报错。因为单步执行程序，有可能机器人停在某一步，一直在锁螺丝，会造成电动工具过热，损坏电动工具；如果速度倍率不是 100％，那么锁螺丝速度就会降低，也是不符合要求。机器人完成自动锁螺丝后的效果如图 6-16 所示。

(a) 锁螺丝前

(b) 锁螺丝后

图 6-16　自动锁螺丝后的效果

6.3.3 优化自动锁螺丝参数

锁螺丝内在质量的分析，需要有具体的产品标准和专业的测试仪器，本节中不具备这样的条件，只介绍常见的外观缺陷及其调整方法，如表 6-6 所示。

表 6-6 常见外观缺陷及其调整方法

滑牙	示例图	
	外观特征	螺丝打不下、螺母打滑
	产生原因	①弹簧力度不够 ②电批扭力不够 ③Z 轴下压深度不够 ④螺丝吸歪
	调整方法	①加大弹簧力度，大螺丝换成模具弹簧 ②电批扭力调大 ③调整 Z 轴深度 ④检查取螺丝位置是否准确及吸嘴是否与螺丝配合
漏锁	示例图	
	外观特征	螺丝孔位缺少螺丝
	产生原因	①自动送螺丝装置的气压不足 ②自动送螺丝管路内螺丝堵塞 ③电动工具夹持头处螺丝卡死
	调整方法	①检查吹气时间、气压 ②电批扭力调大 ③调整 Z 轴深度 ④检查取螺丝位置是否准确及吸嘴是否与螺丝配合

续表

浮锁	示例图	
	外观特征	螺丝孔位上的螺丝没有完全到底
	产生原因	①电批的扭力不够,不满足产品锁付螺丝工艺要求 ②螺丝锁付孔位定位不准确 ③长度过长的螺丝,不能完全打进去 ④螺丝的匹配性选择不合适,过大的螺丝会打不进去 ⑤螺丝的孔内有杂物或者斜孔等
	调整方法	①调整电批的扭力 ②检查程序中步骤设定的锁定高度是否达到螺丝实际锁定位置,锁付速度参数是否正确,锁付孔位是否定位精准 ③重新对螺丝与锁付孔位进行合适匹配 ④清除孔内杂物或者重新打孔

任务测评：

(1) 本章所用的为艾斯自动送螺丝装置包含________________结构。

(2) 写出自动锁螺丝存在的缺陷、产生原因及相应的调整方法。

(3) 实操任务：尝试完成两个螺丝孔位的自动锁付作业。

第7章

机器人打磨应用

机器人打磨已成为工业机器人典型的应用领域之一，本章介绍打磨原理、机器人打磨工作站的组成；再以典型工件（电视机底座支架）的机器人自动打磨为例，详细介绍打磨参数、机器人编程等知识和操作。读者经过本章的学习及反复的打磨练习，可以为今后进入机器人打磨行业打下一定的基础。

随着机器人运动控制及感知技术、机器人空间 3D 视觉、多样化的力控制形式、误差补偿、输送带跟踪等先进技术的发展，机器人打磨变得越来越智能化、柔性化和高效化。机器人打磨的应用和发展层出不穷，但“千里之行，始于足下”，让我们一起通过本章的学习，开启机器人打磨应用的探究之路。

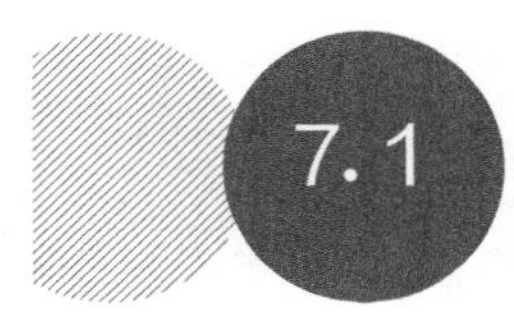

7.1　认识机器人打磨系统

7.1.1　打磨工作原理

打磨，是表面改性技术的一种，一般指借助粗糙物体（含有较高硬度颗粒的砂纸等）来通过摩擦改变材料表面物理性能的一种加工方法，主要目的是为了获取特定的表面粗糙度。作为制造业不可或缺的基础工序，打磨作业可分为人工打磨和机器人打磨两种模式，如图 7-1 所示。

(a) 人工打磨

(b) 机器人打磨

图 7-1　打磨作业模式

生活中，我们经过卫浴店、五金加工厂和工地施工现场，有时会看到工人在进行打磨作业[图 7-1(a)]，工人面戴口罩、手持磨具，现场产生大量的火花、粉尘和噪声。人工打磨要求工人有熟练的操作技能、丰富的实践经验和稳定的打磨水平，同时又要能忍受恶劣的作业条件，如长时间连续作业、长时间弯曲身体、粉尘污染严重、噪声污染大。

与人工打磨相比，机器人打磨[图 7-1(b)]利于保证产品的质量和一致性；流水线作业，生产线产出效率高；机器人可以 24 小时连续作业，避免人工作业可能发生的安全事故，越来越得到磨削行业内企业的青睐。两种打磨作业模式的特点对照示于表 7-1。

表 7-1　机器人打磨与人工打磨的特点

机器人打磨	人工打磨
①动作稳定，打磨均匀，保证产品的一致性 ②密闭式的机器人工作站，将高噪声和粉尘与外部隔离，减少环境污染 ③操作工不直接接触危险的加工设备，避免工伤事故的发生 ④可连续长时间工作，可多台机器人密集协同工作，生产效率高 ⑤产品改型换代前，大量工作可在虚拟仿真软件中完成，缩短工作周期 ⑥前期设备投入较大，适合大批量、规模化的生产 ⑦对技术人员有一定要求，要能够处理一般故障	①能根据实际情况，灵活地进行打磨，以达到要求 ②能根据生产需要，灵活安排用工，短期投入较少 ③对打磨工的技术要求较高，难以保证产品的一致性 ④打磨现场环境比较恶劣，工人难以长时间工作，生产效率较低 ⑤打磨工招工难

打磨机器人，实质上是仿照人工打磨作业，由工业机器人“把持”工件或工具完成打磨作业。在实际生产中，为适应不同行业打磨作业需求，打磨机器人可以分为工具型打磨机器人和工件型打磨机器人两种类型，如图 7-2 所示。工具型打磨机器人[图 7-2(a)]的末端执行器一般为打磨机具，适用于单个大型且重量相对较重的工件（如较大的铸件、叶片、模具等）的磨削作业场合；工件型打磨机器人[图 7-2(b)]的末端执行器一般为气动夹持器，由工业机器人“把持”工件配合相应的磨具辅机进行作业，适用于中小零部件且相对来说轻的工件（如五金配件、卫浴龙头花洒、电子产品外壳等）的磨削作业场合。在本章中，我们要学习的机器人打磨就属于工件型打磨机器人。

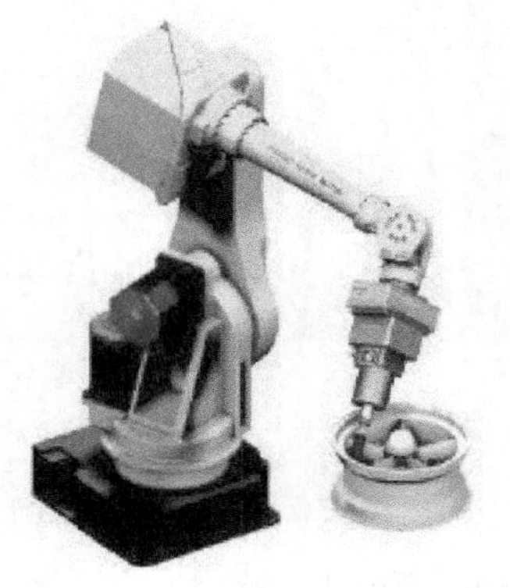
(a) 工具型打磨机器人

(b) 工件型打磨机器人

图 7-2　机器人打磨方式

随着自动化生产和绿色制造的发展，特别是工业机器人应用的普及，大规模、批量化的工件打磨作业，越来越多的企业青睐于使用工业机器人来代替人工打磨。目前国内外的汽车轮毂制造商，基本实现打磨全自动化，如图 7-3 所示为打磨机器人在汽车生产中的应用场景之一。

图 7-3　汽车轮毂机器人打磨

7.1.2 机器人打磨工作站的组成

依据功能构成划分，一套机器人打磨系统大致可以分为机器人系统和打磨系统两套子系统，如图 7-4 所示。通常机器人系统由机器人控制器（含示教盒）、操作机（机器人本体）和末端执行器（气动夹持器）构成；打磨系统则因工艺需求差异，由若干不同目数的砂带（轮）机及相关辅助设备（如除尘设备）构成。打磨系统各组件的作用和要求如表 7-2 所示。

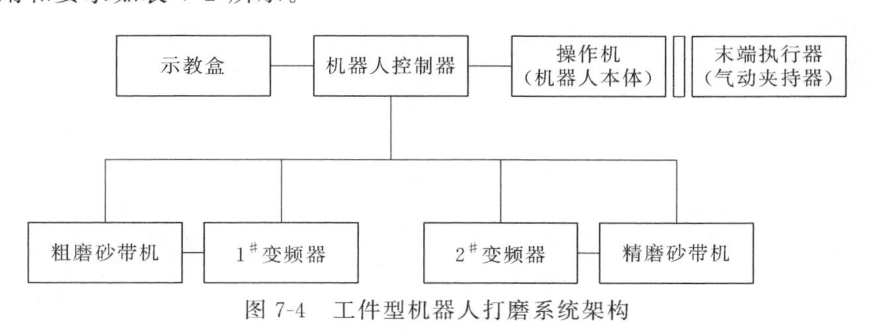

图 7-4　工件型机器人打磨系统架构

表 7-2　打磨系统组成部分及其作用和要求

组成部分	作用和要求	示例图片
操作机 （机器人本体）	①一般要选用 6 关节型工业机器人，即六自由度机器人，可以通过改变机器人姿态，使打磨工具可以从各个角度，完成工件不同部位的打磨作业 ②选用具有一定刚性的工业机器人，以适应打磨工具作业形成的冲击力 ③采用的工业机器人要有一定精度，以保持工件打磨质量的一致性 ④工件型打磨机器人在本体选型时，必须考虑负载和臂载，以满足工件重量需求	
机器人控制器 （包含打磨软件包）	①机器人控制系统是连接整个工作站的主控部分，它由 PLC、继电器、输入/输出端子组成一个控制柜 ②控制器接受外部指令后进行判断，然后给机器人本体信号，从而完成信号的过渡、判断和输出，它属于整个打磨工作站的主控单元 ③复杂的产品需要非常准确的材料砂磨应用程序，使编程特别困难和耗时，机器人的运行路径与速度始终保持预先所设的值，可采用离线编程软件完成任务编程	
气动夹持器	①采用压缩空气为动力源，以外夹或内撑的形式，实现待磨工件的取放 ②常见的气动夹持器品牌有瑞士 ABB、德国 Robotiq、合肥奥博特等	
工具快换装置	①由主侧和工具侧两部分组成，用于实现末端执行机构的快换和对接锁紧等动作 ②常见的工具快换装置品牌有德国 ATI、Schunk、美国 Applied Robotics 等	

续表

组成部分	作用和要求	示例图片
工件定位装置	①主要用于打磨工件的定位和固定，是保证机器人抓取精度的重要一环，合理的定位装置能大大提高生产效率 ②定位装置的控制方式可分为人工松紧和自动松紧	
砂带机	①涂覆有磨料的布或纸制的环布，属于涂覆磨具，又被称为柔性磨具 ②通过电机及传动轮带动环形砂带高速旋转，一般多采用台式或立式安装形式 ③常见的砂带机品牌有丹麦 AVK、瑞典 GCE，国内南京科维尔、上海新同惠等	
砂轮机	①由结合剂将普通磨料固结成一定形状（多数为圆形，中央有通孔），并具有一定强度的固结磨具 ②通过电机带动砂轮高速旋转 ③常见的砂带机品牌有美国 IPG、意大利 Prima，国内深圳大族激光、佛山焊高等	
粉尘净化系统	①一般通过布置于工作区域顶部的集尘罩配合中央粉尘净化系统完成除尘作业 ②有全封闭除尘房和中央除尘系统等形式	

机器人打磨工作站如图 7-5 所示。该工作站包含机器人控制器（含示教盒）、操作机（机器人本体）、末端执行器（气动夹持器）、粗磨砂带机、精磨砂带机以及简易工件台（含定位装置）。工件站各部分作用和主要参数如表 7-3 所示。

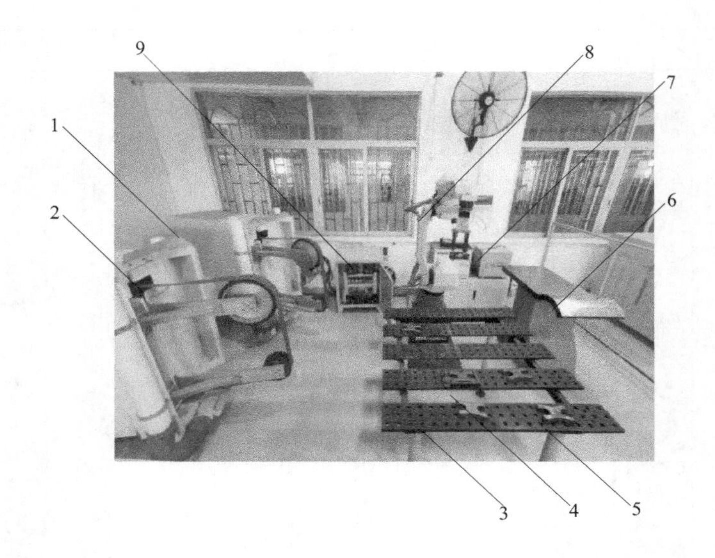

图 7-5　机器人打磨工作站

1—粗磨砂带机；2—精磨砂带机；3—简易工件台；4—简易定位装置；5—打磨工件；
6—轨迹示教学习台；7—变压器＋机器人控制器；8—机器人本体＋气动夹持器；9—控制柜

表 7-3　机器人打磨工作站组成

组成部分	参数及作用
机器人本体	发那科(FANUC)机器人,型号 M-10iA/12,最大负重 12kg,可达半径 1441mm,末端装有气动夹持器,可实现打磨工件的取放任务
机器人控制器	控制柜型号为 R-30iB Mate,系统已安装打磨软件,输入电压为 220V
变压器	输入电压三相 380V,输出电压 220V,为机器人控制器提供合适的电源
控制柜	安装有粗磨砂带机和精磨砂带机运行所需的变频器(两台)
粗磨砂带机	完成打磨工件的粗打磨,启动及速度调整(低、中和高)信号受控于机器人控制器
精磨砂带机	完成打磨工件的精细打磨,启动及速度调整(低、中和高)信号受控于机器人控制器
简易工件台	在工件台上安装简易夹具固定工件,以便机器人准确定位抓取
轨迹示教学习台	学习台上预先绘制直线、圆弧和曲面轨迹,通过示教路径关键点,学习典型轨迹示教编程知识和技巧

为实现机器人打磨作业过程中，粗磨和精磨砂带机的启动、低/中/高速的切换经由机器人控制器实现，需要将机器人控制器与变频器之间的相关信号匹配连接，接线原理图见图 7-6。

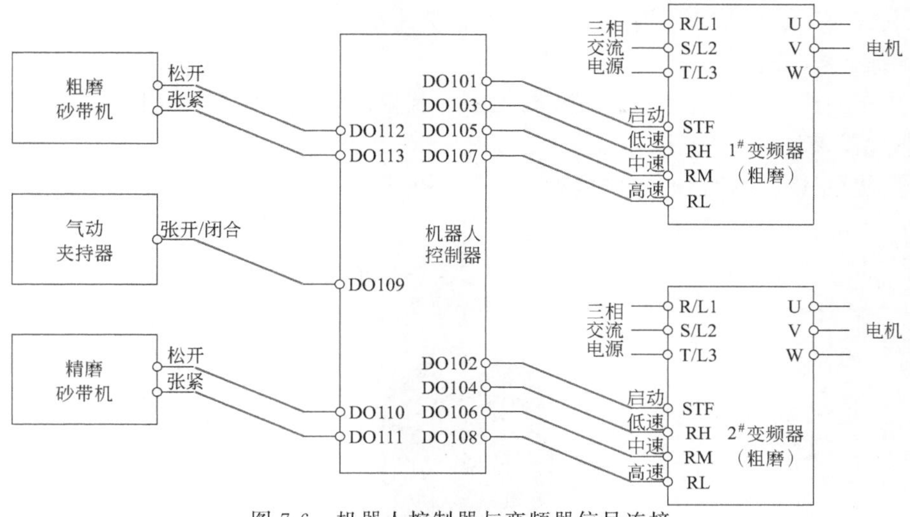

图 7-6　机器人控制器与变频器信号连接

任务测评：

（1）打磨是表面改性技术的一种，主要目的是为了获取特定的______。

（2）按机器人末端安装的执行器类别，打磨机器人可分为________打磨机器人和______打磨机器人。

（3）依据功能构成划分，一套标准的机器人打磨系统主要由__________系统和__________系统两套子系统构成。

（4）为确保打磨工具可以从各个角度完成工件不同部位的打磨作业，打磨机器人本体一般为_________自由度。

（5）请简要画出你使用的机器人打磨工作站的连接框图。

7.2　打磨前准备工作

7.2.1　正确穿戴打磨劳保用品

无论是人工打磨，还是机器人打磨，现场环境都比较恶劣。为此，打磨作业开始之前，首要是穿戴好劳保用品，如图 7-7 所示，具体要求如下：

① 进入工位区域前，应穿戴好个人防护用品，包括安全帽、护目镜、防尘口罩、面盾、耳塞等。

② 作业前，应对打磨设备、临时电源控制箱进行安全检查，确保机械防护装置和电气保护装置完好无损。

③ 使用气动夹持器时，应检查空气管及接头处有无泄漏。

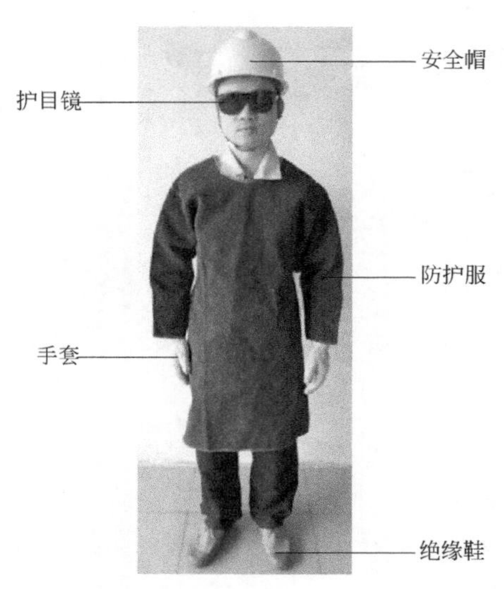

图 7-7　打磨作业个人防护用品穿戴示意

7.2.2 ／ 认识机器人打磨的安全注意事项

开启打磨机器人系统前，需正确认识机器人打磨工作站的安全防护装置，如门链开关、示教盒急停按钮、控制柜急停按钮和外部急停按钮等，如表 7-4 所示。

表 7-4　机器人打磨工作站的安全防护装置

类别	安全防护装置作用	装置示意图
门链开关	门链开关位于工位入口的围栏上，机器人自动执行任务时，门链必须插在门链开关上，如果拔下门链插销，机器人会暂停运动；机器人示教时，门链应保持打开状态，保证工作站区域内人员随时能撤离	

续表

类别	安全防护装置作用	装置示意图
安全光栅	安全光栅位于工位入口的两侧，机器人自动执行任务时，如果有人进出工位区域，触发光栅动作，机器人会暂停运动	
外部急停按钮	外部急停按钮位于工位入口处围栏的操作面板上，任何时候，按下急停按钮，机器人运动和程序都会立即停止	
示教盒急停按钮	示教盒急停按钮位于示教盒的右上角，任何时候，按下急停按钮，机器人运动和程序都会立即停止	
控制柜急停按钮	控制柜急停按钮位于机器人控制柜操作面板上，任何时候，按下急停按钮，机器人运动和程序都会立即停止	

7.2.3　利用示教盒测试打磨系统

预想利用机器人打磨工作站（图 7-5）完成实际作业任务，如电视机底座支架，还需确认系统信号分配及线路连接的好坏。分析图 7-4 和图 7-6，需要测试如下控制信号的通断：①末端执行器（气动夹持器）的张开/闭合控制信号；② 砂带机的张紧/松开控制信号；③砂带机的启动/慢速/中速/高速控制信号。

(1) 气动夹持器的张开/闭合信号

点按示教盒上的数字输入/输出[I/O，图 7-8(a)]键，切换显示屏画面至“I/O 数字输出”，并通过点按 ITEM 键快速定位至信号分配段[如 DO[109]，图 7-8(b)]，待光标移至测试信号位，点按用户功能键 F4(ON) 和 F5(OFF)，切换末端执行器

（气动夹持器）的气路通断，测试夹持器的张开和闭合动作，如图 7-9 所示。

(a) I/O键和ITEM键

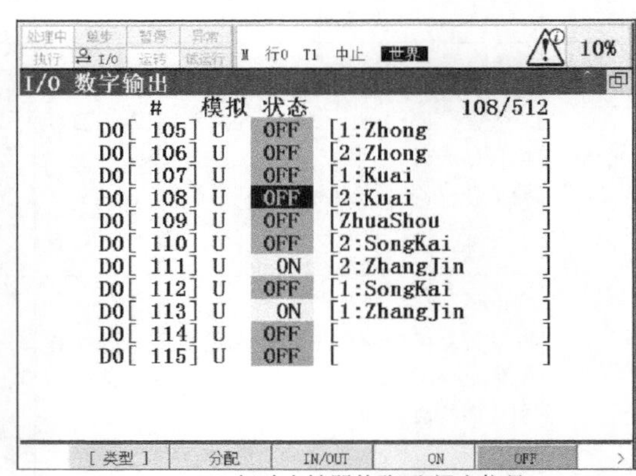

(b) 气动夹持器的张开/闭合信号

图 7-8　示教盒按键及显示器画面

(a) 夹持器张开

(b) 夹持器闭合

图 7-9　气动夹持器的张开/闭合测试

(2) 砂带机的张紧/松开控制信号

在示教盒“I/O 数字输出”画面（图 7-8），移动光标至 DO[110]～DO[113]所在行，点按用户功能键 F4(ON) 和 F5(OFF)，切换砂带机的张紧/松开气路通断，以此测试砂带机的张紧和松开动作，如图 7-10 所示。

(3) 砂带机的启动/慢速/中速/高速控制信号

同理，在示教盒“I/O 数字输出”画面，移动光标至 DO[101]～DO[108]所在行，点按用户功能键 F4(ON)和 F5(OFF)，切换砂带机的启动、低/中/高速，以此测试砂带机的启停和速度切换，如图 7-11～图 7-13 所示。

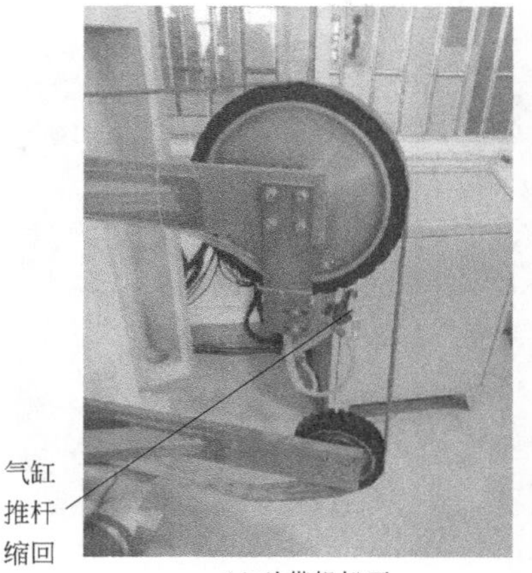

(a) 砂带机松开

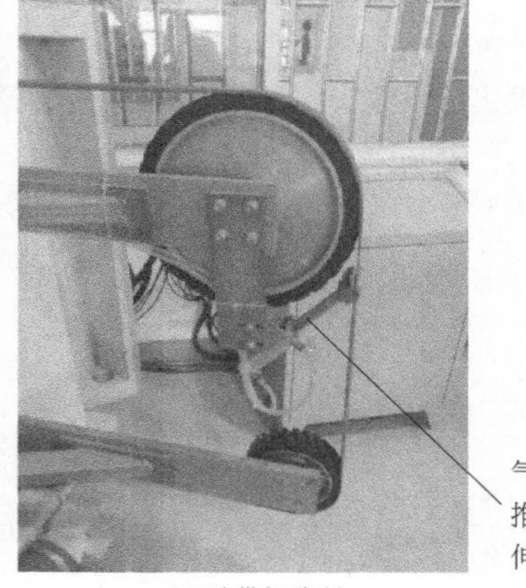

(b) 砂带机张紧

图 7-10　砂带机张紧/松开测试

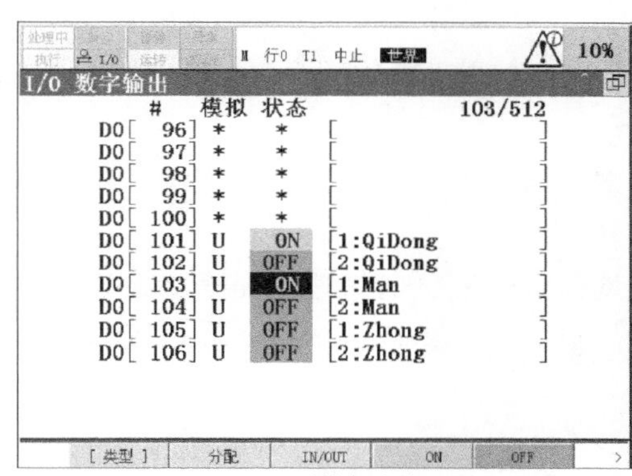

(a) 示教盒画面

(b) 交频器数显

图 7-11　砂带机低速控制信号

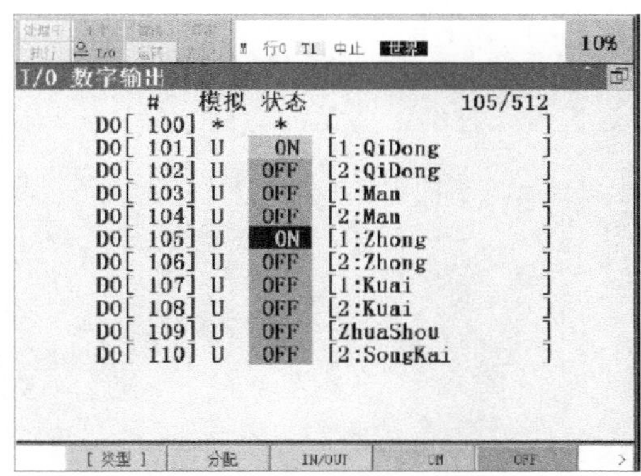

(a) 示教盒画面

(b) 变频器数显

图 7-12　砂带机中速控制信号

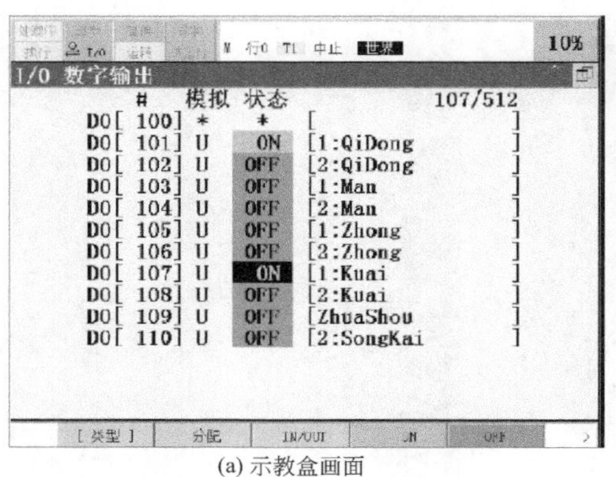

(a) 示教盒画面

(b) 变频器数显

图 7-13 砂带机高速控制信号

任务测评：

（1）实操任务：利用示教盒测试气动夹持器的闭合动作，记录对应的机器人 I/O 的状态为________。

（2）实操任务：利用示教盒测试精磨砂带机的张紧动作控制信号，记录对应的机器人 I/O 的状态为________。

（3）实操任务：利用示教盒测试粗磨砂带机的中速控制信号，记录对应的机器人 I/O 的状态为________和________。

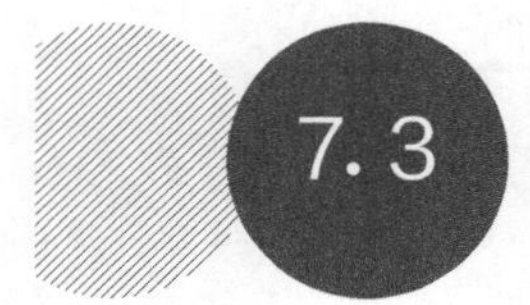

7.3 电视机底座支架机器人自动打磨

在本节中，选择电视机底座支架（图 7-14）为打磨对象，采用机器人夹持工件的方式进行自动打磨焊缝，以加深对机器人打磨工作站的应用认知。

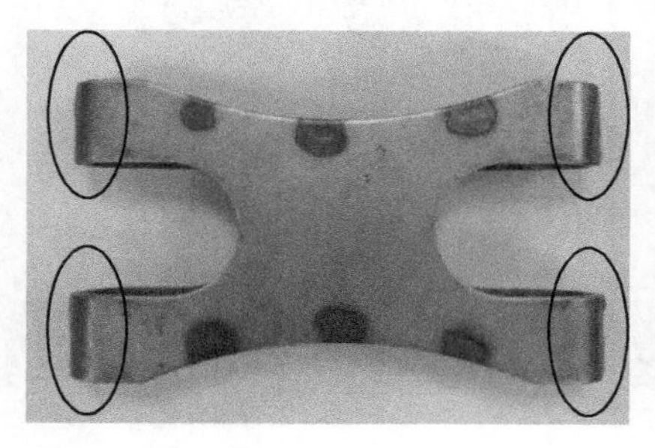

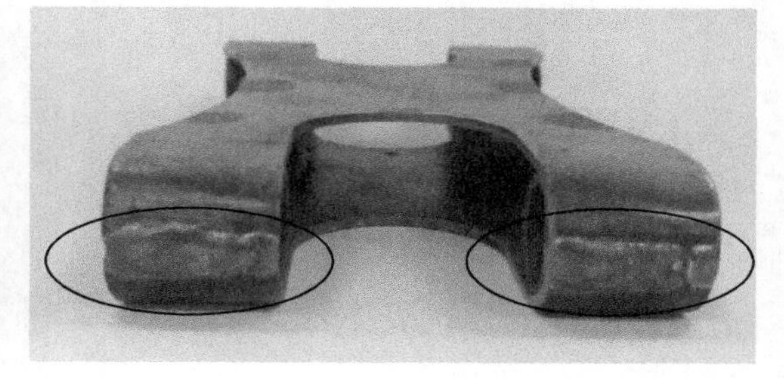

图 7-14 电视机底座支架焊缝打磨

7.3.1 工件放置及固定

将电视机底座支架毛坯件手动放置在简易工件台的定位装置上，如图 7-15 所示。放置时应让工件的端（侧）面紧靠挡块，以便机器人准确抓取工件。

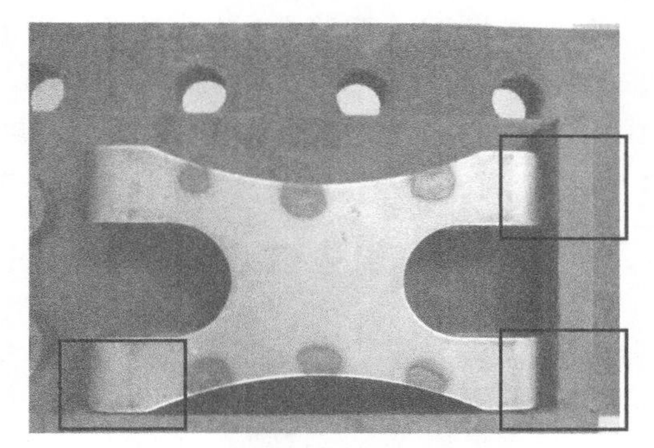

图 7-15　放置电视机底座支架毛坯件

7.3.2 用户（工件）坐标系标定

由于电视机底座支架打磨焊缝区位于两侧端面，且为弧形，为获得良好的打磨效果，需要机器人夹持毛坯件绕打磨点做上下往复转动动作。从简化任务示教编程角度出发，需要在工件打磨点设置用户（工件）坐标系。为此，采用三点法标定用户（工件）坐标系，新设置的用户（工件）坐标系原点位于电视机底座支架焊缝的边沿处，如图 7-16 所示。

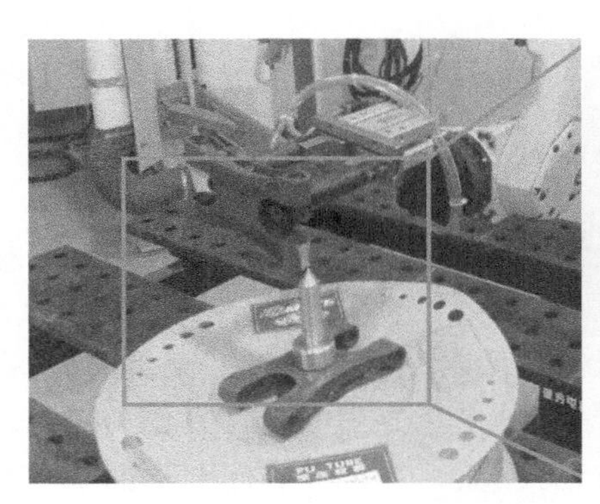

图 7-16　三点法标定用户（工件）坐标系

7.3.3 机器人打磨任务程序编制

目前，工业机器人任务程序的编制方式主要为示教编程和离线编程两种。前者用于任务轨迹较为简单和调试场合；后者用于复杂任务轨迹场合。鉴于本章中打磨对象及任务轨迹比较简单，所以采用示教编程方式完成任务程序编制。

电视机底座支架焊缝打磨工艺分为粗磨和精磨两道工序，均由机器人夹持工件至打磨点，实施上下往复转动打磨作业。每次夹持工件，可实现支架一个端面、两处焊缝的打磨。为此，待一个端面打磨完毕，旋转工件 180°，打磨另一端面。整个打磨过程如图 7-17 所示。

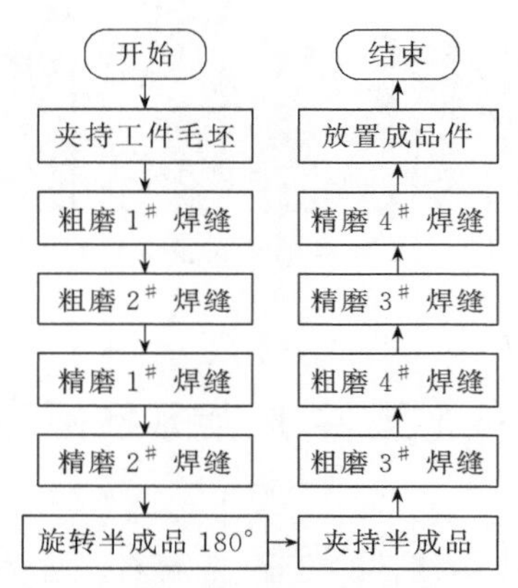

图 7-17 电视机底座支架机器人打磨工艺流程

(1) 机器人运动路径规划

通过分析电视机底座支架焊缝打磨工艺需求，规划机器人运动路径如图 7-18 所示。整个机器人运动路径如下：HOME 点→夹持点→粗磨点→精磨点→转动工件 180°→夹持点→粗磨点→精磨点→HOME 点。上述运动过程中，因电视机底座支架打磨焊缝位于两个端面，所以待一个端面打磨完毕后，将工件转动 180°放回夹持点，再次抓取并完成粗磨、精磨工序。

(2) 机器人点位示教

夹持点：调整机器人末端气动夹持器为竖直姿态（垂直工件表面），如图 7-18 所示。

粗磨点：为保证均匀打磨焊缝区，机器人夹持工件毛坯至粗磨砂带中间位置，以上文标定的用户（工件）坐标轴为转动中心，通过上、下往复转动（图 7-19）一定次数（如 5 次），实现焊缝余高的粗磨作业，直至焊缝区基本磨平为止。粗磨流程示于图 7-20。

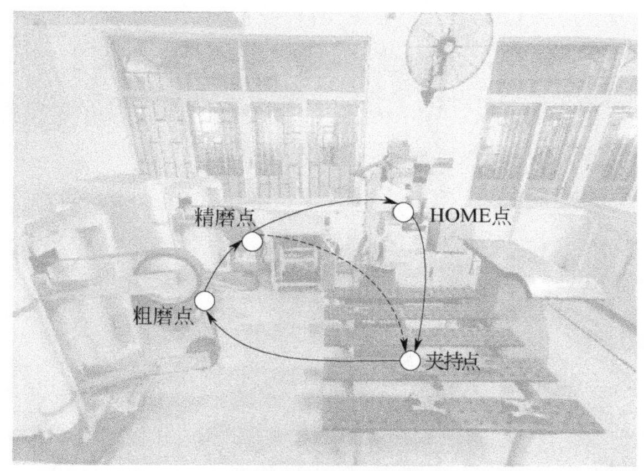

图 7-18　机器人打磨任务运动路径规划

(a) 粗磨向上转动位姿

(b) 粗磨开始位姿

(c) 粗磨向下转动位姿

图 7-19　机器人粗磨姿态示意

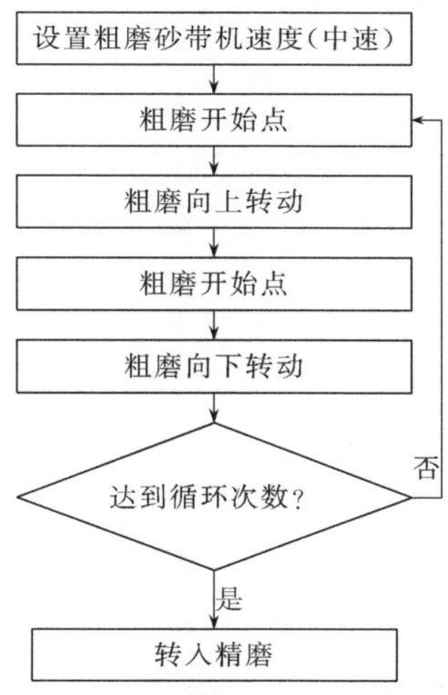

图 7-20　机器人粗磨流程

精磨点：同粗磨作业类似，机器人夹持半成品至精磨砂带中间位置，以上文标定的用户（工件）坐标轴为转动中心，通过上、下往复转动（图 7-21）一定次数（如 5 次），实现焊缝余高的精磨作业，直至焊缝区磨平为止。精磨流程示于图 7-22。

需要指出的是，在示教夹持点、粗磨点和精磨点等关键位置的机器人姿态时，应遵循避免机器人气动夹持器、气体软管以及末端手腕等零部件与工件、工件台和砂带机发生碰撞或摩擦，以免影响零部件寿命。

(a) 精磨向上转动位姿

(b) 精磨开始位姿

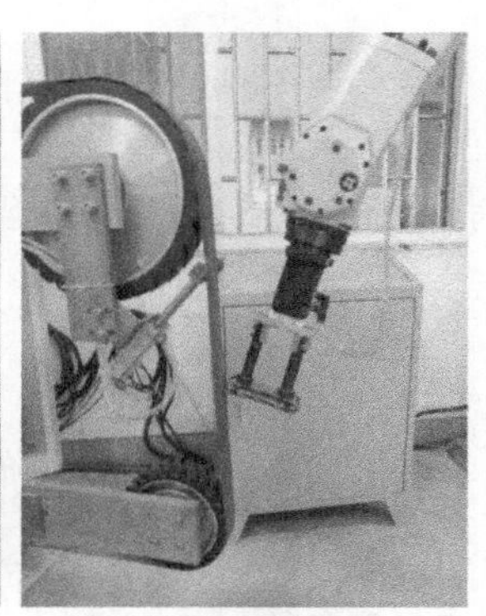

(c) 精磨向下转动位姿

图 7-21　机器人精磨姿态示意

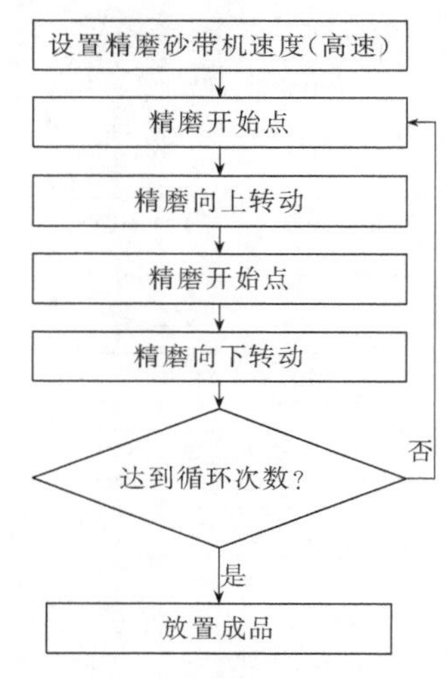

图 7-22　机器人精磨流程

(3) 打磨任务程序编辑

依照图 7-18 规划的运动路径，逐一示教并记录 HOME 点、夹持点、粗磨点和精磨点等位置信息，同时记录必要的辅助点，如中间过渡点、临近作业点和回退点等。待运动轨迹编辑完成后，在夹持点、粗磨点和精磨点等所在语句行前（后）插入 I/O 指令，实现气动夹持器的张开/闭合、砂带机的启动/停止以及调速等指令控制。完整的电视机底座支架机器人打磨任务程序如图 7-23 和图 7-24 所示。

```
1.J PR[1]  100%  FINE ………………………机器人到 HOME 点
2.DO[101]=ON ………………………………粗磨砂带机启动
3.DO[105]=ON ………………………………粗磨砂带机中速
4.DO[102]=ON ………………………………精磨砂带机启动
5.DO[108]=ON ………………………………精磨砂带机高速
6.CALL DM12 ………………………………调用打磨程序，进行焊缝 1 和焊缝 2 打磨
7.CALL DM12 ………………………………调用打磨程序，进行焊缝 3 和焊缝 4 打磨
                                      （因为在焊缝 1 和 2 打磨完成后，工件旋转了
                                      180°放置）
8.DO[101]=OFF ………………………………粗磨砂带机停止
9.DO[105]=OFF ………………………………粗磨砂带机速度给定关闭
10.DO[102]=OFF ……………………………精磨砂带机停止
11.DO[108]=OFF ……………………………精磨砂带机速度给定关闭
12.J  PR[1]  100%  FINE ………………机器人到 HOME 点
[END]
```

图 7-23 电视机底座支架机器人打磨任务程序

7.3.4 任务程序试运行

待任务程序编制完成后，点按示教盒上的 STEP 键，将程序执行模式设置为“单步”（示教盒状态指示灯区的单步点亮）；同时，点按速度倍率键，设置速度倍率 25%～30%，单步测试任务程序，观察夹持点、粗磨点和精磨点等位置的机器人姿态准确性和合理性，确认整个机器人运动过程中无碰撞和动作报警发生。

经单步测试程序无误后，可将程序执行模式切换为“连续模式”，提高速度倍率至 50%～100%，消除报警信息，并确保工作站安全防护装置已按要求置位情况下，连续运转任务程序。机器人打磨电视机底座支架的效果如图 7-25 所示。

任务测评：

(1) 诸如电视机底座支架焊缝打磨等简单任务编程，通常采用________方式编制任务程序。

(2) 编辑机器人打磨任务程序时，夹持点、粗磨点及精磨点动作指令的定位类型为________（选 FINE 或 CNT）。

(3) 实操任务：尝试完成两件电视机底座支架毛坯件的机器人连续打磨作业。

```
1. UFRAME _ NUM = 1 ……………………………调用用户坐标 1
2. UTOOL _ NUM = 6 ……………………………调用工具坐标 6
3. DO [109] = OFF ………………………………夹持器松开
4. J P [1] 100% FINE ……………………………机器人到工件抓取上方点
5. L P [2] 200mm/s FINE ………………………机器人到工件抓取点
6. WAIT 0.3 sec ………………………………………等待 0.3s
7. DO [109] = ON …………………………………夹持器夹紧
8. WAIT 0.5 sec ………………………………………等待 0.5s
9. L P [1] 500mm/s FINE ………………………机器人到工件抓取上方点
10. J P [3] 100%CNT100 ………………………机器人到中间过渡点
11. L P [4] 1000mm/s FINE ……………………打磨焊缝 1 粗磨接近点
12. L P [5] 500mm/s FINE ……………………打磨焊缝 1 粗磨开始点
13. FOR R [20] 1 TO 5 ……………………………循环 5 次开始
14. L P [6] 100mm/ FINE ………………………打磨焊缝 1 粗磨向上转动位置
15. L P [5] 100mm/s FINE ……………………打磨焊缝 1 粗磨开始点
16. L P [7] 100mm/s FINE ……………………打磨焊缝 1 粗磨向下转动位置
17. L P [5] 100mm/s FINE ……………………打磨焊缝 1 粗磨开始点
18. END FOR ……………………………………………循环结束
19. L P [4] 500mm/s FINE ……………………打磨焊缝 1 粗磨接近点
20. L P [8] 500mm/s FINE ……………………打磨焊缝 2 粗磨接近点
21. L P [9] 500mm/s FINE ……………………打磨焊缝 2 粗磨开始点
22. FOR R [21] 1 TO 5 ……………………………循环 5 次开始
23. L P [10] 100mm/s FINE …………………打磨焊缝 2 粗磨向上转动位置
24. L P [9] 100mm/s FINE ……………………打磨焊缝 2 粗磨开始点
25. L P [11] 100mm/s FINE …………………打磨焊缝 2 粗磨向下转动位置
26. L P [9] 100mm/s FINE ……………………打磨焊缝 2 粗磨开始点
27. END FOR ……………………………………………循环结束
28. L P [8] 500mm/s FINE ……………………打磨焊缝 2 粗磨接近点
29. L P [12] 1000mm/s FINE …………………打磨焊缝 1 精磨接近点
30. L P [13] 500mm/s FINE …………………打磨焊缝 1 精磨开始点
31. FOR R [22] 1 TO 5 ……………………………循环 5 次开始
32. L P [14] 100mm/s FINE …………………打磨焊缝 1 精磨向上转动位置
33. L P [13] 100mm/s FINE …………………打磨焊缝 1 精磨开始点
34. L P [15] 100mm/s FINE …………………打磨焊缝 1 精磨向下转动位置
35. L P [13] 100mm/s FINE …………………打磨焊缝 1 精磨开始点
36. END FOR ……………………………………………循环结束
37. L P [12] 500mm/s FINE …………………打磨焊缝 1 精磨接近点
38. L P [16] 500mm/s FINE …………………打磨焊缝 2 精磨接近点
39. L P [17] 500mm/s FINE …………………打磨焊缝 2 精磨开始点
40. FOR R [23] 1 TO 5 ……………………………循环 5 次开始
41. L P [18] 100mm/s FINE …………………打磨焊缝 2 精磨向上转动位置
42. L P [17] 100mm/s FINE …………………打磨焊缝 2 精磨开始点
43. L P [19] 100mm/s FINE …………………打磨焊缝 2 精磨向下转动位置
44. L P [17] 100mm/s FINE …………………打磨焊缝 2 精磨开始点
45. END FOR ……………………………………………循环结束
46. L P [16] 500mm/s FINE …………………打磨焊缝 2 精磨接近点
47. L P [20] 500mm/s CNT100 ………………机器人到中间过渡点
48. J P [21] 100%CNT100 ……………………机器人到中间过渡点
49. J P [22] 100%CNT100 ……………………机器人到放置上方点
50. J P [23] 100%FINE ……………………………工件在上方旋转 180°位置
51. L P [24] 200mm/s FINE …………………工件放置点
52. WAIT 0.3sec ………………………………………等待 0.3s
53. DO [109] = OFF ………………………………夹持器松开
54. WAIT 0.5sec ………………………………………等待 0.5s
55. L P [23] 500mm/s FINE …………………机器人到放置上方点
56. J P [1] 100%FINE ……………………………机器人旋转 180°到准备抓取状态
[END]
```

图 7-24 电视机底座支架机器人打磨子程序

图 7-25　电视机底座支架打磨效果

第8章

机器人视觉分拣应用

机器人分拣广泛应用于食品、乳品、药品、化妆品等轻工生产领域，是工业机器人典型的应用领域之一。本章介绍视觉分拣的工作原理、机器人视觉分拣工作站的组成；再以典型工件（铝扣板）的机器人视觉分拣为例，详细介绍相机参数配置及校准、工件模型示教、基准位置获取、任务程序编制及视觉指令调用等知识和操作。读者经过本章的学习及反复练习，可以为今后进入机器人分拣行业打下一定的基础。

随着机器视觉、输送带跟踪、机器人运动控制感知等先进技术的发展，机器人分拣变得越来越智能化、柔性化和高效化。机器人视觉分拣的应用和发展层出不穷，但“千里之行，始于足下”，让我们一起通过本章的学习，开启机器人视觉分拣应用的探究之路。

8.1　认识机器人视觉分拣系统

8.1.1　视觉分拣的工作原理

分拣是依据所需一定的特征，迅速、准确地将半成品或成品从其所在区位拣选出来，并按一定的方式进行分类、集中、整理等物流活动。作为包装业不可或缺的基础工序，分拣作业可以分为人工分拣和机器人分拣两种模式，如图 8-1 所示。在人力资源丰富的国内，大量采用人工分拣可以有效降低运营成本，这也是目前大多数企业采用人工操作的原因。但是，人工分拣作业过程存在人力消耗较多、包装效率低下、质量和卫生难以保障等问题，机器人自动分拣不但高效、准确，而且拥有适应范围广、随时可变换作业对象和变换分拣工序等传统人工分拣无法替代的优势。两种分拣作业模式的特点对照示于表 8-1。

随着电商的快速发展，仓储部门的分拣任务愈来愈重，为确保物流的正常运输，基于机器视觉的自动分拣机器人出现了。分拣机器人要实现精准的拣选动作，一个基本问题就是确定自身及周围环境。在实际生产中，自动输送线源源不断地把不同大小、不同形状的分拣对象依次输送到机器人动作范围内，由于种种原因分拣对象的位置并不固定甚至是移动的。传统人工分拣作业时，工人可以通过眼睛识别分拣对象和位置。基于机器视觉的分拣机器人是通过视觉传感器（工业相机）获取分拣对象的图像，然后将图像传送至处理单元（图像处理模块），经过算法处理，由判断分析决策模块根据图像的颜色、边缘、形状等特征对目标进行识别与定位，进而根据判别结果来引导控制机器人的动作，实现目标的在线跟踪和动态抓取。

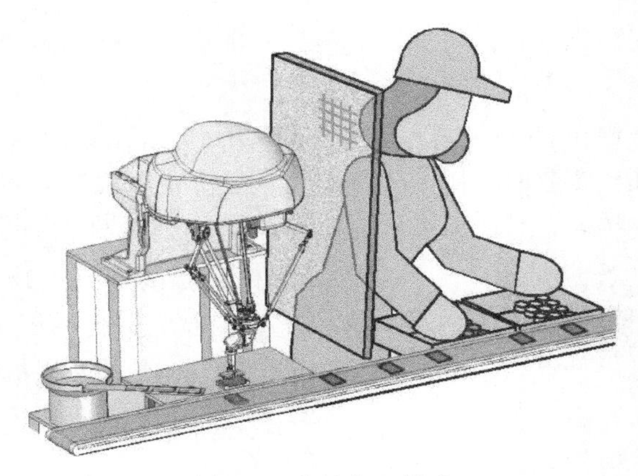

图 8-1　分拣作业模式

表 8-1　机器人视觉分拣与人工分拣的特点

机器人分拣	人工分拣
①能连续、大批量地分拣物件，采用流水线自动作业方式，自动分拣系统不受气候、时间、人的体力等的限制，可以连续运行 ②分拣误差率极低，采用机器视觉或条形码技术，自动识别分拣物种类 ③基本实现无人化，可多台机器人密集协同工作，生产效率高 ④前期设备投入较大，适合大批量、规模化的生产 ⑤对技术人员有一定要求，要能够处理一般故障	①对工人要求不高，简单培训即可上岗 ②能根据生产需要，灵活安排用工，短期投入较少 ③分拣作业多为简单重复性动作，受人力体力限制，难以满足连续、大批量的货物分拣

根据工业相机的安装方式，机器人视觉系统可分为手眼一体（手持相机，Eye-in-Hand）和手眼分离（固定相机，Eye-to-Hand）两种方式，如图 8-2 所示。其中，手眼一体机器人视觉系统是工业相机安装在机器人手腕末端，跟随机器人一起移动；而对于手眼分离机器人视觉系统，工业相机安装在机器人本体外的固定位置，在机器人工作过程中不随机器人一起运动。两种视觉检测模式的特点对照示于表 8-2。

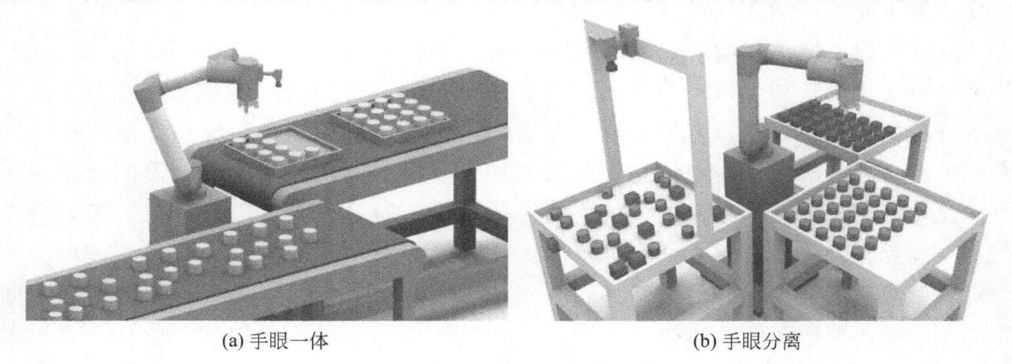

(a) 手眼一体　　(b) 手眼分离

图 8-2　机器人视觉分拣方式

表 8-2　两种视觉检测模式的特点对照

手眼一体	手眼分离
①检测区域可随机器人移动，范围大 ②能用较大焦距的相机，提高检测精度 ③易拓展在线检测功能 ④拍照时机器人必须停止 ⑤拍照时光源容易被机器人或外围设备干涉 ⑥相机电缆铺设要考虑避免与机器人的运动发生干涉，电缆容易磨损	①可在机器人进行其他作业的同时进行拍照，节省作业时间 ②可进行位置补正和抓取偏差补正 ③相机电缆铺设简单，不易磨损 ④检测区域固定 ⑤相机与机器人的相对位置发生变化时，需要重新进行相机校准

此外，按照测量方式不同，机器人视觉传感可分为 2D 检测、2.5D 检测和 3D 检测三种。2D 视觉传感主要用于检测平面移动（X、Y 方向偏移和绕 Z 轴的平面旋转量 R）的目标；2.5D 视觉传感相对于 2D 视觉传感，除检测目标平面位移与旋转外，还可检测 Z 轴方向上的目标高度变化（目标绕 X、Y 轴的平面旋转角度 W、P 不被计算在内）；3D 视觉传感则主要用于检测目标在三维内的位移（X、Y、Z 方向偏移）与旋转角度变化（绕 X、Y、Z 轴的旋转角度 W、P、R）。在本章中，采用的是基于 2D 视觉的手眼分离式机器人分拣。

在某些高度自动化分拣包装流水线上，所有拣选动作都是在输送机连续运转状态下进行的，如果输送机上的拣选对象太多，一台分拣机器人根本解决不了遗漏问题，可以考虑多台机器人协同作业，如图 8-3 所示。上一台机器人遗漏的拣选对象传递给下一台机器人，下一台机器人继续作业，依次传递下去，该模式已成为视觉导引的机器人分拣主流。

图 8-3　视觉导引的多台机器人协同分拣作业

8.1.2　机器人视觉分拣工作站的组成

依据功能构成划分，一套机器人视觉分拣系统大致可以分为机器人系统和视觉系统两套子系统，如图 8-4 所示。其中，机器人系统由机器人控制器（含示教盒）、操作机（机器人本体）和末端执行器（气动吸盘）构成，负责拣选动作的实施；视觉系统包括镜头、工业相机和视觉处理器（视品牌而定，如发那科机器人控制器可选配视觉处理模块），负责拣选对象的识别和机器人导引。机器人视觉分拣系统各组成部件的作用和要求如表 8-3 所示。

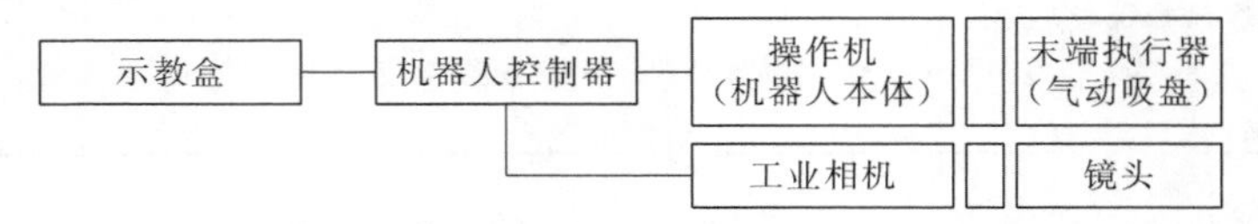

图 8-4　手眼分离式机器人分拣系统架构

机器人视觉分拣工作站如图 8-5 所示。该工作站包含机器人控制器（含示教盒）、操作机（机器人本体）、末端执行器（气动吸盘）、2D 视觉传感器（工业相机+镜头）、固定支架以及安全围栏等。工作站各部分作用和主要参数如表 8-4 所示。

表 8-3　机器人视觉分拣系统组成部分及其作用

组成部分	作用和要求	示例图片
操作机 （机器人本体）	①以完成拣选对象的平动和转动为主，一般选择 2～5 轴的关节型机器人 ②拣选对象多为轻质物件，机器人末端额定负载 0.5～100kg，工作半径 200～1600mm，位姿重复性 ±0.02～±0.50mm ③典型厂商：国外美国 Adept，瑞士 ABB，德国 Bosch，日本 Fanuc、Yaskawa-Motoman、Kawasaki、Epson、Omron 等；国内沈阳新松、广州数控、南京埃斯顿、浙江乐佰特等	
机器人控制器 （包含分拣软件包）	①机器人控制系统是连接整个工作站的主控部分，由 PLC、继电器、输入/输出端子组成一个控制柜 ②控制器接受外部指令后进行判断，然后给机器人本体信号，从而完成信号的过渡、判断和输出，它属于整个分拣工作站的主控单元 ③机器人控制系统集成多套分拣工艺流程的软件产品，将机器人拾料包装系统的复杂配置化繁为简，从而可以快速完成生产线的开发、模拟和编程	
气动吸盘	①利用大气压力将吸盘与工件压在一起，以实现物件的抓取，常见的有真空吸盘吸附、气流负压吸附和挤压排气负压吸附等形式 ②主要应用于表面坚硬、光滑、平整的轻型工件，如汽车覆盖件、金属板材等 ③常见的气动吸盘品牌有德国 FIPA、德国 Schmalz、合肥奥博特等	

续表

组成部分	作用和要求	示例图片
物料输送机	①采用板式输送机、带式输送机、动力式和无动力式辊子输送机等物料输送系统实现原始板料自动批量供给 ②常见的物料输送机品牌有鹤壁兰大通用、上海霞韵、扬州亚飞、瑞士 Habasit 等	
料架	①采用堆垛托盘方式供机器人码放拣选对象 ②常见的料架生产商有保定佳辰、东莞万格、北京振兴东升、北京祥顺永丰等	
定位传感器	①主要用以检测被测目标是否到达检测区域，以通知工业相机及时成像，与机器视觉配合使用 ②常见的定位传感器品牌有德国 SICK、日本 Keyence、美国 Omega、上海海季等	
视觉传感器	①通过颜色、边缘、形状等特征来判断拣选对象的位置信息，引导机器人精准抓取目标 ② 有影响力的机器人视觉软件包有 AdeptSight3、Cognex InSight、NeuroCheck、Eurosys eVision、Fanuc iRVision、Moto Sight 2D、Vision Guide 等 ③常见的视觉传感器品牌有美国 Adept、美国 Cognex、德国 NeuroCheck、比利时 Eurosys、日本 Fanuc、Yaskawa-Motoman、Epson 等	

表 8-4　机器人视觉分拣工作站组成部分作用和主要参数

组成部分	参数及作用
机器人本体	发那科(FANUC)机器人，型号 M-10iA/12，最大负重 12kg，可达半径 1441mm，末端装有气动吸盘，可实现拣选对象(铝扣板)的取放任务
机器人控制器	控制柜型号为 R-30iB Mate，系统已安装视觉功能软件 Fanuc iRVision
变压器	输入电压三相 380V，输出电压 220V，为机器人控制器提供合适的电源
2D 视觉传感器	发那科机器人视觉系统，工业相机 XC-56，镜头焦距 8mm，检测拣选对象的型号及其位置信息(X、Y 轴位移和 Z 轴旋转角度)
带式输送机	负责源源不断地将不同型号的铝扣板依次输送到工业相机视野范围内
轨迹示教学习台	学习台上预先绘制直线、圆弧和曲面轨迹，通过示教路径关键点，学习典型轨迹示教编程知识和技巧

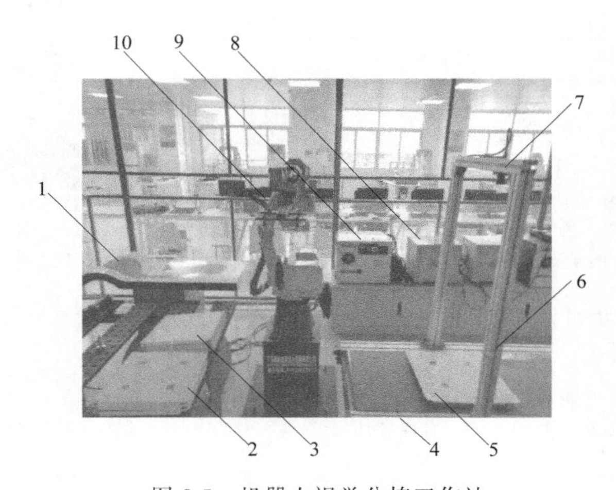

图 8-5　机器人视觉分拣工作站

1—轨迹示教学习台；2—A 垛（铝扣板）；3—B 垛（铝扣板）；4—带式输送机；5—拣选对象（铝扣板）；6—固定支架；7—2D 视觉传感器（工业相机＋镜头）；8—变压器；9—机器人控制器；10—机器人本体＋气动吸盘

需要注意的是，与其他品牌的机器人视觉系统相比，发那科机器人控制器可以嵌入视觉传感处理模块，无须额外安装视觉处理器，整套视觉检测系统接线简单，仅需将机器人控制器主板上的 JRL7 端口和工业相机的 VIDEO OUT/DC IN/SYNC 端口连接即可，如图 8-6 所示。

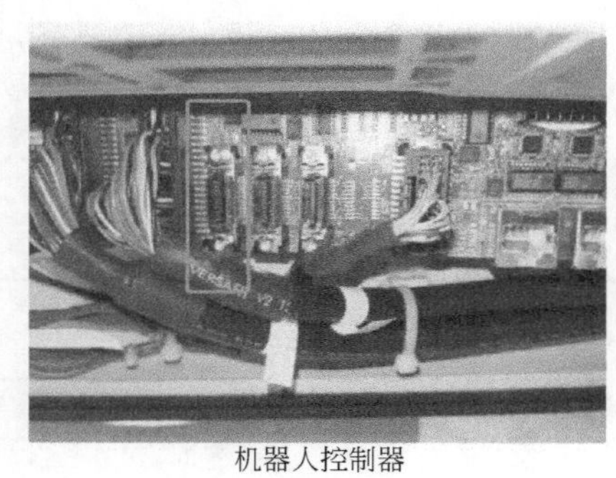

机器人控制器
(JRL7接口)

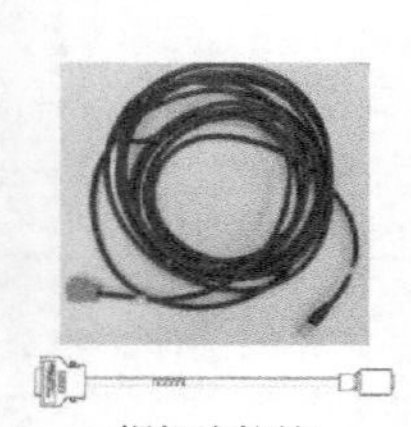

相机连接线

工业相机
(VIDEO OUT/DC IN/SYNC端口)

图 8-6　机器人控制器与工业相机信号连接

8.1.3　机器人视觉分拣工作站的安全注意事项

同前面章节类似，进入工位区域前，应戴好安全帽。开启机器人视觉分拣系统前，应正确认识机器人视觉分拣工作站的安全防护装置，如门链开关、示教盒急停按钮、控制柜面板急停按钮和外部急停按钮等。此部分内容可参见第 1 章相关部分，不再赘述。

与人眼防护一样，机器人视觉（尤其工业相机和镜头）严禁带电插拔，且禁止恶意碰撞或随意调整镜头光圈和对焦环。当工作结束时，建议将相机镜头罩盖上。

任务测评：

（1）基于机器视觉的分拣机器人是通过________获取拣选目标的图像，然后经由图像处理模块，分析图像的颜色、边缘、形状等特征，对目标进行识别与定位，引导机器人实现拣选目标的在线跟踪和动态抓取。

（2）根据工业相机的安装方式，机器人视觉系统可以分为________和________两种。

（3）按照测量方式不同，机器人视觉传感可分为__________、_____________和__________三种。

（4）请简要画出你使用的机器人视觉分拣工作站的连接框图。

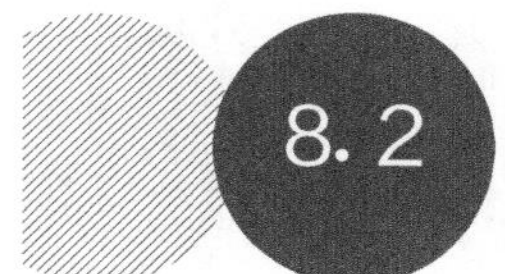

8.2 单一铝扣板的机器人视觉抓取

在本节中，选择铝扣板（图 8-7）为实践对象，基于发那科 2D 视觉检测和计算对象的当前位置相对基准位置（示教位置）的偏移量，导引机器人实现精准抓取，以期加深对平面移动目标（X、Y 方向偏移和平面旋转量 R）的机器人视觉纠偏抓取认知。

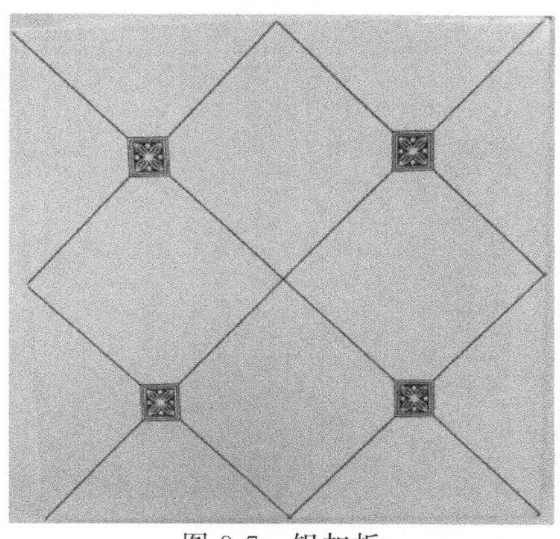

图 8-7　铝扣板

8.2.1 工具和用户坐标系标定

如上所述，基于手眼分离式 2D 视觉检测抓取对象的平面偏移量，其计算基准坐标系为用户坐标系，而用户坐标系的基准参考是机座坐标系，所以一般通过工具坐标系间接标定转换。

(1) 工具坐标系标定

根据气动吸盘的几何尺寸，采用直接输入法设置 1 号工具坐标系的原点相对于机器人末端机械法兰坐标系的偏移量，如图 8-8 所示。其中，X 方向的偏移量为 $+33$mm，Z 方向的偏移量为 $+3$mm。

(2) 用户坐标系标定

同第 7 章中的用户坐标系标定有所不同，本章标定用户坐标系主要有两个用处：一是用于相机参数校准步骤中的“点阵板标定用坐标系”；二是用于工件模型示教步骤中的“补正用坐标系”。首先需采用三点法标定工具坐标系，如图 8-8 所示。为兼顾二者，此处用户坐标系的设置采用 FANUC 提供的相机标定专用工具——点阵板。点阵板尺寸系列较多，其上有 11×11 个圆点，点间隔有 7.5mm、11.5mm、15mm、25mm、30mm 等，一般选用比相机视野尺寸大一圈的点阵板进行相机标定。本节中选择点间隔为 11.5mm 的点阵板，如图 8-9 所示。

由于点阵板尺寸较小，为精确设置用户坐标系的原点及坐标轴方向，建议采用四点法标定用户坐标系，如图 8-10 所示。与三点法的坐标原点、X 方向点和 Y 方向点示教略有不同，四点法需逐一示教 X 轴原点、X 方向点、Y 方向点和坐标原点，具体点位信息参考如图 8-9 所示。特别强调的是，点阵板上 3 个大点所在方向设置为 X 方向，放置点阵板时尽量与机器人机座坐标系的 X 方向平行。

待工具坐标系和用户坐标系标定完毕，即可开始机器人视觉安装、创建和编辑之旅。

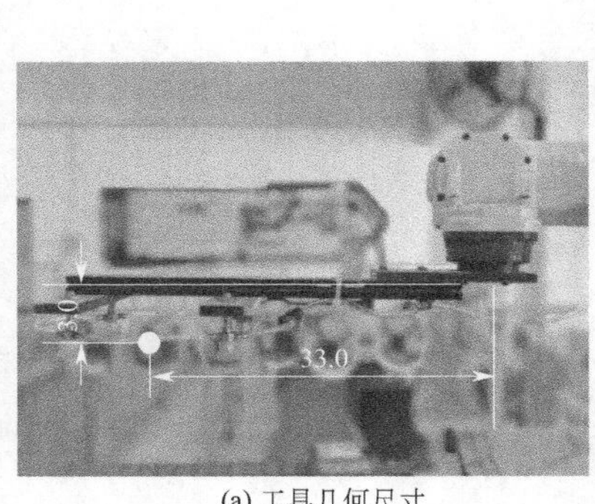

(a) 工具几何尺寸

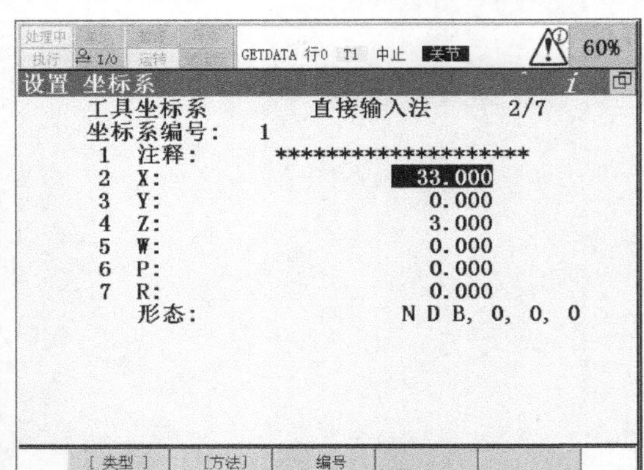

(b) 工具坐标系设置画面

图 8-8 直接输入法设置工具坐标系

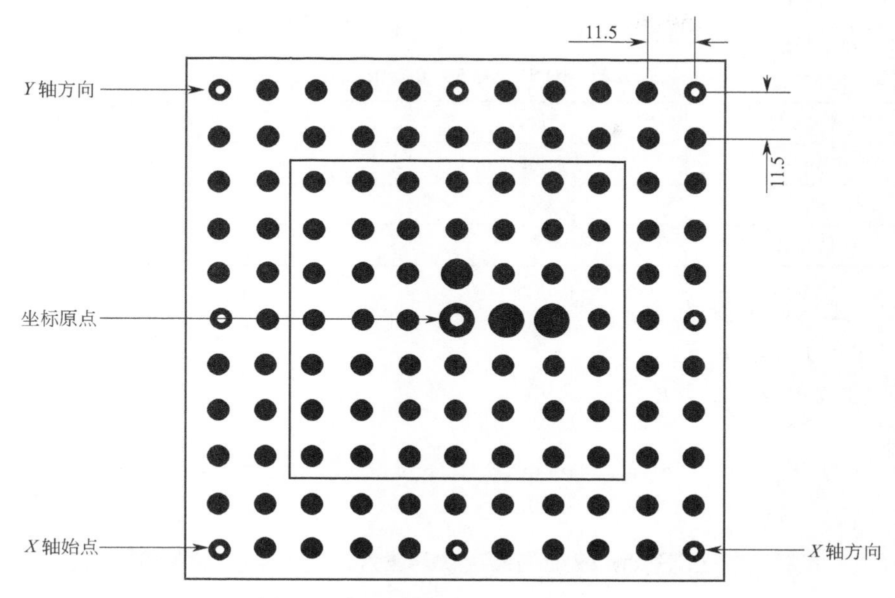

图 8-9　标准点阵板（间隔 11.5mm）

(a) 机器人姿态示意

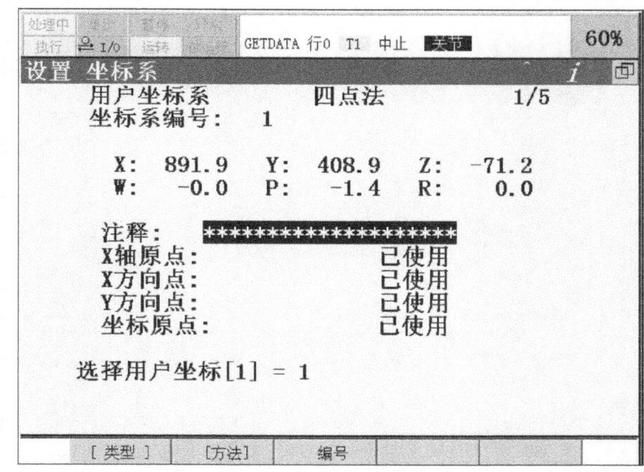

(b) 用户坐标系设置画面

图 8-10　四点法标定用户坐标系

8.2.2　相机安装与创建

(1) 工业相机安装

使用内六角等工具将工业相机和镜头组件固定于铝合金支架上。参照图 8-6 所示的相机接线原理，连接机器人控制器主板上的 JRL7 端口和工业相机的 VIDEO

OUT/DC IN/SYNC 端口。参考表 8-5 完成工业相机开关设置。

表 8-5　SONY XC-56 工业相机开关设置

开关名称	出厂设置	iRVision 设置
DIP 开关	全为 OFF	开关 7～8 为 ON,其他为 OFF
75-ohm 终端	ON	ON
HD/VD 信号选择器	EXT	EXT

(2) 工业相机创建

创建相机步骤如下：

① 点选示教盒主菜单的“iRVision”菜单，选择“示教和试验”，进入相机创建界面。

② 点选“视觉类型”，选择“相机”，然后点击“新建”，新建新的视觉（相机）数据，如图 8-11 所示。

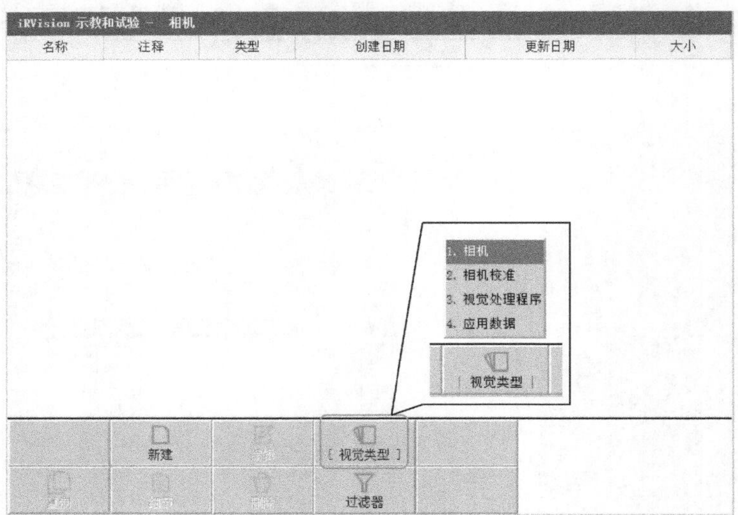

图 8-11　新建新的视觉数据

③ 在弹出界面（图 8-12）上，选择或输入相机类型、名称、注释等信息，点按“确定”，进入新建相机数据列表，如图 8-13 所示。

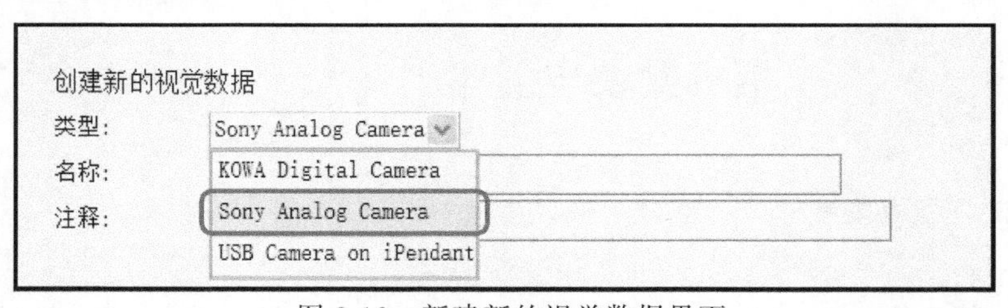

图 8-12　新建新的视觉数据界面

图 8-13　新建相机数据列表

④ 点选“编辑”或双击相机名称（如 Y1），弹出图 8-14 所示界面，参照表 8-6 完成相机的简易设置。

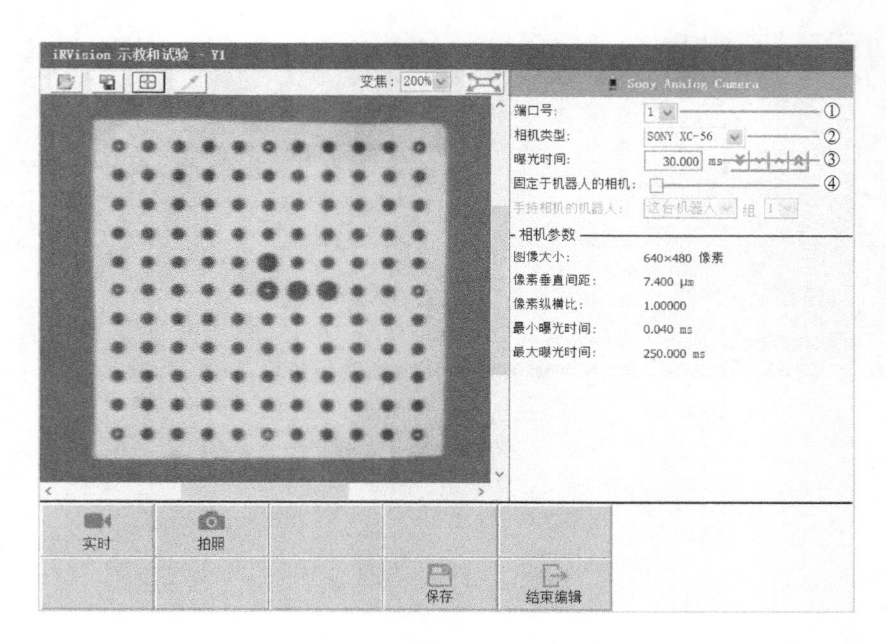

图 8-14　相机简易设置界面

表 8-6　相机简易设定说明

参数编号	参数名称	参数说明
①	端口号	相机直接连到主板上时,默认选 1
②	相机类型	选择所安装的相机型号,本任务选择 SONY XC-56
③	曝光时间	曝光时间越长,图像越亮
④	固定于机器人的相机	此项仅当相机安装于机器人上时打钩,本任务无须打钩

⑤ 镜头调整。在完成相机设定前，需要对相机位置和镜头进行调整，以获得清晰的成像和较短的曝光时间。调整步骤如下：

a. 调整目标在视野中的位置。点击“拍照”，工业相机完成一次拍照；点击“实时”，界面显示目标的实时成像情况。观察视野内能否有效观测到目标。如不能，调整目标位置，使目标处于视野中。

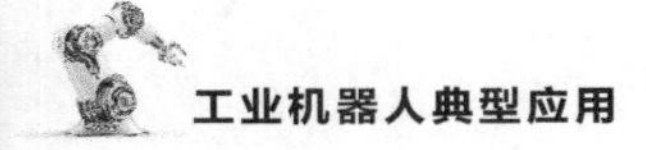

b. 调整图像亮度。点击“实时”进行连续成像，同时调整镜头光圈和曝光时间，以获得合格的图像亮度（视野内最亮区域的灰度值为 200 左右，图 8-15）。

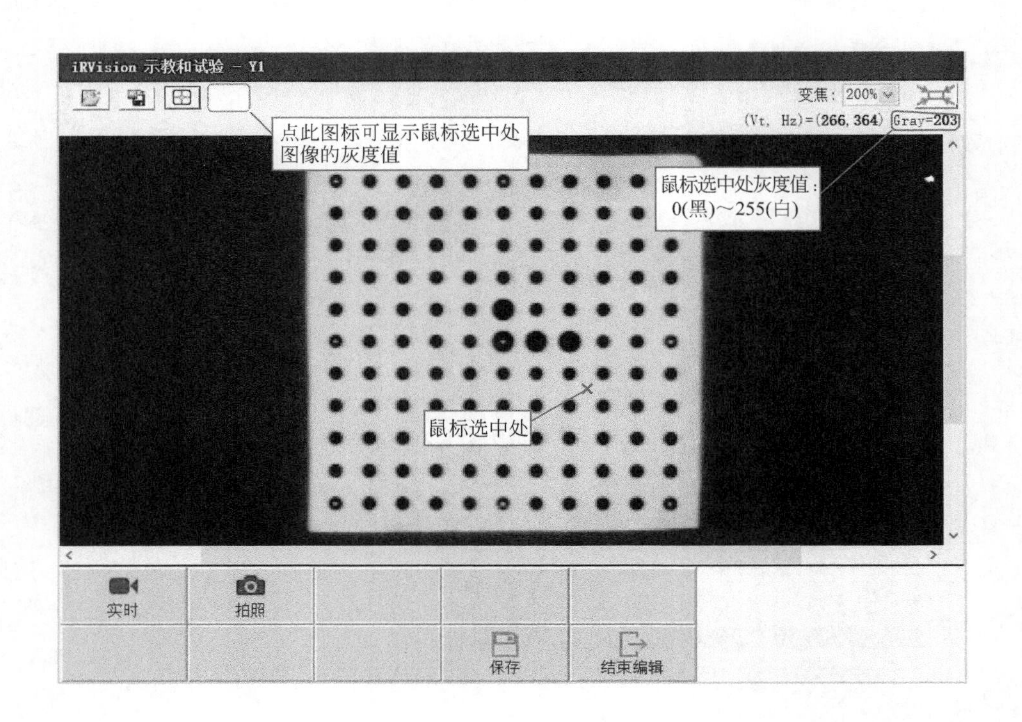

图 8-15　图像灰度查看

c. 调整图像清晰度。通过调整镜头上的对焦环来对焦，可以获得最清晰的成像。在对焦环上有不同尺寸物距所对应的清晰对焦位置，如工件与相机的距离为 50cm 时，对焦环位置应调至 0.5m 附近，可以得到清晰的图像，如图 8-16 所示。

d. 调整好后，用镜头上的螺钉锁住光圈和对焦环，记录曝光时间。需要强调的是，镜头光圈和焦点的调整必须在相机参数校准（标定）之前完成，重新调整光圈和焦点后，应重新进行相机参数校准（标定）。

⑥ 完成相机设定后，点击“保存”和“结束编辑”按钮。

8.2.3 ／ 相机标定

如图 8-17 所示，世界是三维的，而照片是二维的，这样可以把相机看作为一个函数，输入量是一个场景，输出量是一幅灰度图。这个从三维到二维的过程函数是不可逆的。相机标定的目标是找到一个合适的数学模型，求出模型的参数，这样能够近似上述三维到二维的过程，同时，使三维到二维的过程函数找到反函数。这个逼近的过程就是“相机标定”。简而言之，相机标定的主要目的是求取相机内、外参数，实现像素坐标和物理坐标间的转换。具体过程如下：

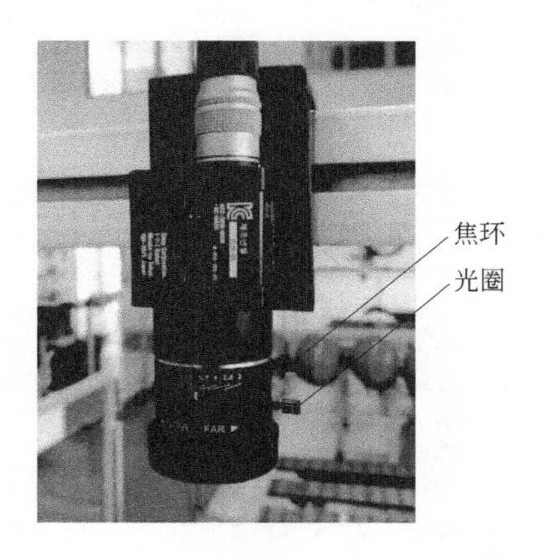

图 8-16　镜头光圈和焦环示意图

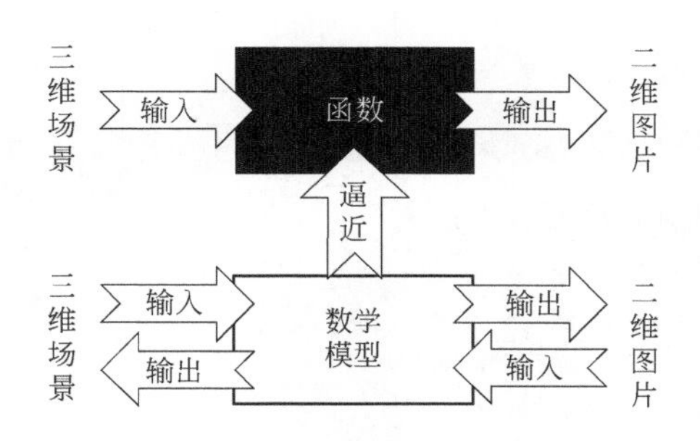

图 8-17　相机标定

（1）创建相机标定数据

在“示教和试验”画面，点击“视觉类型”，选择“相机校准”（图 8-18），然后点击“新建”，弹出新建相机标定数据画面，选择“点阵板标定”类型，如图 8-19 所示。待界面信息输入完毕，点击“确定”，进入新建相机标定数据列表，如图 8-20 所示。

（2）设置相机标定参数。

点选“编辑”或双击相机校准数据名称（如 Y2），弹出图 8-21 所示界面，参照表 8-7 完成相机标定参数设置。

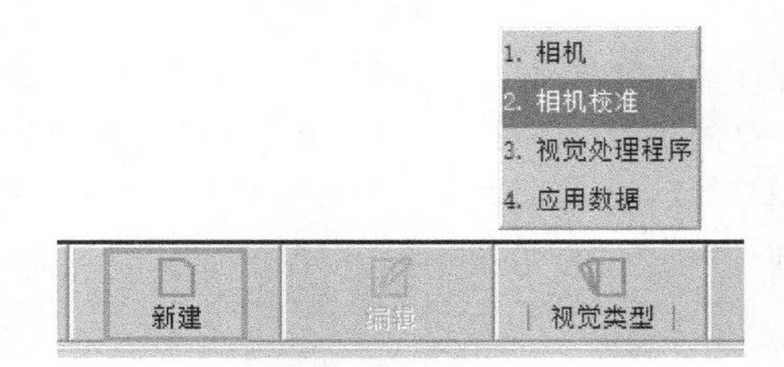

1. 相机
2. 相机校准
3. 视觉处理程序
4. 应用数据
新建
编辑
视觉类型

图 8-18　新建相机标定数据

创建新的视觉数据
类型:
Grid Pattern Calibration Tool
名称:
Grid Pattern Calibration Tool
注释:
Robot-Generated Grid Cal. Tool

图 8-19　相机标定工具类型

iRVision 示教和试验 - 相机校准
名称
注释
类型
创建日期
更新日期
大小
Y2
Grid Pattern Calibration Tool
2020/01/10 16:19:00
2020/01/10 16:19:00
150

图 8-20　新建相机标定数据列表

iRVision 示教和试验 - Y2
变焦: 200%
Grid Pattern Calibration Tool
设定
补正对象的机器人
这台机器人
组
1
基准坐标系
用户坐标
0
①
相机
已示教
②
Y1
曝光时间
30.000
ms
③
格子间距
11.5
mm
④
校准面的数量
1
⑤
机器人抓取点阵板
否
⑥
手持点阵板的机器人
这台机器人
组
1
点阵板设置情报
用户坐标
1
⑦
投影方法
透视投影
焦距
下一个值
8.0
mm
⑧
点阵板的位置
未设定
设定
校准面1
未检出
检出
校准面2
检出
实时
拍照
保存
结束编辑

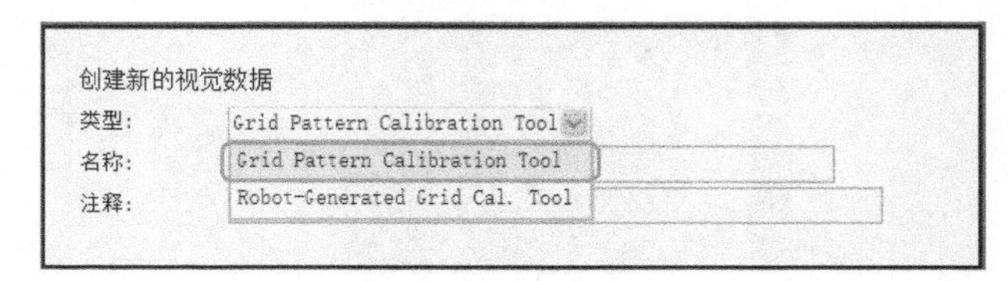

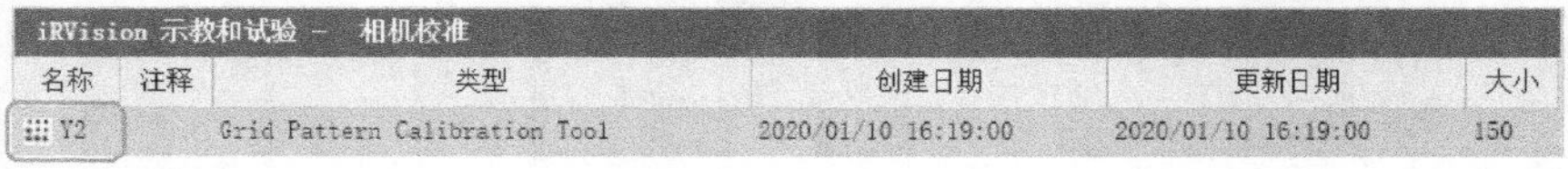

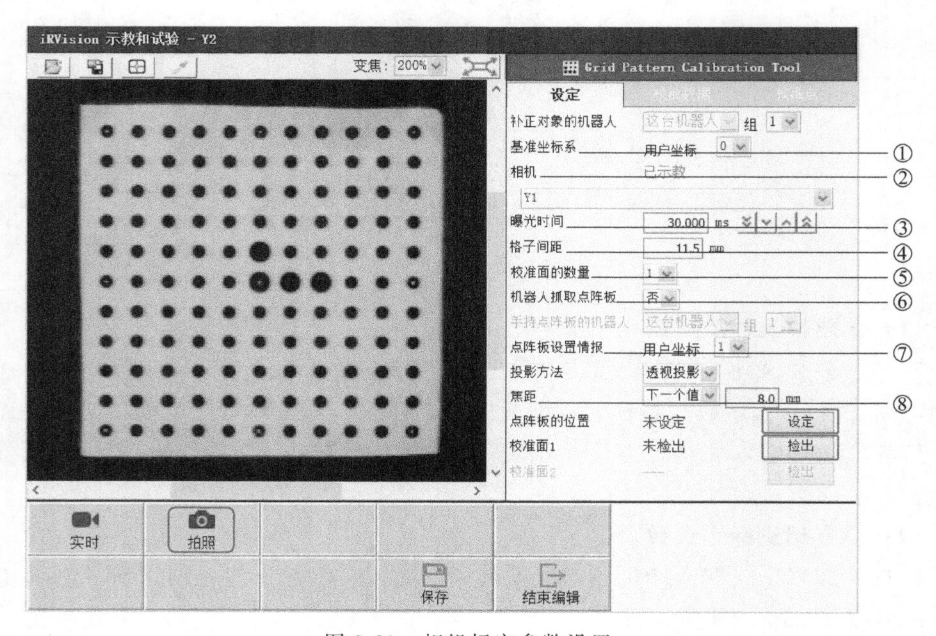

图 8-21　相机标定参数设置

表 8-7　相机标定参数设置说明

参数编号	参数名称	参数说明	重点程度（★:重点;△:一般）
①	基准坐标系	设定基准坐标系,默认为 0	★
②	相机	选择已建立的相机数据,如 Y1	△
③	曝光时间	设定曝光时间,曝光时间越长,图像越亮	△
④	格子间距	设定点阵板圆点间隔,本节中选用的点间隔为 11.5mm	★
⑤	校准面的数量	手眼分离式采用一板法标定相机,故选 1	★
⑥	机器人抓取点阵板	手眼分离式相机选否	★
⑦	点阵板设置情报	选择上文标定的用户坐标系号	★
⑧	焦距	一板法设定时,无法计算镜头焦距,需手动输入,本节所选镜头焦距为 8mm	★

(3) 一板法标定相机

依次点击图 8-21 中的“拍照”和“检出”按钮，弹出点阵板检出区域设定画面，如图 8-22 所示。

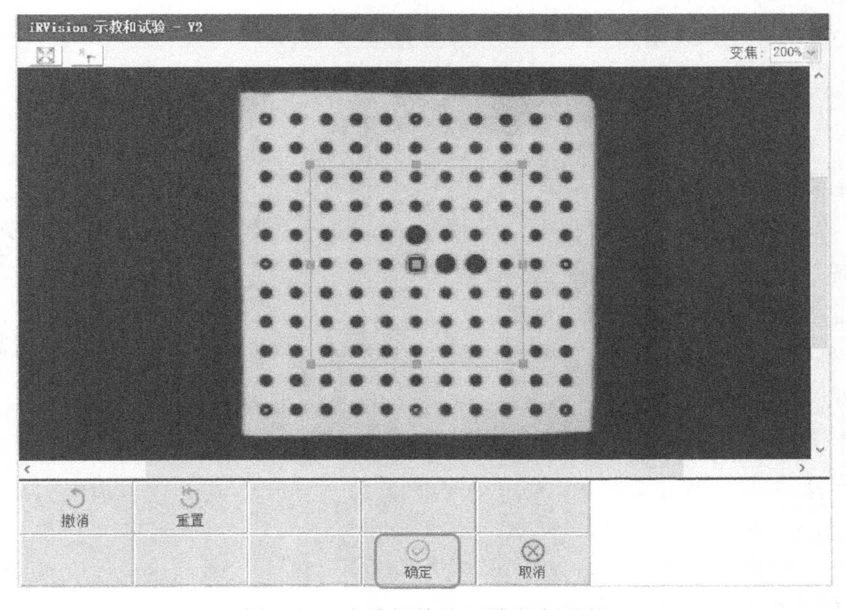

图 8-22　点阵板检出区域设定画面

在图 8-22 中，通过选择检出区域设定框的边界控制点（共 8 个），调整点阵板检出区域的大小。需要强调的是，设定的检出区域应包含 4 个大点在内的 7×7 方阵以上的范围，然后点击“确定”，返回相机标定参数设置界面。此时，界面显示校准面 1“已检出”，如图 8-23 所示。点按“设定”按钮，完成相机标定过程。

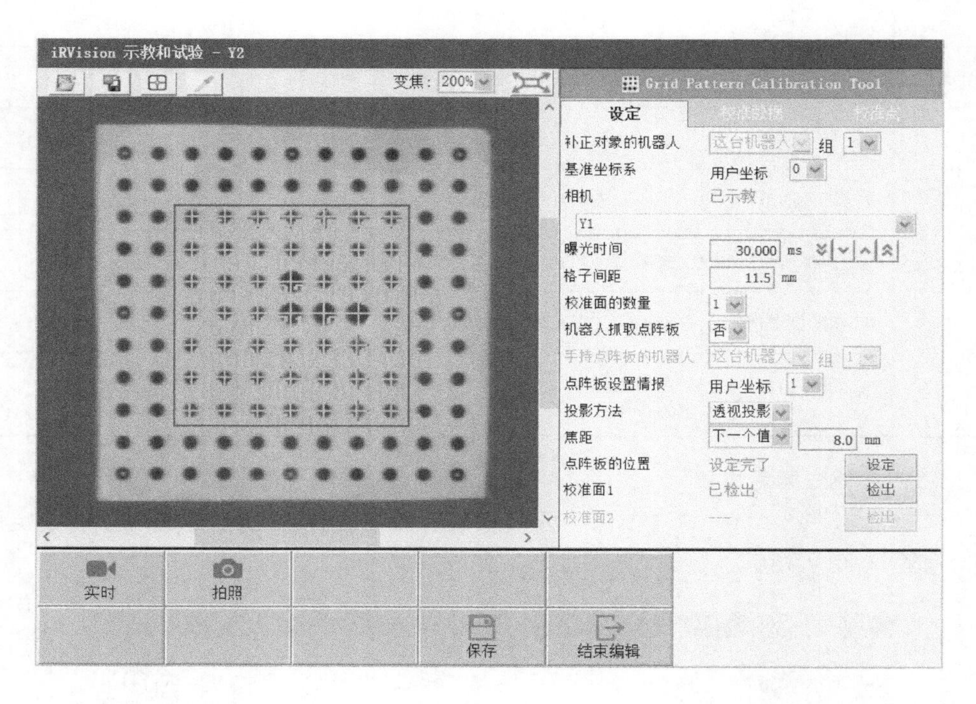

图 8-23　点阵板检出

(4) 确认标定数据

① 确认校准点。点选“校准点”面板，显示校准点数据，如图 8-24 所示。点按“误差”选项，可对误差值进行排序，若误差数值>0.5，可将其删除。当删除点后，标定数据将自动进行重新计算。

② 确认校准数据。点选“校准数据”面板，显示图 8-25 所示的标定数据界面，确认相机参数数据是否准确。表 8-8 是相机校准参数的说明。

(5) 结束相机标定

待校准点和校准数据确认无误后，依次点击“保存”和“结束编辑”按钮，相机标定结束，此后点阵板可移除。

至此，完成工业相机—点阵板坐标系—基准（机座）坐标系的关系换算，即建立机器人外置“眼睛”的数学模型，进而构建机器人“手眼”之间的准确位姿关系，如图 8-26 所示，为接下来的借“眼”导“手”提供基础。

Grid Pattern Calibration Tool

设定　校准数据　校准点

校准面：1

#	Vt	Hz	X	Y	Z	误差
1	239.7	319.9	0.0	0.0	0.0	0.101
2	223.0	319.7	11.5	0.0	0.0	0.009
3	239.8	303.0	0.0	11.5	0.0	0.046
4	206.2	319.6	23.0	0.0	0.0	0.050
5	172.4	268.5	46.0	34.5	0.0	0.104
6	172.4	285.5	46.0	23.0	0.0	0.052
7	172.3	302.5	46.0	11.5	0.0	0.101
8	172.2	319.3	46.0	0.0	0.0	0.062
9	172.1	336.2	46.0	-11.5	0.0	0.097
10	188.9	353.2	34.5	-23.0	0.0	0.109
11	188.8	370.1	34.5	-34.5	0.0	0.145
12	188.7	387.2	34.5	-46.0	0.0	0.169
13	189.6	251.9	34.5	46.0	0.0	0.068
14	189.5	268.7	34.5	34.5	0.0	0.037
15	189.4	285.7	34.5	23.0	0.0	0.028

记录点序号：　删除

图 8-24　校准点确认

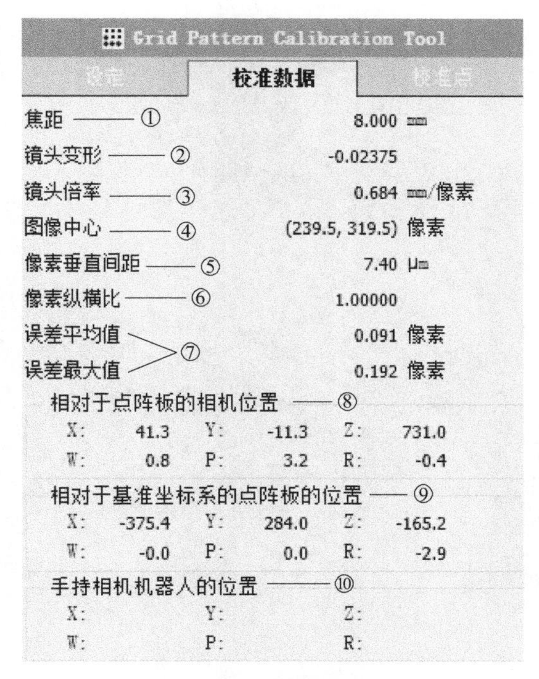

图 8-25　标定数据界面

表 8-8 相机校准参数说明

参数编号	参数名称	参数说明	重点程度（★:重点；△:一般）
①	焦距	一板法设定时，焦距为手动输入的值	★
②	镜头变形	镜头失真度	△
③	镜头倍率	表示1个图像像素相当于实物的多少毫米，可通过视野尺寸(mm)除以图像尺寸求得	△
④	图像中心	应在(240,320)±10%以内	★
⑤	像素垂直间距	图像中的像素大小，此参数可通过相机参数查到，如SONY XC-56相机为7.4μm	△
⑥	像素纵横比	SONY XC-56相机为1	△
⑦	误差平均值、误差最大值	误差平均值应<0.3，误差最大值应<0.5	★
⑧	相对于点阵板的相机位置	相机相对点阵板(用户)坐标系的空间位置	★
⑨	相对于基准坐标系的点阵板的位置	点阵板相对基准坐标系(默认USER0)的空间位置	★
⑩	手持相机机器人的位置	机器人法兰盘坐标系相对于基准坐标系的空间位置，手眼一体式相机标定才有此项数据	△

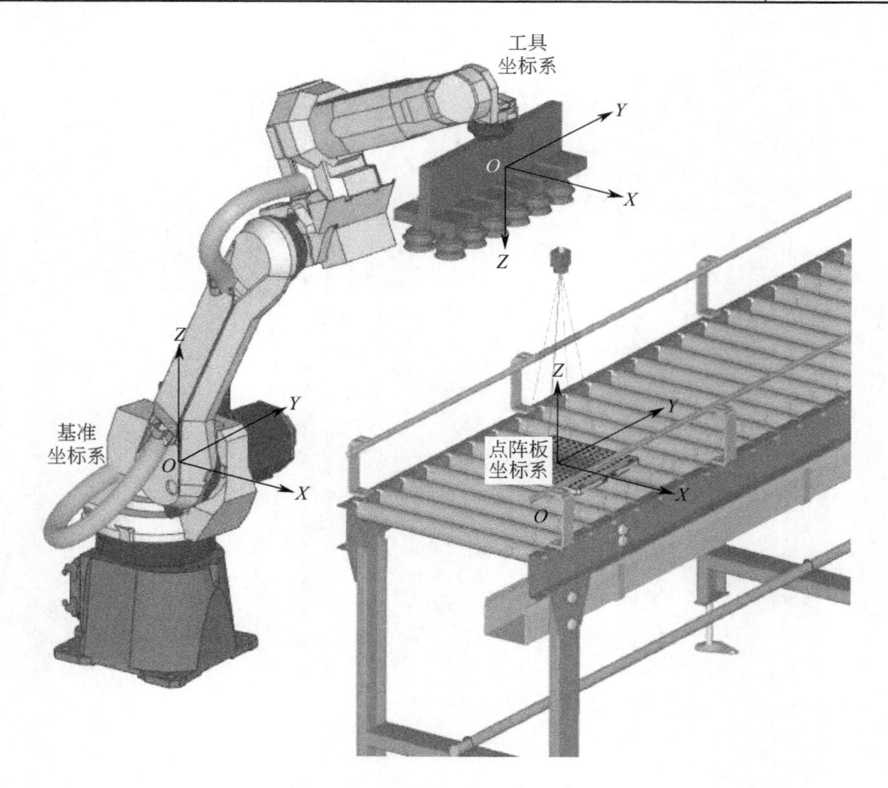

图 8-26 机器人手眼关系建立

8.2.4　工件模型示教及基准位置获取

通过上述步骤完成工业相机的安装、创建和标定，实现基于 2D 机器视觉的铝扣板机器人自适应抓取，还需要事先定义抓取对象的图像特征，待相机拍照铝扣板图像后，送至控制器与图像模型（特征）比对，以此获得拣选对象的当前位置相对基准位置（示教位置）的偏移量，包括 X、Y 方向偏移和平面旋转量 R。工件模型示教及基准位置设定步骤如下：

(1) 创建视觉处理程序

在“示教和试验”画面，点击“视觉类型”，选择“视觉处理程序”（图 8-27），然后点击“新建”，弹出新建视觉处理程序画面，选择“2D 单视图视觉处理（2-D Single-View Vision Process）”类型，如图 8-28 所示。待界面信息输入完毕，点击“确定”，进入新建视觉处理程序列表，如图 8-29 所示。

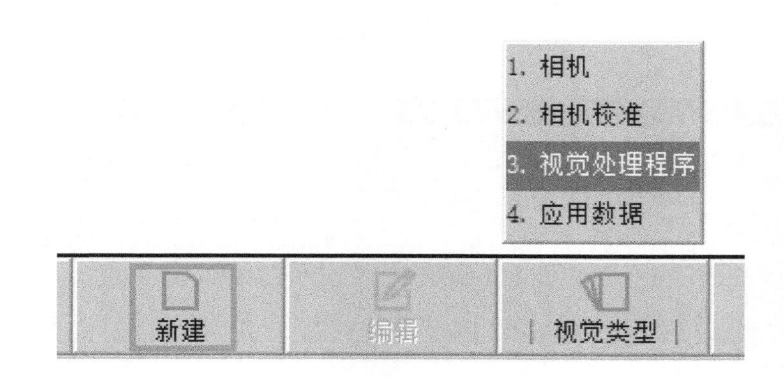

图 8-27　新建视觉处理程序

(2) 设置视觉处理程序参数

点选“编辑”或双击视觉处理程序名称（如 Y3），弹出视觉处理程序主界面，如图 8-30 所示。界面右上角树状图面板包括“2D 单视图视觉处理（2-D Single-View Vision Process）”和“视觉图形匹配工具（GPM Locator Tool）”两块。默认显示为 2D 单视图视觉处理，如图 8-31 所示。参照表 8-9 完成视觉处理程序参数设置。

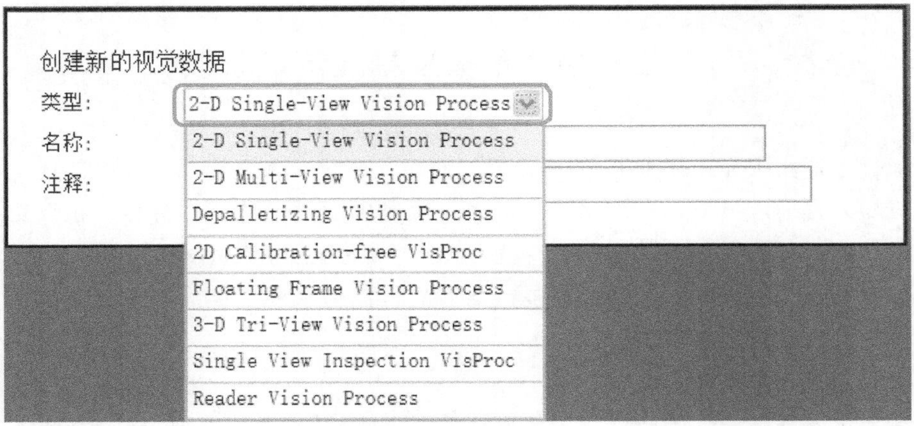

创建新的视觉数据
类型:
名称:
注释:
2-D Single-View Vision Process
2-D Single-View Vision Process
2-D Multi-View Vision Process
Depalletizing Vision Process
2D Calibration-free VisProc
Floating Frame Vision Process
3-D Tri-View Vision Process
Single View Inspection VisProc
Reader Vision Process

图 8-28　新建视觉处理程序

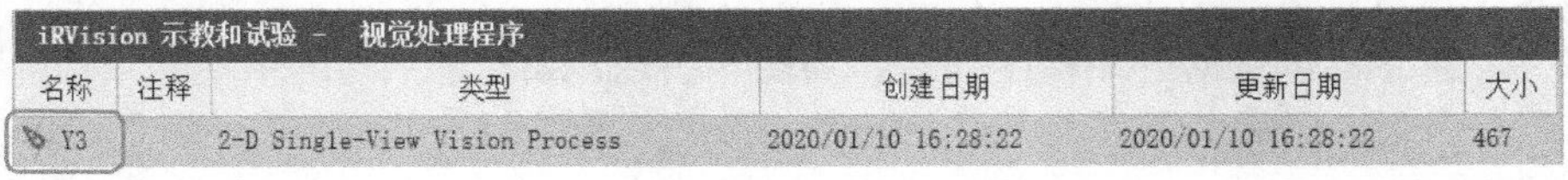

iRVision 示教和试验 － 视觉处理程序
名称
注释
类型
创建日期
更新日期
大小
Y3
2-D Single-View Vision Process
2020/01/10 16:28:22
2020/01/10 16:28:22
467

图 8-29　视觉处理程序列表

iRVision 示教和试验 － Y3
变焦: 100%
2-D Single-View Vision Process
GPM Locator Tool 1
2-D Single-View Vision Process
相机校准数据:
请选择
相机:
未选择
曝光模式:
固定
曝光时间:
33.333
ms
自动曝光的测光范围:
未示教
示教
自动曝光的微调:
0
遮蔽
多次曝光:
1
枚,
33.33 - 33.33 ms
多次曝光的测光范围:
(0,0) 0×0
示教
多次曝光模式:
标准偏差
遮蔽
检出数量:
0
处理时间:
0 ms
#
X
Y
R
模型ID
评分
对比度
失真
实时
拍照
检出
拍照检出
连续运行
图像回放
保存
结束编辑

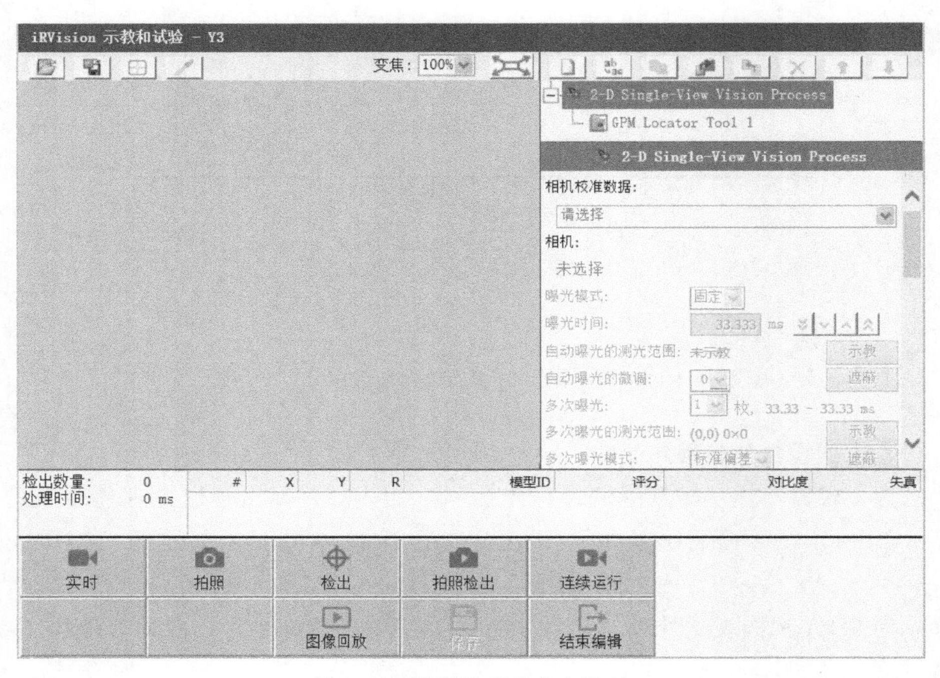

图 8-30　视觉处理程序主界面

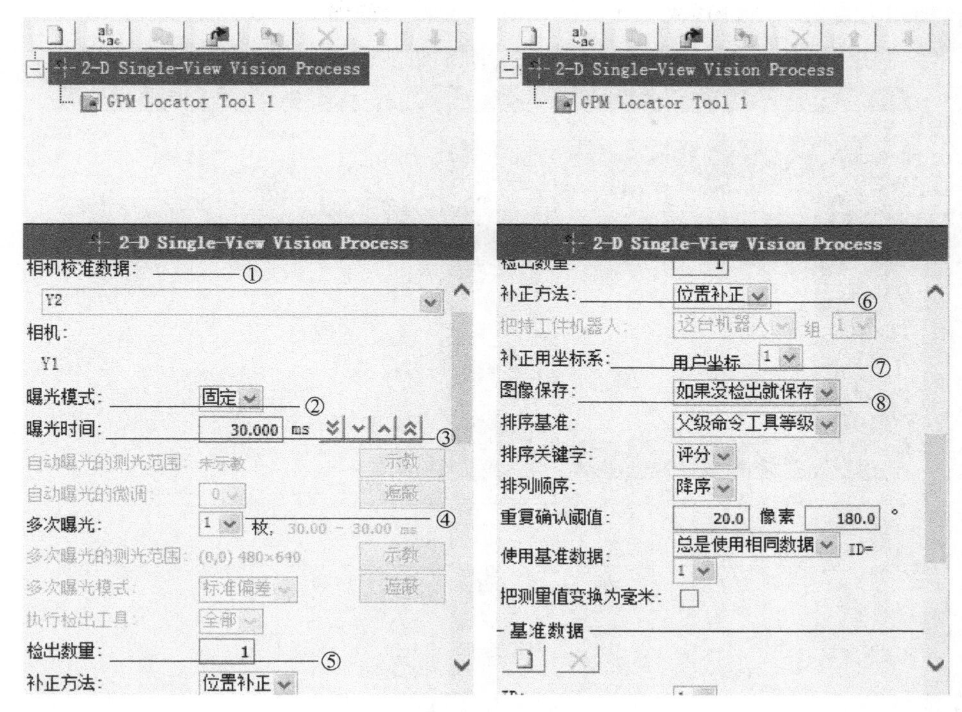

图 8-31　视觉处理程序参数设定

表 8-9　视觉处理程序参数设定说明

参数编号	参数名称	参数说明	重点程度 (★:重点;△:一般)
①	相机校准数据	选择已建立的相机标定数据,如 Y2	★
②	曝光模式	固定或自动,环境光源不稳定时选择自动	△
③	曝光时间	曝光模式为固定时,设定曝光时间	△
④	多次曝光	设定曝光次数,在环境光源不佳时,可多次曝光,提高检出成功率	△
⑤	检出数量	每次拍照检出的工件数量	★
⑥	补正方法	手眼分离式选择“位置补正”	★
⑦	补正用坐标系	手眼分离式选择已标定用户坐标系	★
⑧	图像保存	设置图像保存的条件	★

(3) 示教目标图像模型

作为发那科（FANUC）iRVision 核心的图形处理工具，图形匹配工具（GPM Locator Tool）可以从相机拍摄的图像中识别与预先示教好的模型图像相似的图像，并输出该图像位置相对基准位置的偏移量。

① 点击主界面树状图面板中的“GPM Locator Tool 1”，将拣选对象（铝扣板）

放置到相机视野中心，点击“拍照”按钮，捕捉目标图像，如图 8-32 所示。

② 示教模型。点击“模型示教”，弹出模型特征区域设定画面（图 8-33）。

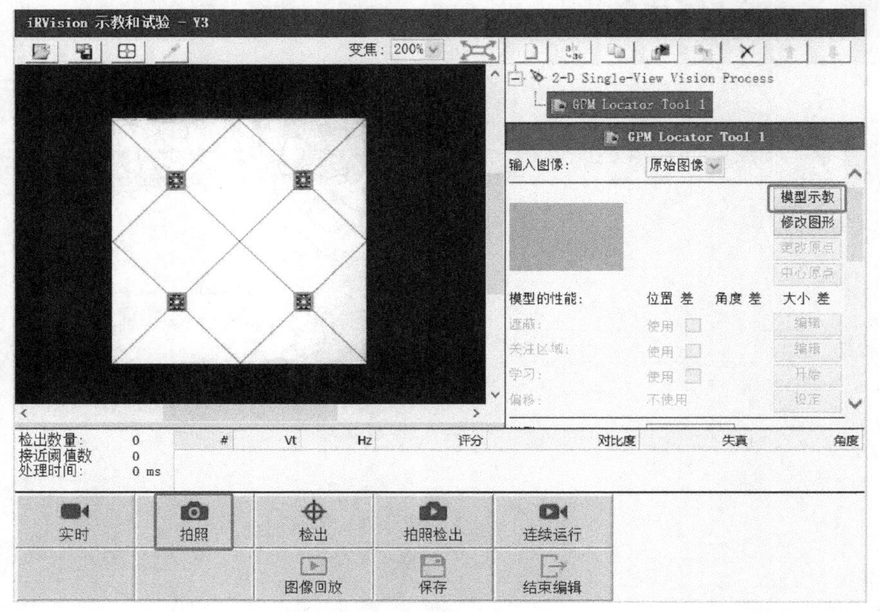

图 8-32　视觉图形匹配工具界面

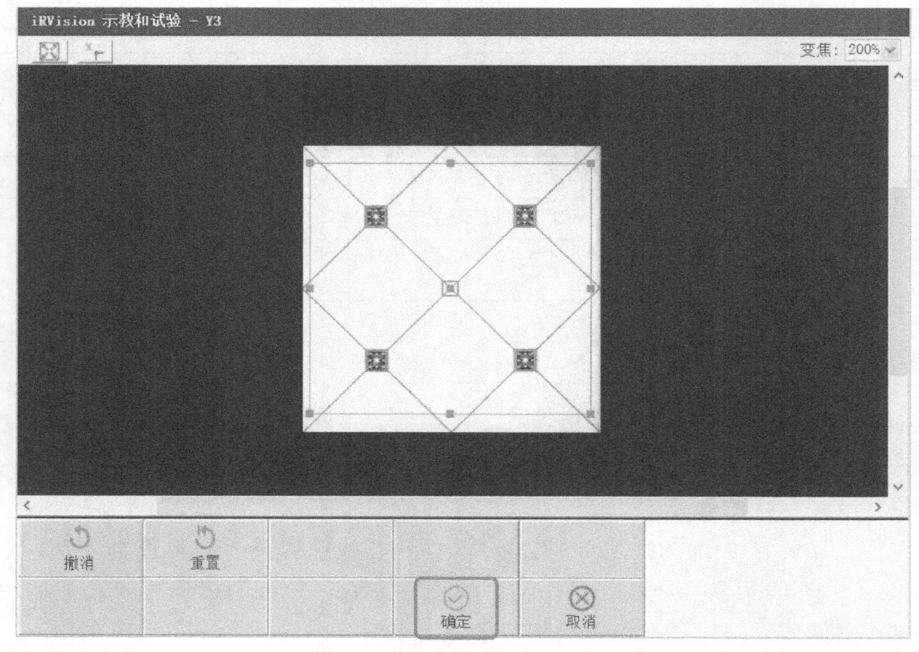

图 8-33　模型特征区域设定画面

在图 8-33 中，通过选择模型特征区域设定框的边界控制点（共 9 个），调整工件模型特征区域的大小，然后点击“确定”，返回视觉图形匹配工具界面，如图 8-34 所示。此时，视觉图形匹配工具自动定义输入图像的主要特征，并从位置、角度和大小三个指标评估模型的性能。其中，“良”表示可稳定地进行检出；“可”表示虽然可以进行检出，但不稳定；“差”表示无法检出。若拣选对象无角度差异（如圆料），可忽略“角度”指标。

③ 设置模型原点。模型原点，以数值来表示已检出的图形位置的代表点。在显示检出结果时，检出的图像位置坐标值（Vt，Hz）即是模型原点的位置，并会在该处显示十字。点击“更改原点”，可手动设定模型的原点；若模型对称，可点击“中心原点”，可将原点设定在模型的旋转中心。

④ 编辑遮蔽区域。如果系统预定义模型存在干扰特征，或者其他拣选对象找不到的特征或污点，可以使用遮蔽区域功能将不必要的特征遮蔽掉。点击“遮蔽编辑”按钮，弹出模型遮蔽编辑画面，如图 8-35 所示。根据遮蔽区域的形状、大小需求，选择合适的编辑工具，以快速将干扰特征（区）涂成红色进行遮蔽。待遮蔽操作完成后，点击“确定”按钮。

⑤ 设置检出参数。如图 8-36 所示，参照表 8-10 完成目标图象检出参数设置说明。

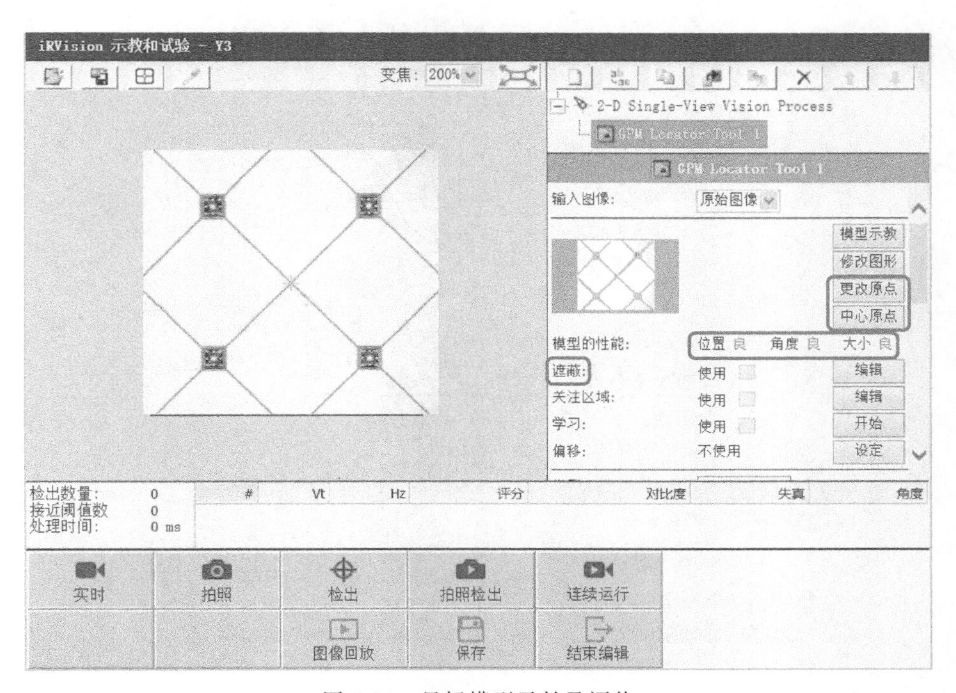

图 8-34　目标模型示教及评价

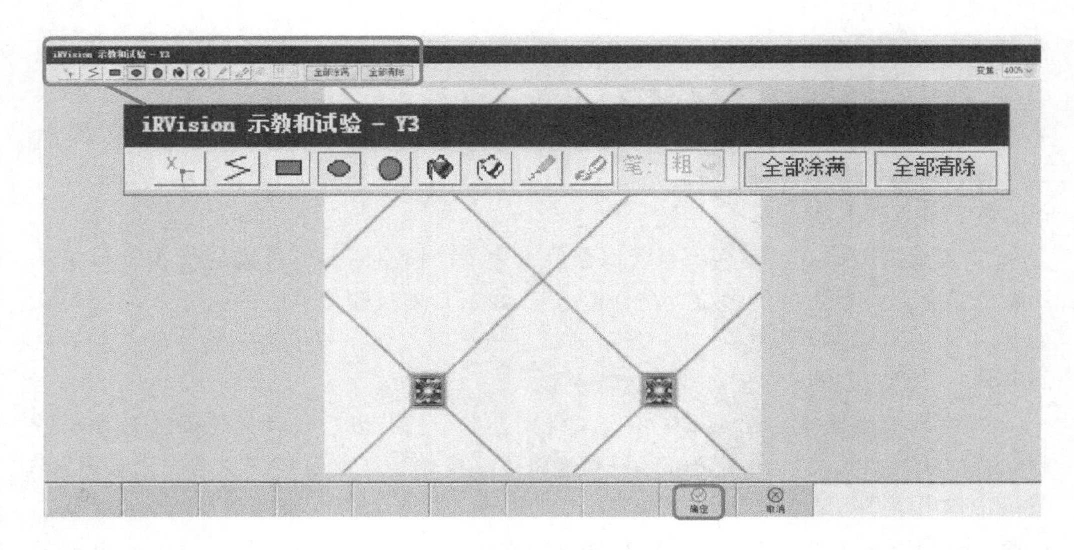

图 8-35　模型遮蔽编辑画面

GPM Locator Tool 1

① 模型ID： 1
② 评分的阈值： 70.0 %
③ 对比度的阈值： 50
④ 重叠领域： 75.0 %
⑤ 失真的阈值： 1.5 像素
⑥ 关注区域的阈值： 70.0 %
⑦ 关注区域的容许误差：
⑧ 忽略明暗度的变化方向：
⑨ 检索范围： (0,0) 480×640 更改
⑩ 图像的遮蔽范围： 使用 编辑

检索范围	有效	基准	最小	最大
⑪ 角度：		0.0	-180.0	180.0 °
⑫ 大小：		100.0	90.0	110.0 %
⑬ 扁平率：		100.0	90.0	100.0 %

⑭ 处理时间限制： 30.0 秒
⑮ 结果显示模式： 全部
⑯ 图像显示模式： 图像+结果
⑰ 表示接近阈值的结果：

图 8-36　目标图像检出参数设置

表 8-10　目标图像检出参数设置说明

参数编号	参数名称	参数说明	重点程度（★：重点；△：一般）
①	模型 ID	如果有多个模型被示教，需要为每个模型设定一个唯一的 ID 号，以区分被检出工件类别	★
②	评分的阈值	检出的正确度，满分 100 分。分数大于或等于此值时，工件被成功检出；低于此值时，检出失败。设置范围为 10.0～100.0，默认值为 70.0%，此分数设定越低，检测结果越不准确	★
③	对比度的阈值	指定检出对象的对比度极限，默认值为 50，最小值为 1。设定较小的值时，能检出看不太清楚的物体，但会耗费比较长的时间。错误检测出污点等对比度较低的部分时，可尝试调高此值	△
④	重叠领域	当检测对象之间的重叠比率大于此值时，判断为重叠，只留下评分高的结果，评分低的检出结果会被删除。重叠比率由模型的外框长方形重叠面积来决定。默认值为 75.0%，若设定为 100.0%，即使完全重叠，检出结果也不会被删除	△
⑤	失真的阈值	通过像素值指定被检测的物体相对于示教模型在几何形状上的偏差值，设置值越大，检测结果越不准确	△
⑥	关注区域的阈值	指定关注区域以多大的评分进行检出的阈值，默认 70.0%	△
⑦	关注区域的容许误差	勾选该项时，即使关注区域相对于整个模型的位置有 2～3 个像素的偏差也允许	△
⑧	忽略明暗度的变化方向	明暗度的变化方向即对象物和背景哪个更亮。如果忽略明暗度的变化方向，则两个图像都能检出	△
⑨	检索范围	指定拣选目标图像的检索范围，检索范围越小，处理速度越快，默认为整个拍摄范围。点击“更改”可重新设定检索范围	★
⑩	图像的遮蔽范围	以任意形状指定不希望在检索范围内处理的区域	△
⑪	检索范围（角度）	指定检索对象相对于模型的旋转角度范围，默认为 −180.0°～+180.0°。范围越小，检测速度越快。若不勾选此项，检测时不允许有旋转	★
⑫	检索范围（大小）	指定检索对象相对于模型的大小比例，以模型的大小为 100.0%，可以设定的范围为 25.0%～400.0%，设定范围越小，处理速度越快。若不勾选此项，检测对象的大小必须与模型大小相同方能检出	★
⑬	检索范围（扁平率）	指定检测对象的扁平率，以模型的扁平率为 100.0%，可以设定检测对象的扁平率是模型扁平率的 50.0%～100.0%。设定范围越小，处理速度越快。若不勾选此项，检测对象的扁平率需与模型的扁平率一样时才能检出	★

续表

参数编号	参数名称	参数说明	重点程度（★：重点；△：一般）
⑭	处理时间限制	设定检测的超时时间，检测时间超出此项设定的时间时，结束检测，显示检测失败。若设置为0，则没有检测时间限制	△
⑮	结果显示模式	选择在执行程序时将结果显示于图像上的方式：全部——显示模型原点的位置、模型的特征点、模型的长方形；原点+特征——只显示模型原点的位置和模型的特征点；原点+长方形——只显示模型原点的位置和模型的长方形；原点——只显示模型原点的位置；无——什么都不显示	★
⑯	图像显示模式	选择编辑画面上显示图像的模式：图像——只显示相机图像；图像+结果——显示图像和检出试验结果；图像+图像的特征——显示相机图像和图像中的特征；模型——显示已示教的模型图形，特征点以绿色显示，关注区域以蓝色显示；模型+遮蔽+关注区域——在已被示教的图形，显示关注区域中指定了遮蔽的重叠部分	★
⑰	表示接近阈值的结果	未检出的工件中，如有评分、对比度、角度、大小等恰好在设定范围外而未检出的工件，显示该结果。图像上以红色的四角显示	△

（4）设置工件高度

当工件的检出面偏离补正用坐标系（用户坐标系）的 XY 平面时，需要正确设定拣选对象的高度。点选树状图面板中的“2D 单视图视觉处理（2-D Single-View Vision Process）”，设定检出面 Z 向高度为 20.000mm，如图 8-37 所示。

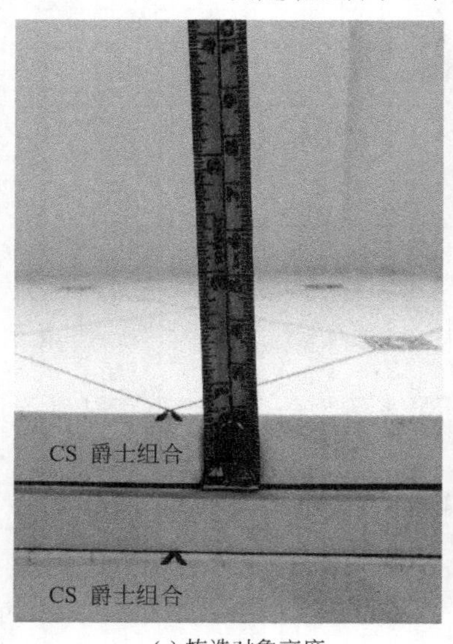

(a) 拣选对象高度

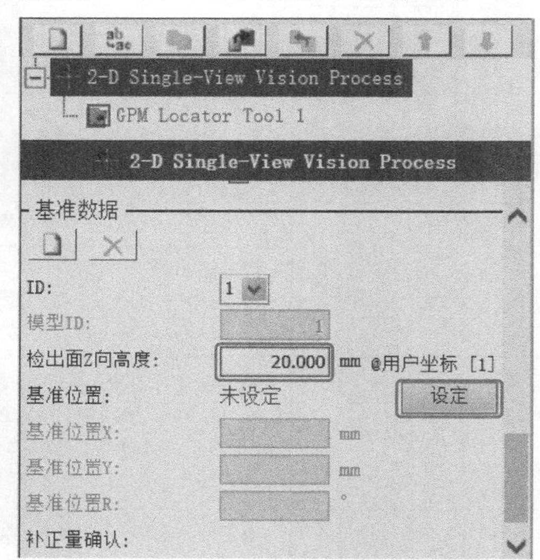

(b) 检出面Z向高度设置画面

图 8-37　检出面 Z 向高度设置

（5）检出测试

点击界面下部“拍照检出”按钮，显示检出结果评分，如图 8-38 所示。

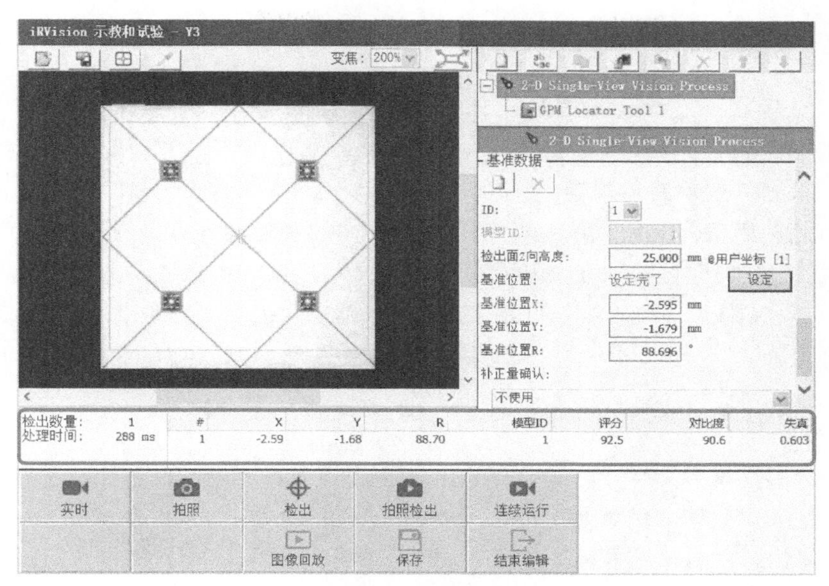

图 8-38　检出结果评分

（6）设定基准位置

将拣选对象放置在相机拍摄范围内，并点击“拍照检出”按钮，待成功检出工件后，点按图 8-39 中“设定”。系统将根据设定的基准位置和拍照检出位置的相对关系计算补正量。

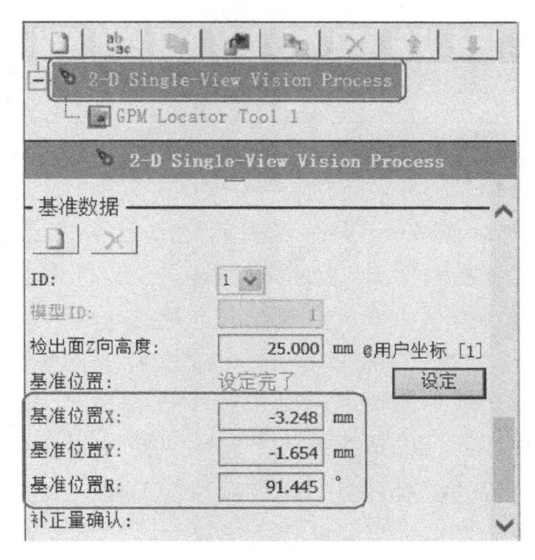

图 8-39　基准位置设定

(7) 结束模型示教

基准位置设置后，依次点击“保存”和“结束编辑”按钮，退出模型示教界面。

8.2.5 机器人抓取任务程序示教及测试

(1) 机器人运动路径规划

本节是利用机器人完成单一类型铝扣板的抓取和堆放作业，其作业路径规划与第1章中的机器人上下料极为相似，如图8-40所示。整个机器人运动路径如下：HOME点→吸附点→堆放点→HOME点。若为多件铝扣板抓取作业，重复执行图示路径即可。

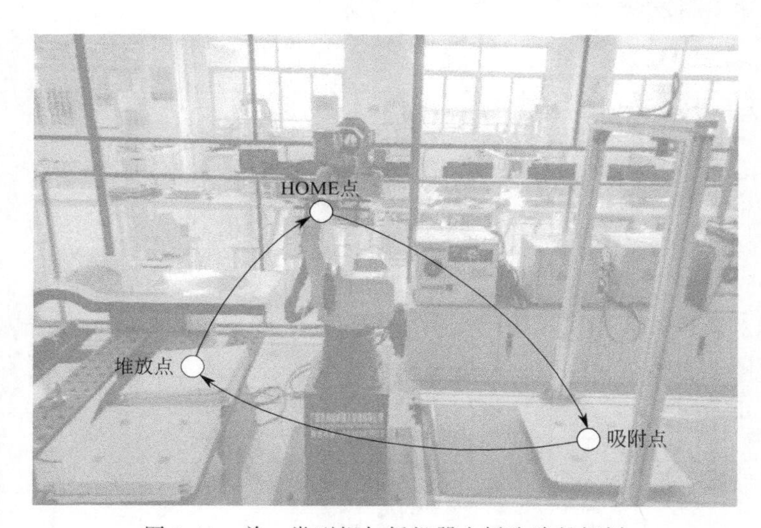

图8-40 单一类型铝扣板机器人抓取路径规划

(2) 抓取任务程序编辑

依照图8-40规划的运动路径，逐一示教并记录HOME点、吸附点和堆放点等位置信息，同时记录必要的辅助点，如中间过渡点、临近作业点和回退点等。待运动轨迹编辑完成后，在吸附点和堆放点所在语句行前（后）插入I/O指令，实现气动吸盘的吸附/松开指令控制。完整的铝扣板机器人抓取任务程序如图8-41所示。

(3) 抓取任务程序测试

待任务程序编制完成后，以单步模式、速度倍率25%～30%测试任务程序，观察吸附点和堆放点等位置的机器人姿态准确性和合理性，确认整个机器人运动过程中无碰撞和动作报警发生。经单步测试程序无误后，切换为连续执行模式，提高速度倍率至50%～100%，消除报警信息，连续运转任务程序。机器人抓取和堆放铝扣板动作效果如图 8-42 所示。

```
1. UFRAME_NUM=1
2. UTOOL_NUM=1
3. J   P[1]   100%   FINE   ………………HOME 点
4. J   P[2]   100%   FINE   ………………吸附接近点
5. J   P[3]   100mm/sec   FINE   …………吸附点
6. WAIT   0.3sec   …………………………等待 0.3 s
7. DO[101]=ON   …………………………吸附工件
8. WAIT   0.5sec   …………………………等待 0.5 s
9. J   P[2]   100%   FINE   ………………吸附回退点
10. J   P[4]   100%   FINE   ………………堆放接近点
11. J   P[5]   100mm/sec   FINE   …………堆放点
12. WAIT   0.3sec   …………………………等待 0.3 s
13. DO[101]=OFF   …………………………松开工件
14. WAIT   0.5sec   …………………………等待 0.5 s
15. J   P[4]   100%   FINE   ………………堆放回退点
16. J   P[1]   100%   FINE   ………………HOME 点
[END]
```

图 8-41　铝扣板机器人抓取任务程序

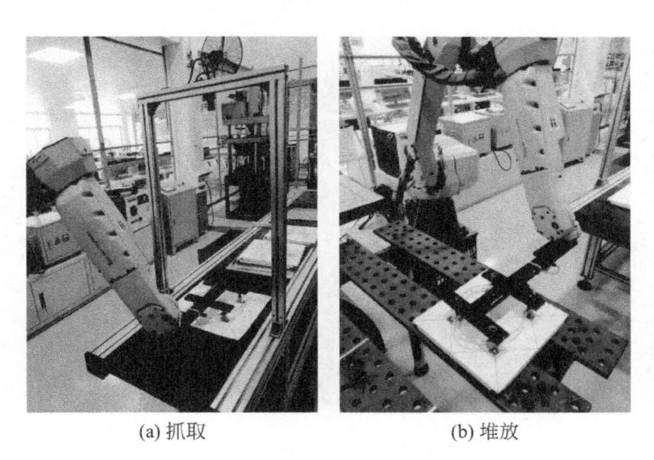

(a) 抓取　　(b) 堆放

图 8-42　机器人抓取和堆放铝扣板动作效果

8.2.6　视觉指令编辑及试运行

经测试正确的机器人抓取任务程序，插入视觉检测、视觉补偿等指令，方能实现视觉导引机器人自适应抓取作业。

(1) 常用的视觉指令

表 8-11 所列为常见的机器人视觉指令，包括视觉检测、取得补偿数据、视觉补正和模型 ID 代入指令。

表 8-11　常见的机器人视觉指令说明

视觉指令	指令形式	指令功能
视觉检测指令	VISION RUN_FIND（视觉处理程序名）	启动视觉处理程序，完成相机拍照检出
取得补偿数据指令	VISION GET_OFFSET（视觉处理程序名）VR[i] JMP LBL[a]	从视觉处理程序中读取检测结果，将其存储到指定的视觉寄存器 VR[i]中；当视觉处理程序检出多个工件时，反复执行取得补偿数据指令；若没有检出结果或反复执行此指令而没有更多的检出结果时，跳转至 LBL[a]
视觉补正指令	L P[1] 1000mm/sec FINE VOFFSET，VR[1]	附加在机器人动作指令后，对机器人示教位置进行补偿，使机器人运动到工件的实际位置上
模型 ID 代入指令	R[a]＝VR[b]. MODELID	将检出工件的模型 ID 号复制到 R[a]寄存器中，此指令有多个模型 ID 时使用

（2）视觉指令插入

本节为使用一台固定相机（手眼分离式）进行单一类型铝扣板机器人抓取作业的位置补正，为此，在图 8-41 所示的任务程序合适位置分别插入视觉检测指令（程序第 4 行）、取得补偿数据指令（程序第 5、20、21 行）和视觉补正指令（程序第 6、7、11 行）。插入视觉指令后的完整任务程序如图 8-43 所示。

```
1. UFRAME_NUM=1
2. UTOOL_NUM=1
3. J  P[1]  100%  FINE  ………………………………………HOME 点
4. VISION RUN_FIND'Y3'  ………………………………………启动视觉处理程序 Y3,进行拍照检出
5. VISION GET_OFFSET'Y3'VR[1] JMP LBL[1]  ……………取出检测结果存入 VR[1],若检出失
                                                    败,跳转至 LBL[1]
6. J  P[2]  100%  FINE  VOFFSET, VR[1]  ………………吸附接近点
7. J  P[3]  100mm/sec  FINE  VOFFSET, VR[1]  …………吸附点
8. WAIT  0.3sec  ……………………………………………………等待 0.3 s
9. DO[101]=ON  ……………………………………………………吸附工件
10. WAIT  0.5sec  …………………………………………………等待 0.5 s
11. J  P[2]  100%  FINE  VOFFSET, VR[1]  ………………吸附回退点
12. J  P[4]  100%  FINE  ……………………………………堆放接近点
13. J  P[5]  100mm/sec  FINE  ……………………………堆放点
14. WAIT  0.3sec  …………………………………………………等待 0.3 s
15. DO[101]=OFF  …………………………………………………松开工件
16. WAIT  0.5sec  …………………………………………………等待 0.5 s
17. J  P[4]  100%  FINE  ……………………………………堆放回退点
18. J  P[1]  100%  FINE  ……………………………………HOME 点
19. END
20. LBL[1]
21. UALM[1]  ………………………………………………………检出失败,报警
[END]
```

图 8-43　插入视觉指令后的完整任务程序

（3）视觉检出及位置补正测试

沿 X、Y 方向偏移和绕 Z 轴平面旋转铝扣板，采用单步或连续执行模式，调整

速度倍率至 20%～30%，消除报警信息，连续运转任务程序，机器人将在视觉系统的导引下实现位置补正抓取作业。基于 2D 视觉的机器人抓取位置补正效果如图 8-44 所示。

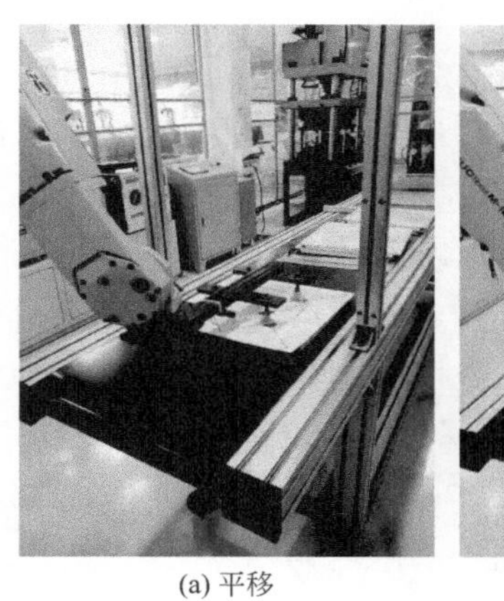

(a) 平移

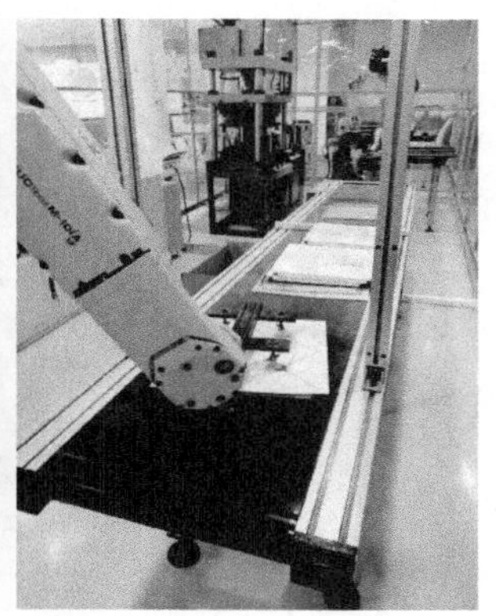

(b) 转动

图 8-44　基于 2D 视觉的机器人抓取位置补正效果

任务测评：

(1) 实操任务：采用四点法标定用户坐标系，记录标定后的坐标系数据 X________________、Y______________、Z______________、W______________、P______________和 R______________。

(2) 实操任务：查看工业相机机身，记录所使用的相机镜头焦距为______________mm。

(3) 实操任务：采用一板法标定相机，记录标定后的校准数据，相对于点阵板的相机位置为 X______________、Y______________、Z______________、W______________、P______________和 R______________。

(4) 实操任务：示教铝扣板工件模型，记录模型的评估指标，位置__________、角度______________和大小______________（良、可、差）。

(5) 实操任务：示教机器人抓取铝扣板的基准位置，启动相机拍照检出，记录基准位置信息为 X______________、Y______________和 R______________。

(6) 实操任务：手动调整铝扣板位置，基于 2D 视觉检测补正位置，导引机器人实现精准抓取。

8.3 多品种铝扣板的机器人视觉分拣

同上一节类似，依然选择铝扣板为拣选对象，不同之处在于：本节中的铝扣板种类变为两种（A 型和 B 型），如图 8-45 所示。同理，基于发那科 2D 视觉导引机器人实现精准抓取和分类堆放，其实现过程与单一品种铝扣板的基本相同，即工具和用户坐标系标定、相机安装与创建、相机标定、工件模型示教和基准位置获取、任务程序编制和视觉指令编辑，如表 8-12 所示。为区分两种场景视觉导引应用的差异性，本节仅重点介绍多工件模型示教、机器人拣选任务程序编制和视觉指令编辑三步，以加深对机器人视觉分拣工作站的应用认知。

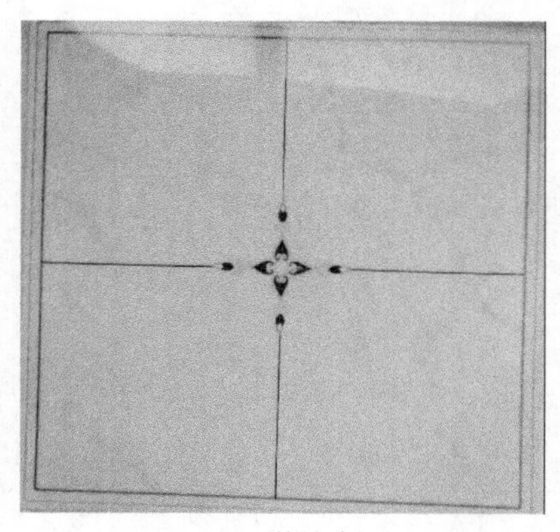

(a) A型铝扣板

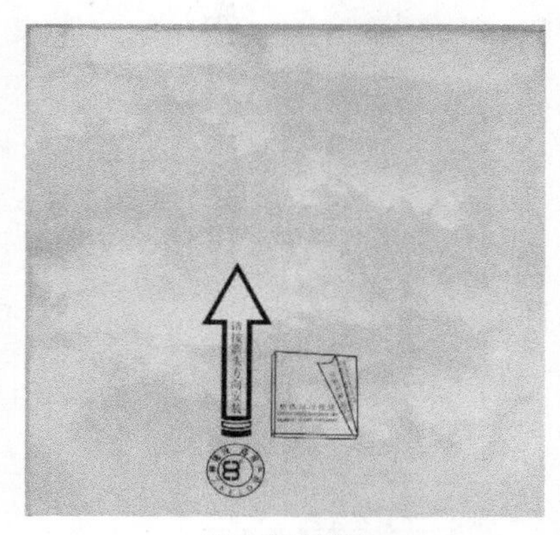

(b) B型铝扣板

图 8-45　多品种铝扣板

表 8-12　单一品种与多品种视觉导引的比较

实施步骤	单一品种	多品种
工具和用户坐标系标定	均需标定工具和用户坐标系	
相机安装与创建	均需固定相机、视觉系统连线和创建相机数据	
相机标定	均需利用点阵板完成相机参数校准	
工件模型示教和基准位置获取	仅需示教一个对象模型和设定一个基准位置	需要示教不同种类的对象模型和设定多个基准位置
任务程序编制	仅需编制一个对象的作业程序(单个任务程序文件)	需编制多个对象的作业程序(主、从程序，多个文件)

续表

实施步骤	单一品种	多品种
视觉指令编辑	视觉检测指令、取得补偿数据指令和视觉补正指令	视觉检测指令、取得补偿数据指令、模型 ID 代入指令、模型 ID 判断指令和视觉补正指令

8.3.1　多工件模型示教及基准位置获取

关于多品种铝扣板模型示教及基准位置设定，步骤如下。

（1）创建视觉处理程序

参照 8.2.4 节实施步骤（图 8-27～图 8-29），创建名称为“Y4”的 2D 单视图视觉处理（2-D Single-View Vision Process）程序。

（2）设置视觉处理程序参数

点选树状图面板中的“2D 单视图视觉处理（2-D Single-View Vision Process）”，参照表 8-9 完成视觉处理程序参数设定。值得注意的是，当拣选对象的高度不一致时，视觉处理程序参数设定界面中“使用基准数据”应选择“模型 ID 切换”，如图 8-46 所示。本节中，虽为两种型号的铝扣板，但其高度一致，所以可以保持默认选项。

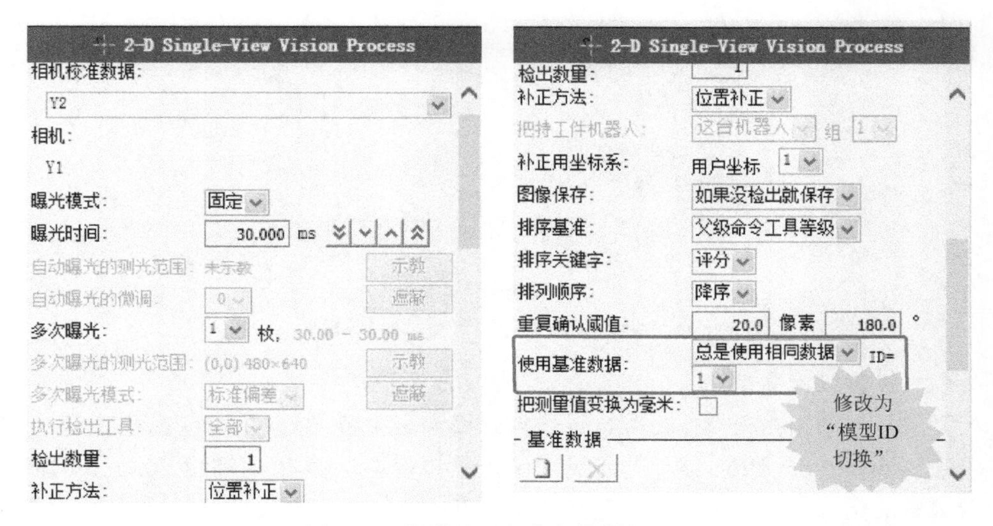

图 8-46　视觉处理程序参数设定界面

（3）示教目标图像模型

点选树状图面板中的“新建”按钮，创建一个新的图形匹配工具（GPM Locator Tool 2），如图 8-47 所示。选择“GPM Locator Tool 1”和“GPM Locator Tool

2”，参照 8.2.4 节实施步骤（图 8-32～图 8-36 和表 8-10），分别完成 A 型和 B 型铝扣板图像模型特征示教（图 8-48），其模型 ID 分别设置为 1 和 2。

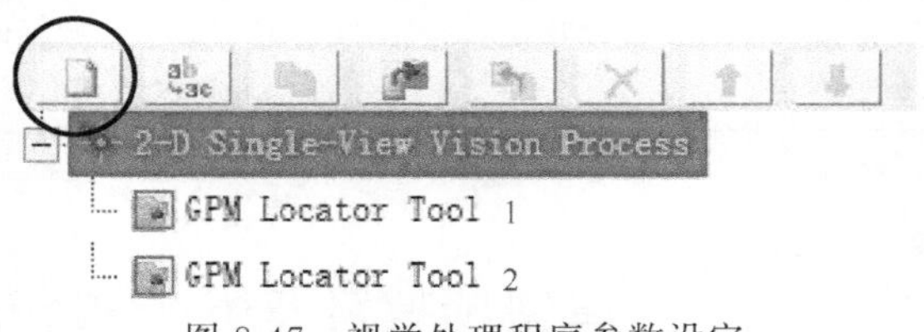

图 8-47　视觉处理程序参数设定

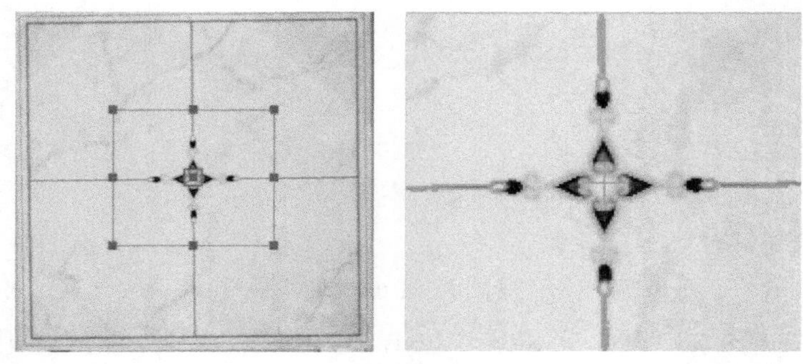

(a) A型铝扣板

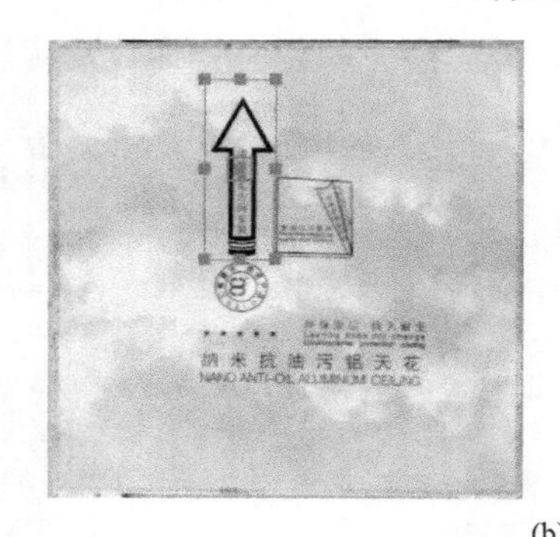

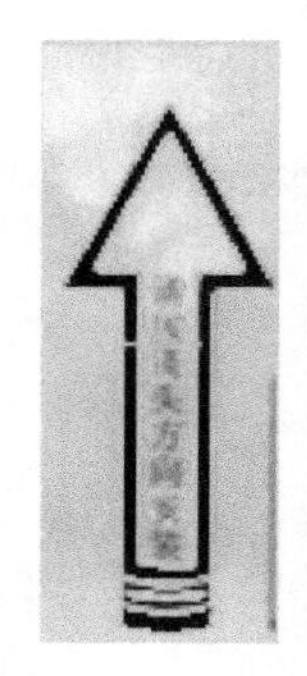

(b) B型铝扣板

图 8-48　多品种铝扣板图像模型特征

(4) 设置工件高度

同单一类型铝扣板操作类似，点选树状图面板中的“2D 单视图视觉处理（2-D Single-View Vision Process）”面板，设置铝扣板检出面 Z 向高度 20.0mm 即可。需要提醒的是，若使用基准数据选择“模型 ID 切换”，则待设置 A 型铝扣板（对应模型 ID1）检出面 Z 向高度 20.000mm 后，点按“新建”按钮，完成 B 型铝扣板（对应模型 ID2）检出面 Z 向高度（20.0mm）设定，如图 8-49 所示。

(5) 检出测试

点击界面下部“拍照检出”按钮，显示检出结果评分。

(6) 设定基准位置

分别将 A 型和 B 型铝扣板放置在相机拍摄范围内，并点击“拍照检出”按钮，待成功检出工件后，选择正确的模型 ID，点按“基准位置设定”按钮，系统将根据设定的基准位置和拍照检出位置的相对关系计算补正量。

(7) 结束模型示教

基准位置设置后，依次点击“保存”和“结束编辑”按钮，退出模型示教界面。

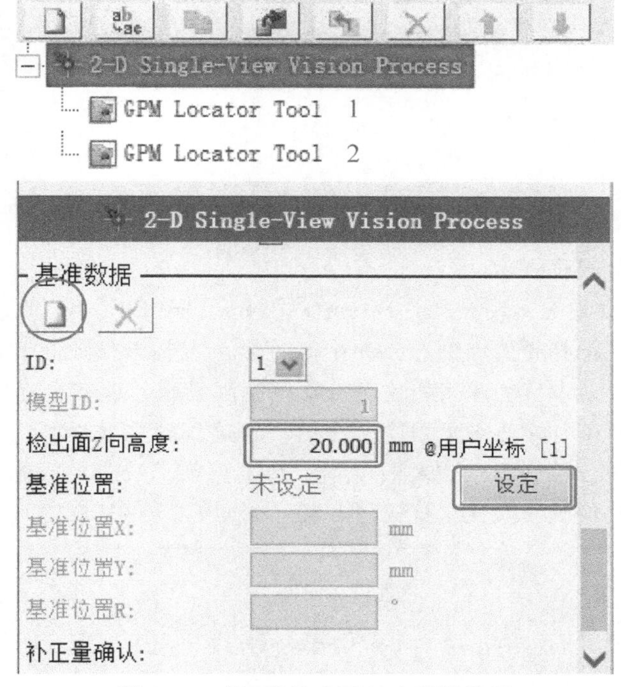

图 8-49　多工件检出面 Z 向高度设定

8.3.2　机器人分拣任务程序示教及测试

(1) 机器人运动路径规划

本节将利用机器人完成 A 型和 B 型铝扣板的拣选和堆放作业，其作业路径规划如图 8-50 所示。整个机器人运动路径如下：HOME 点→吸附点→堆放点→HOME 点。铝扣板的类型将由视觉系统检出判断，当拣选对象为 A 型铝扣板时，机器人抓取工件后，将其堆放至 A 垛堆放点；当拣选对象为 B 型铝扣板时，机器人抓取工件后，将其堆放至 B 垛堆放点。

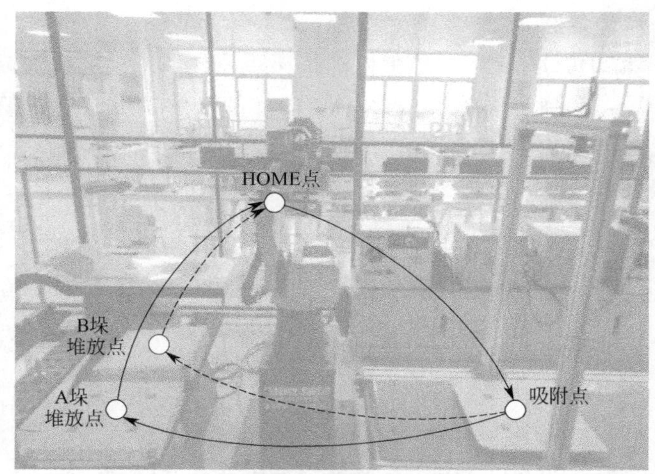

图 8-50　多品种铝扣板机器人抓取路径规划

(2) 拣选任务程序编辑

依照图 8-50 规划的运动路径，逐一示教并记录 HOME 点、吸附点和堆放点等位置信息，同时记录必要的辅助点，如中间过渡点、临近作业点和回退点等。为提高程序的可阅读性，本节程序采用主、从程序编制思想，即在主程序中调用 A 型和 B 型铝扣板的拾取和堆放动作子程序。待运动轨迹编辑完成后，在子程序的吸附点和堆放点所在语句行前（后）插入 I/O 指令，实现气动吸盘的吸附/松开指令控制。完整的多品种铝扣板机器人视觉拣选任务程序如图 8-51～图 8-53 所示。

```
1. UFRAME_NUM=1
2. UTOOL_NUM=1
3. CALL A  ································调用子程序 A
4. CALL B  ································调用子程序 B
5. J  P[1]  100%  FINE  ··········· HOME 点
[END]
```

图 8-51　多品种铝扣板机器人视觉拣选任务主程序

```
1. J  P[1]  100%  FINE  ···················吸附接近点
2. J  P[2]  100mm/sec  FINE  ············吸附点
3. WAIT  0.3sec  ·····························等待 0.3 s
4. DO[101]=ON  ·······························吸附工件
5. WAIT  0.5sec  ·····························等待 0.5 s
6. J  P[1]  100%  FINE  ···················吸附回退点
7. J  P[3]  100%  FINE  ···················A 型铝扣板堆放接近点
8. J  P[4]  100mm/sec  FINE  ············A 型铝扣板堆放点
9. WAIT  0.3sec  ·····························等待 0.3 s
10. DO[101]=OFF  ·····························松开工件
11. WAIT  0.5sec  ····························等待 0.5 s
12. J  P[3]  100%  FINE  ···················A 型铝扣板堆放回退点
[END]
```

图 8-52　A 型铝扣板机器人视觉拣选任务子程序

```
1.J  P[1]  100%  FINE  ················吸附接近点
2.J  P[2]  100mm/sec  FINE  ···········吸附点
3.WAIT  0.3sec  ·························等待 0.3 s
4.DO[101]=ON  ···························吸附工件
5.WAIT  0.5sec  ·························等待 0.5 s
6.J  P[1]  100%  FINE  ················吸附回退点
7.J  P[3]  100%  FINE  ················B 型铝扣板堆放接近点
8.J  P[4]  100mm/sec  FINE  ···········B 型铝扣板堆放点
9.WAIT  0.3sec  ·························等待 0.3 s
10.DO[101]=OFF  ·························松开工件
11.WAIT  0.5sec  ························等待 0.5 s
12.J  P[3]  100%  FINE  ···············B 型铝扣板堆放回退点
[END]
```

图 8-53　B 型铝扣板机器人视觉拣选任务子程序

(3) 拣选任务程序测试

待任务程序编制完成后，以单步模式、速度倍率 25%～30%测试任务程序，观察吸附点和堆放点等位置的机器人姿态准确性和合理性，确认整个机器人运动过程中无碰撞和动作报警发生。经单步测试程序无误后，切换为连续执行模式，提高速度倍率至 50%～100%，消除报警信息，连续运转任务程序。机器人抓取和堆放铝扣板动作效果如图 8-54 所示。

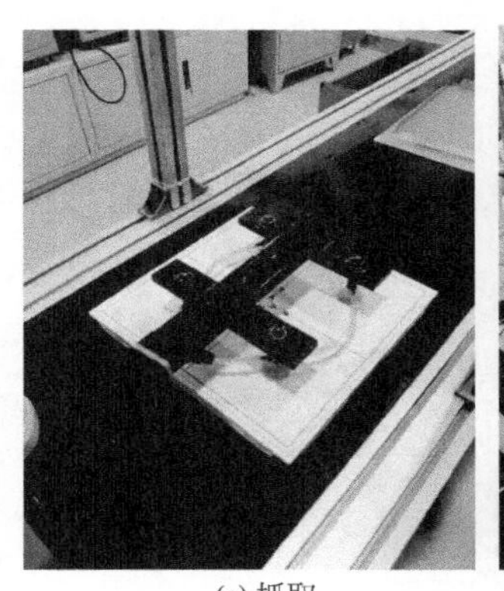

(a) 抓取

(b) 堆放

图 8-54　机器人抓取和堆放铝扣板动作效果

8.3.3 视觉指令编辑及试运行

(1) 视觉指令插入

本任务为使用一台固定相机（手眼分离式）进行多品种铝扣板机器人拣选作业的位置补正。为此，需在任务主程序和子程序的合适位置分别插入视觉检测指令（主程序第 3 行）、取得补偿数据指令（主程序第 4、10、11 行）、模型 ID 代入指令

（主程序第5行）、模型ID判断指令（主程序第6、7行）和视觉补正指令（子程序第1、2、6行）。插入视觉指令后的完整多品种铝扣板机器人视觉拣选任务程序如图8-55～图8-57所示。

```
1. UFRAME_NUM=1
2. UTOOL_NUM=1
3. VISION RUN_FIND 'Y4' ……………………………启动视觉处理程序Y4,进行拍照检出
4. VISION GET_OFFSET 'Y4' VR[1] JMP LBL[1] ……取出检测结果存入VR[1],若检出失败,跳
                                              转至LBL[1]
5. R[1]=VR[1]. MODELID ……………………………将检出工件的模型ID号存入R[1]
6. IF R[1]=1, CALL A ………………………………如果检出工件的模型ID为1,调用子程序A
7. IF R[1]=2, CALL B ………………………………如果检出工件的模型ID为2,调用子程序B
8. J  P[1]  100%  FINE ………………………………HOME点
9. END
10. LBL[1]
11. UALM[1] ……………………………………………检出失败,报警
[END]
```

图8-55 多品种铝扣板机器人视觉拣选任务主程序

```
1. J  P[1]  100%  FINE  VOFFSET,VR[1] ……………………吸附接近点
2. J  P[2]  100mm/sec  FINE  VOFFSET,VR[1] …………吸附点
3. WAIT  0. 3sec ………………………………………………等待0.3 s
4. DO[101]=ON ………………………………………………吸附工件
5. WAIT  0. 5sec ………………………………………………等待0.5 s
6. J  P[1]  100%  FINE  VOFFSET, VR[1] ………………吸附回退点
7. J  P[3]  100%  FINE …………………………………………A型铝扣板堆放接近点
8. J  P[4]  100mm/sec  FINE ………………………………A型铝扣板堆放点
9. WAIT  0. 3sec ………………………………………………等待0.3 s
10. DO[101]=OFF ……………………………………………松开工件
11. WAIT  0. 5sec ……………………………………………等待0.5 s
12. J  P[3]  100%  FINE ………………………………………A型铝扣板堆放回退点
[END]
```

图8-56 A型铝扣板机器人视觉拣选任务子程序

```
1. J  P[1]  100%  FINE  VOFFSET,VR[1] ……………………吸附接近点
2. J  P[2]  100mm/sec  FINE  VOFFSET,VR[1] …………吸附点
3. WAIT  0. 3sec ………………………………………………等待0.3 s
4. DO[101]=ON ………………………………………………吸附工件
5. WAIT  0. 5sec ………………………………………………等待0.5 s
6. J  P[1]  100%  FINE  VOFFSET, VR[1] ………………吸附回退点
7. J  P[3]  100%  FINE …………………………………………B型铝扣板堆放接近点
8. J  P[4]  100mm/sec  FINE ………………………………B型铝扣板堆放点
9. WAIT  0. 3sec ………………………………………………等待0.3 s
10. DO[101]=OFF ……………………………………………松开工件
11. WAIT  0. 5sec ……………………………………………等待0.5 s
12. J  P[3]  100%  FINE ………………………………………B型铝扣板堆放回退点
[END]
```

图8-57 B型铝扣板机器人视觉拣选任务子程序

（2）视觉检出及位置补正测试

通过输送带随机输送A型和B型铝扣板，采用连续执行模式，调整速度倍率至20%～30%，消除报警信息，连续运转测试任务程序，机器人将在视觉系统的导引下识别铝扣板的种类，并将其堆放在正确的堆放点。基于2D视觉的机器人拣选位置补正效果如图8-58所示。

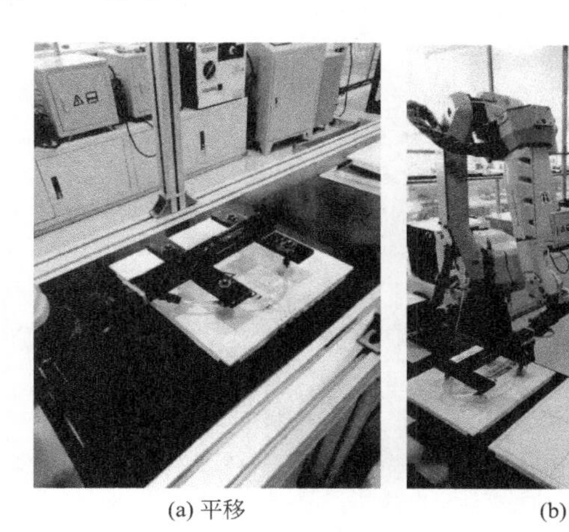

(a) 平移　　(b) 转动

图8-58　基于2D视觉的机器人拣选位置补正效果

任务测评：

（1）多品种工件机器人拣选视觉导引任务程序中用到的视觉指令有__________、__________、__________、__________和__________。

（2）同单一类型工件抓取不同，多品种工件机器人拣选任务程序一般采用__________（主程序、主从程序调用）。

（3）采用机器视觉补偿机器人拣选作业，作业点及临近点动作指令后需附加__________指令。

（4）实操任务：当拣选对象的高度不一致时，视觉处理程序参数设定界面中“使用基准数据”应选择__________（总使用相同数据、模型ID切换）。

（5）实操任务：通过带式输送机随机输送A型或B型铝扣板，基于2D视觉检测补正位置，导引机器人实现精准抓取。

参考文献

[1] 兰虎，王冬云．工业机器人基础［M］．北京：机械工业出版社，2020.

[2] 刘海生，王中任，吴政江，等．FANUC机器人机床上下料系统设计与仿真［J］．机床与液压，2016，44（09）：21-24.

[3] 兰虎，陶祖伟，菅晓霞．工程机械典型接头的弧焊机器人焊接技术［J］．实验室研究与探索，2012，31（02）：15-18.

[4] 兰虎，陶祖伟，段宏伟．弧焊机器人示教编程技术［J］．实验室研究与探索，2011，30（09）：46-49.

[5] 兰虎．焊接机器人编程及应用［M］．北京：机械工业出版社，2013.

[6] 罗兵兵．汽车铝/钢异质材料机器人激光焊接工艺研究［D］．南昌：南昌大学，2019.

[7] 于衡波．机器人激光焊接系统集成技术在汽车涡轮增压器生产项目的应用［J］．中国高新科技，2018（12）：58-61.

[8] 兰虎，鄂世举．工业机器人技术及应用．第2版［M］．北京：机械工业出版社，2020.

[9] 陈炎钦，金玉嵌，周翔．FANUC机器人激光跟踪系统在电控柜焊接中的应用［J］．上海电气技术，2014，7（04）：31-35.

[10] 王成明．机器人双面螺柱焊在汽车工业中的应用［J］．时代汽车，2018（03）：74-75.

[11] 曹景兴．机器人在仪表板螺柱焊中的应用［J］．现代零部件，2013（06）：88-89.

[12] 许校军．浅析ABB工业机器人自动打螺丝程序编制［J］．智富时代，2018（10）：237.

[13] 刘国联，张敏海．基于视觉识别系统与机器人自动锁螺丝系统的平台设计［J］．信息与电脑（理论版），2019（14）：74-75.

[14] 赵亮．基于PLC与机器人的抛光打磨工作站控制系统设计研究［J］．粘接，2020，44（11）：121-125.

[15] 徐博凡，赵华东，薛文凯，等．基于视觉引导的FANUC机器人抓取系统研究［J］．组合机床与自动化加工技术，2018（07）：111-114.